W0021732

Giganten des Wissens

STEPHEN
HAWKING

Giganten des Wissens

Eine bebilderte Reise in die Welt der Physik

Weltbild

INHALT

E
S
N
W

EINLEITUNG

LINKE SEITE

Ptolemäus' Blick auf die Sonne, die Planeten und die Sterne ist seit langer Zeit nicht mehr aktuell, aber unsere Wahrnehmung ist immer noch »ptolemäisch«. Wir blicken nach Osten, um die Sonne aufgehen zu sehen (obwohl wir wissen, dass die Sonne still steht); wir beobachten, wie sich die Sternbilder bewegen und benutzen die Richtungsangaben Norden, Süden, Osten und Westen, obwohl wir wissen, dass unsere Erde eine Kugel ist.

»Wenn ich weiter gesehen habe, dann weil ich auf den Schultern von Riesen stand,« schrieb Isaac Newton 1676 in einem Brief an Robert Hooke. Dabei bezog er sich eher auf seine Entdeckungen im Bereich der Optik als auf seine wichtigeren Werke zur Schwerkraft und zu den Bewegungsgesetzen, aber diese Bemerkung ist ein treffender Kommentar zu der Tatsache, dass die Naturwissenschaft – und eigentlich die gesamte Zivilisation – nichts anderes ist als eine Folge aufeinander aufbauender Fortschritte. Genau diese Tatsache ist das Thema des vorliegenden faszinierenden Buches, das die Originaltexte verwendet, um zu zeigen, wie unser Bild des Himmels sich entwickelt hat: von der revolutionären Behauptung eines Nikolaus Kopernikus, dass die Erde um die Sonne kreist, bis zu der ebenso revolutionären Theorie Albert Einsteins, dass Raum und Zeit durch Masse und Energie gekrümmt sind. Die Geschichte ist deshalb so spannend, weil sowohl Kopernikus als auch Einstein große Veränderungen in unserer Betrachtungsweise bewirkt haben, was unseren eigenen Standpunkt in der Weltordnung angeht. Unser privilegierter Platz im Zentrum des Universums ist verloren gegangen, Ewigkeit und letzte Sicherheiten sind dahin, und die einstmals absoluten Werte Raum und Zeit sind durch Sprungtücher ersetzt.

Kein Wunder, dass beide Theorien heftige Gegenwehr herausforderten. Im Falle der kopernikanischen Theorie wurde die Inquisition auf den Plan gerufen, im Falle der Relativitätstheorie die Nationalsozialisten. Heute neigen wir dazu, das frühere Weltbild eines Aristoteles oder Ptolemäus als primitiv zu bezeichnen, jene Vorstellungen, in denen die Erde im Zentrum stand und die Sonne sich um die Erde bewegte. Aber wir sollten diese Modelle nicht zu verächtlich betrachten, denn sie waren alles andere als schlicht gestrickt. Aristoteles hatte bereits den Schluss gezogen, dass die Erde eine Kugel ist und keine flache Scheibe, und seine Theorie erfüllte einigermaßen korrekt ihren Hauptzweck, nämlich die Bestimmung der sichtbaren Stellung von Himmelskörpern für astrologische Zwecke. Tatsächlich arbeitete sie etwa genauso korrekt wie die ketzerische Behauptung von Kopernikus 1543, dass die Erde und die Planeten sich in Kreisbahnen um die Sonne bewegten.

Galileo war von Kopernikus' Theorie überzeugt, nicht weil sie besser als zuvor die Beobachtung der Planetenpositionen ermöglichte, sondern wegen ihrer Einfachheit und Eleganz im Gegensatz zu den komplizierten Epizyklen des ptolemäischen Modells. In seinem Werk *Dialoge über zwei neue Wissenschaften* bringen Galileos Figuren Salviati und Sagredo überzeugende Argumente zur Unterstützung von Kopernikus vor. Die dritte Gestalt in diesem Werk, Simplicio, konnte jedoch immer noch Aristoteles und Ptolemäus verteidigen und behaupten, in Wirklichkeit stehe die Erde still, und die Sonne bewege sich um die Erde.

Erst Keplers Arbeiten waren in der Lage, das heliozentrische Modell genauer zu machen, und Newton brachte die Bewegungsgesetze ein, mit denen das geozentrische Modell alle Glaubwürdigkeit verlor. Damit setzte ein erheblicher Wandel in unserer Vorstellung vom Universum ein: Wenn wir nicht in der Mitte stehen, ist unsere Existenz dann in irgendeiner Weise von Bedeutung? Warum sollte Gott oder warum sollten die Naturgesetze sich darum kümmern, was auf dem dritten Felsbrocken rechts von der Sonne geschieht, wo Kopernikus uns lokalisiert hat? Moderne Naturwissenschaftler haben Kopernikus überholt, als sie ein Universum konstruierten, in dem die Menschheit keine Rolle spielt. Dieser Ansatz ist insofern erfolgreich, als er objektive, unpersönliche Gesetze gefunden hat, die das Universum regieren, aber er konnte (zumindest bisher) nicht erklären, weshalb das Universum so ist, wie es ist, und nicht die Gestalt eines der vielen anderen möglichen Universen angenommen hat, die ebenso mit den Naturgesetzen im Einklang stehen würden.

Manche Naturwissenschaftler sagen, dieser Mangel sei nur vorübergehend, und in dem Augenblick, wo die endgültige Weltformel gefunden werde, könne sie auch die Gestalt des Universums erklären, die Stärke der Schwerkraft, die Masse und Ladung des Elektrons und so weiter. Viele Eigenschaften des Universums jedoch – beispielsweise die Tatsache, dass wir auf dem dritten Felsbrocken leben und nicht auf dem zweiten oder vierten – scheinen heute noch zufällig und bedeutungslos und nicht wie die Auswirkungen eines Masterplans. Eine ganze Reihe von Menschen (mich selbst eingeschlossen) glaubt, dass die Entstehung eines so komplexen und strukturierten Universums aus ganz einfachen Gesetzen die Einführung von etwas erfordert, das man das anthropische Prinzip nennt und das uns in die zentrale Position zurückbringt, die wir seit den Zeiten von Kopernikus nicht mehr einzunehmen wagen. Das anthropische Prinzip gründet sich auf die selbstverständliche Tatsache, dass wir keine Fragen über die Natur des Universums stellen würden, wenn es nicht Sterne, Planeten und stabile chemische Elemente enthalten würde, die Bauelemente von (intelligentem?) Leben, wie wir es kennen. Wenn die endgültige Weltformel eine einmalige Aussage über den Zustand des Universums und seinen Inhalt machen soll, wäre es schon ein bemerkenswerter Zufall, wenn dieser Zustand ausgerechnet in dem kleinen Bereich läge, der für die Entstehung von Leben verantwortlich ist.

Das Werk des letzten Denkers in diesem Buch jedoch, Albert Einstein, eröffnet eine neue Möglichkeit. Einstein spielte eine bedeutende Rolle in der Entwicklung der Quantentheorie, die besagt, dass ein System nicht nur eine einzige Geschichte besitzt, wie man denken könnte. Vielmehr besitzt es jede mögliche Geschichte, und dies mit einer bestimmten Wahrscheinlichkeit. Einstein war auch praktisch allein verantwortlich für die allgemeine Relativitätstheorie, nach der Raum und Zeit gekrümmt und dynamisch sind. Das bedeutet, auch sie unterliegen der Quantentheorie, und das Universum selbst besitzt jede mögliche Form und Geschichte.

Die meisten dieser Geschichten sind vermutlich ungünstig für die Entwicklung von Leben, aber einige wenige besitzen alle notwendigen Bedingungen. Es spielt keine Rolle, dass diese wenigen Möglichkeiten nur eine sehr geringe Wahrscheinlichkeit verglichen mit anderen besitzen: Die leblosen Universen hätten niemanden, der sie beobachten könnte. Es genügt, dass es zumindest eine Geschichte gibt, in der sich Leben entwickelt, und wir selbst sind der Beweis dafür, wenn auch nicht unbedingt für die Existenz besonders intelligenten Lebens.

Newton sagte, er habe »auf den Schultern von Riesen« gestanden. Dieses Buch jedoch zeigt sehr deutlich, dass unser Wissen nicht nur durch langsames, stetiges Aufbauen auf frühere Arbeiten wächst. Manchmal, wie im Falle von Kopernikus und Einstein, müssen wir intellektuelle Sprünge machen, um zu einem neuen Weltbild zu kommen. Vielleicht hätte Newton sagen sollen: »Ich habe die Schultern von Riesen als Sprungbrett benutzt.«

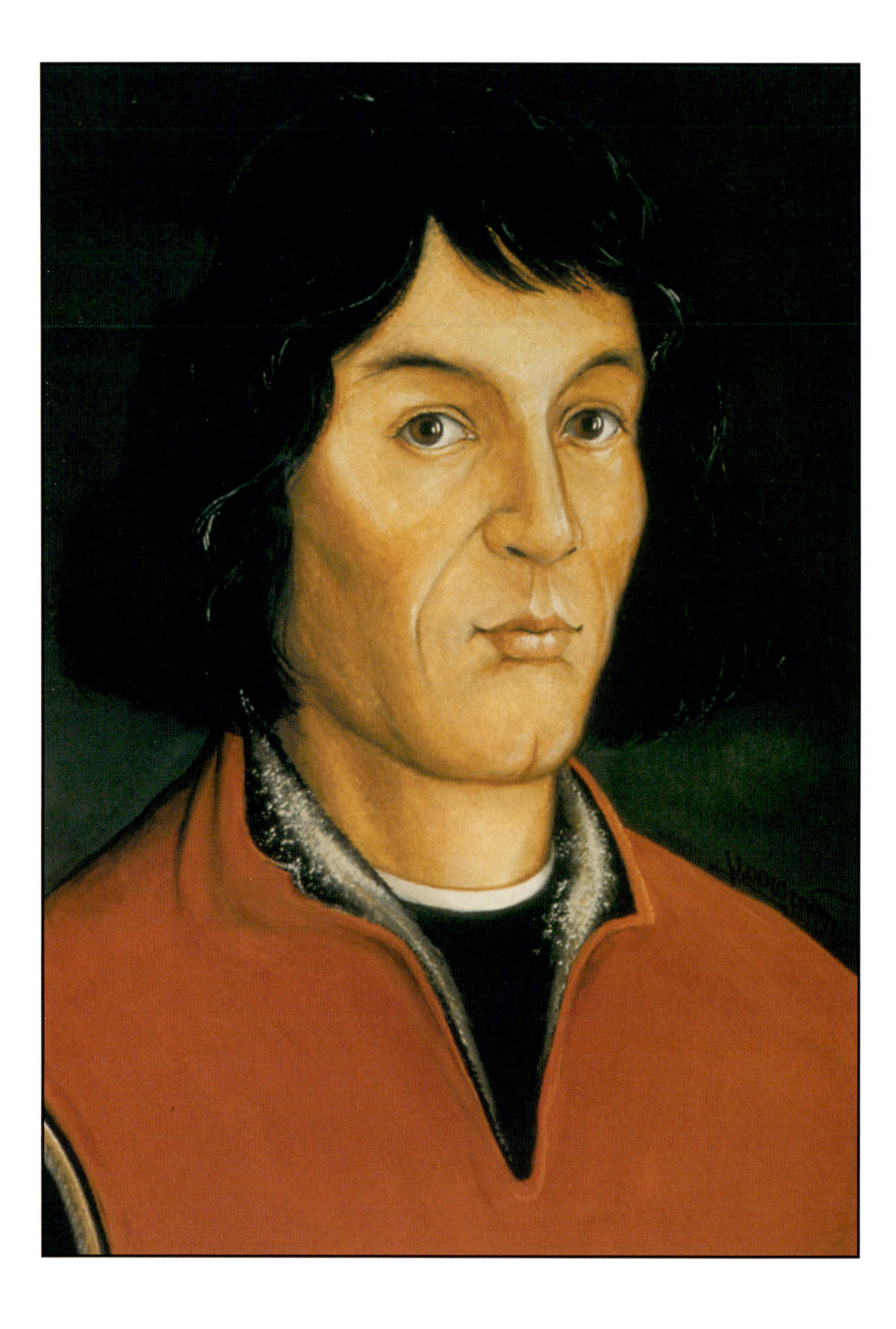

Nikolaus Kopernikus (1473–1543)

LEBEN UND WERK

Nikolaus Kopernikus, ein polnischer Priester und Mathematiker, wird häufig als Begründer der modernen Astronomie bezeichnet. Dieses Verdienst wird ihm zugeschrieben, weil er als erster zu dem Schluss gelangte, dass die Planeten und die Sonne nicht um die Erde kreisen. Zwar gab es bereits seit Aristarchos (gestorben etwa 230 v. Chr.) Spekulationen über ein heliozentrisches Universum – mit der Sonne als Mittelpunkt –, doch vor Kopernikus hatte niemand die Idee ernsthaft in Betracht gezogen. Um den Beitrag des Kopernikus richtig zu verstehen, müssen wir jedoch berücksichtigen, welche religiöse und kulturelle Bedeutung die wissenschaftlichen Entdeckungen seiner Zeit hatten.

Bereits im vierten Jahrhundert v. Chr. hatte der griechische Philosoph Aristoteles (384–322 v. Chr.) in seiner Schrift »Über den Himmel« (»De caelo«) ein Planetensystem entworfen und aus dem Umstand, dass der Erdschatten auf dem Mond während einer Mondfinsternis immer rund ist, geschlossen, die Erde sei kugelförmig und nicht flach. Die Vermutung, die Erde sei rund, stützte er auch auf die Beobachtung, dass man bei einem Schiff, das aufs Meer hinausfährt, zunächst den Rumpf hinter dem Horizont verschwinden sieht und dann erst die Segel.

Nach der geozentrischen Vorstellung des Aristoteles befindet sich die Erde in Ruhe, während die Planeten Merkur, Venus, Mars, Jupiter und Saturn sowie die Sonne und der Mond sie auf kreisförmigen Bahnen umrunden. Außerdem meinte Aristoteles, die Sterne hätten feste Orte auf der Himmelssphäre, wobei sich nach seiner Größenvorstellung des Universums diese »Fixsterne« nicht allzu weit hinter der Bahn des Saturn befinden mussten. Er glaubte an vollkommene kreisförmige Bewegungen und hatte überzeugende Anhaltspunkte für die Annahme, dass die Erde sich in Ruhe befinde: Lässt man einen Stein von einem Turm fallen, stürzt er auf geradem Wege zur Erde. Er fällt nicht nach Westen, wie zu erwarten wäre, wenn sich die Erde von Westen nach Osten drehte. (Aristoteles berücksichtigte nicht, dass der Stein an der Erdrotation teilnehmen könnte.) In dem Versuch, die Physik mit der Metaphysik zu verbinden, entwickelte Aristoteles seine Theorie eines »ersten Bewegers«, wonach eine mystische Kraft hinter den Fixsternen die kreisförmigen Bewegungen verursacht, die wir beobachten. Dieses Modell des Universums wurde von den Theologen akzeptiert und begrüßt, die die ersten Beweger häufig als Engel interpretierten, und so kam es, dass die Vision des Aristoteles Jahrhunderte überdauerte. Viele moderne Gelehrte vertreten die Auffassung, die universelle Akzeptanz dieser Theorie durch die religiösen Autoritäten habe den Fortschritt der Wissenschaft behindert, da Zweifel an der aristotelischen Theorie bedeuteten, dass man die Autorität der Kirche selbst in Frage stellte.

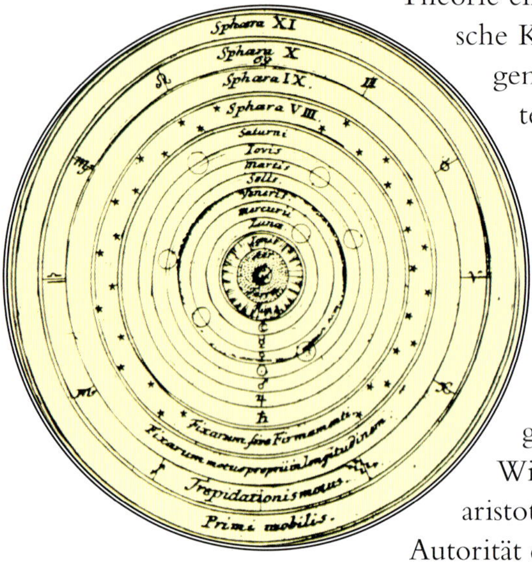

Ptolemäus' geozentrisches Modell des Universums

Fünf Jahrhunderte nach dem Tod des Aristoteles schuf ein Ägypter namens Claudius Ptolemäus (Ptolemaios, um 100 bis nach 160) ein Modell des Universums, das die Bewegungen und Wirkungen der Sphären am Himmel genauer vorhersagte. Wie Aristoteles glaubte Ptolemäus, die Erde sei in Ruhe. Da Objekte zum Mittelpunkt der Erde hin fielen, so seine Argumentation, liege der Schluss nahe, dass sich die Erde fest im Mittelpunkt des Universums befinde. Letztlich arbeitete Ptolemäus ein System aus, in dem sich die Himmelskörper auf so genannten Epizyklen bewegten, Kreisbahnen geringeren Ausmaßes, deren Mittelpunkte ihrerseits entlang größerer Kreisbahnen umlaufen. Um bessere Übereinstimmung mit der Beobachtung zu erreichen, rückte Ptolemäus die Erde ein wenig aus dem Zentrum des Universums heraus und führte zudem einen imaginären Hilfspunkt, den »Äquanten«, als neuen Bezugspunkt für die Planetenbewegung ein. Durch geschickte Wahl der Größe der Kreise konnte Ptolemäus die Bewegungen der Himmelskörper mit seinem Modell genauer vorhersagen, als es zuvor möglich gewesen war. Die abendländische Christenheit hatte keine Einwände gegen das geozentrische System des Ptolemäus, ließ es doch hinter den

Fixsternen genügend Raum für Himmel und Hölle, und die Kirche erkannte sein Modell des Universums als Wahrheit an.

Das aristotelische und ptolemäische Bild des Kosmos herrschte, mit einigen wichtigen Abänderungen, weit mehr als tausend Jahre. Erst 1514 kam der polnische Geistliche Nikolaus Kopernikus auf das heliozentrische Modell des Universums zurück. Durch eigene Beobachtungen der Planetenbewegungen gelangte Kopernikus zu der Überzeugung, die Erde sei nur einer von vielen Planeten und die Sonne befinde sich im Mittelpunkt des Universums. Der kühne Schritt des Kopernikus bedeutete einen der wichtigsten Paradigmenwechsel in der Weltgeschichte, eröffnete den Weg zur modernen Astronomie und wirkte sich nachhaltig auf Wissenschaft, Philosophie und Religion aus. Allerdings zögerte er in späteren Jahren, seine Theorie zu veröffentlichen, um die Kirchenbehörden nicht zu feindlichem Vorgehen zu veranlassen. So machte er seine Arbeit nur wenigen Astronomen zugänglich. »De revolutionibus«, das bahnbrechende Werk des Kopernikus, wurde erst 1543 veröffentlicht, als er schon auf dem Totenbett lag. Er lebte nicht mehr lange genug, um das Chaos zu sehen, das seine heliozentrische Theorie anrichtete.

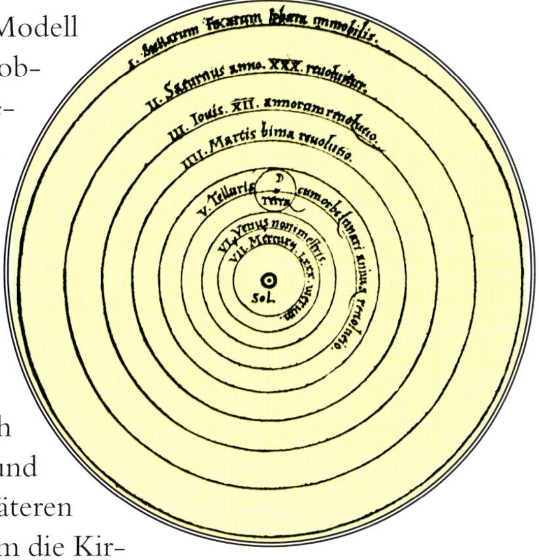

Kopernikus' heliozentrisches Modell des Universums

Kopernikus wurde am 19. Februar 1473 im polnischen Torun (Thorn) in eine Familie von Kaufleuten und Ratsherren geboren, in der man Erziehung und Bildung sehr schätzte. Sein Onkel Lukas Watzenrode, Bischof von Ermland, sorgte dafür, dass sein Neffe die beste akademische Ausbildung erhielt, die in Polen möglich war. 1491 schrieb sich Kopernikus an der Krakauer Universität ein, wo er sich drei Jahre lang dem Studium generale widmete, bevor er nach Italien reiste, um dort Recht und Medizin zu studieren, wie es damals in der polnischen Elite Brauch war. Während er an der Universität von Bologna studierte, wohnte er im Haus von Domenico Maria de Novara, einem namhaften Astronomen und Mathematiker, dessen Schüler Kopernikus schließlich wurde. Novara war ein Kritiker des Ptolemäus, dessen aus dem zweiten Jahrhundert stammende Astronomie er mit Skepsis

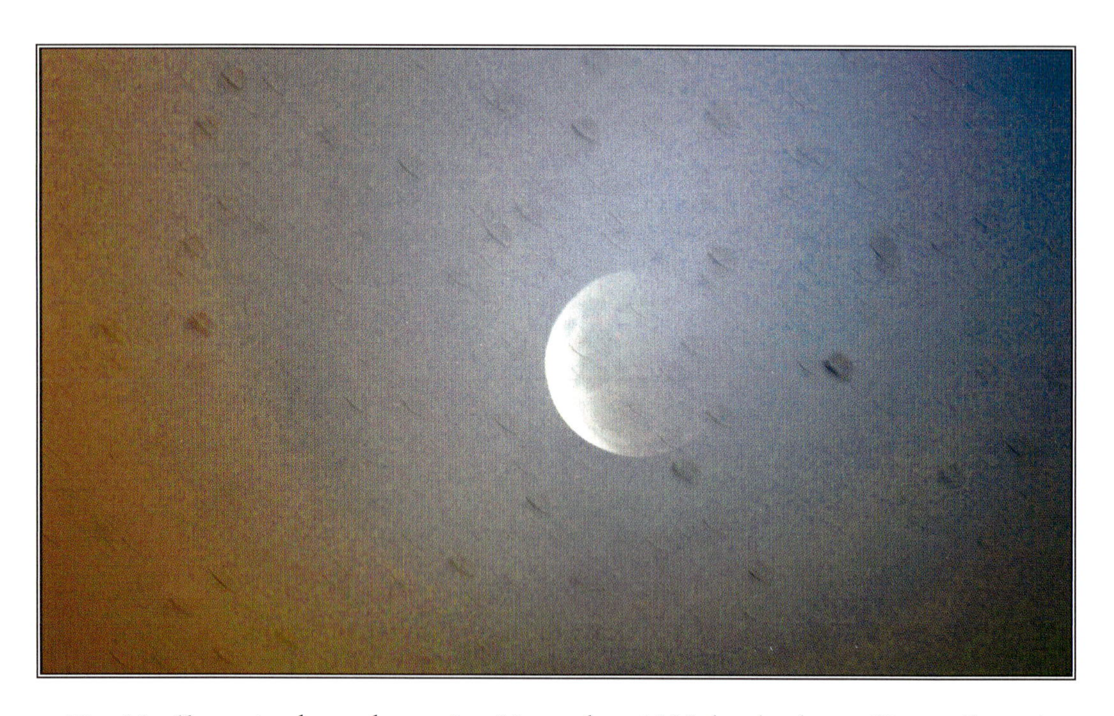

Eine Mondfinsternis im Jahre 1500 weckte Kopernikus' Interesse an der Astronomie.

betrachtete. Im November 1500 beobachtete Kopernikus eine Mondfinsternis in Rom. Obwohl er sich während der nächsten Jahre in Padua und Ferrara weiterhin dem Jura- und Medizinstudium widmete, ließ ihn die Leidenschaft für die Astronomie nicht wieder los.

Nachdem Kopernikus den Doktorgrad des kanonischen Rechts erworben hatte, praktizierte er als Arzt an der Bischofsresidenz in Heilsberg (Lidzbark Warminski), wo sein Onkel lebte. Weltliche und kirchliche Fürsten nahmen seine ärztlichen Dienste in Anspruch, doch Kopernikus kümmerte sich den Großteil seiner Zeit um die Armen. 1503 kehrte er nach Polen zurück und zog in den Bischofspalast seines Onkels. Dort widmete er sich den Verwaltungsaufgaben der Diözese und diente seinem Onkel als Berater. Nach dessen Tod im Jahr 1512 verlegte Kopernikus seinen Wohnsitz nach Frauenburg (Frombork), wo er den Rest seines Lebens als Domherr und Kanzler des Domkapitels verbringen sollte. Jetzt erst nahm der Mann, der Gelehrter auf dem Gebiet des Kirchenrechts, der Mathematik, Astronomie, Medizin und Theologie war, die Arbeit auf, die ihn berühmt machen sollte.

Im März 1513 erstand Kopernikus achthundert Ziegelsteine und ein Fass Kalk von seinem Kapitel, sodass er sich einen Beobachtungsturm bauen konnte. Dort widmete er sich mit Hilfe von astronomischen Instrumenten wie Quadranten und Astrolabien der systematischen Beobachtung von Sonne, Mond und Sternen. Im folgenden Jahr schrieb er eine kurze Abhandlung mit dem Titel »De hypothesibus motuum coelestium a se constitutis commentariolus«, aber er weigerte sich, das Manuskript zu veröffentlichen, und ließ es nur heimlich unter Freunden zirkulieren, die sein Vertrauen genossen. Die Abhandlung war ein erster Versuch, eine astronomische Theorie vorzulegen, in der sich die Erde bewegt und die Sonne in Ruhe ist. Das astronomische System des Aristoteles und Ptolemäus, welches das abendländische Denken seit Jahrhunderten beherrschte, empfand Kopernikus nicht mehr als zufrieden stellende Erklärung. Seiner Meinung nach war der Mittelpunkt der Erde nicht der Mittelpunkt des Universums, sondern lediglich der der Mondbahn. Kopernikus war zu der Überzeugung gelangt, dass die scheinbaren Störungen in der beobachtbaren Bewegung der Planeten auf die Rotation der Erde um ihre Achse und ihre Bewegung auf ihrer Umlaufbahn zurückzuführen seien. »Wir umkreisen die Sonne«, so schloss er seine Abhandlung, »wie jeder andere Planet.«

Trotz der Spekulationen über ein heliozentrisches Universum, die bis zu Aristarchos im dritten vorchristlichen Jahrhundert zurückreichen, war den Theologen und Intellektuellen die geozentrische Theorie vertrauter, und ihre Grundannahme war nie ernsthaft in Frage gestellt worden. Kopernikus war zu vorsichtig, um seine Ansichten öffentlich bekanntzugeben, statt dessen entwickelte er seine Ideen in aller Stille, indem er mathematische Berechnungen anstellte und komplizierte Diagramme zeichnete. Im Übrigen sorgte er dafür, dass die Kunde von seinen Theorien nicht über einen Kreis von engen Bekannten hinausdrang, die sein Vertrauen besaßen. Als Papst Leo X. 1514 den Bischof von Fossombrone damit beauftragte, von Kopernikus Vorschläge zur Reform eines Kirchenkalenders einzuholen, antwortete der polnische Astronom, die Kenntnis der Bewegungen von Sonne und Mond im Verhältnis zur Länge des Jahres sei nicht genau genug für ein solches Reformvorhaben. Die Kalenderfrage scheint Kopernikus noch weiterhin beschäftigt zu haben, denn später schrieb er an Papst Paul III. und schilderte ihm einige relevante Beobachtungen, die siebzig Jahre später die Grundlage des Gregorianischen Kalenders bilden sollten.

PTOLEMÄUS BENUTZT EIN ASTROLABIUM

Ptolemäus wurde oft mit den heiligen drei Königen verwechselt, deshalb trägt er hier eine Krone.

Theologie und Astronomie im Diskurs. Die Kirche erwartete von den astronomischen Theorien, dass sie mit den offiziellen theologischen Doktrinen übereinstimmten.

Trotzdem fürchtete Kopernikus noch immer, sich dem Unmut der Menge und der Kirche auszusetzen, daher verbrachte er Jahre damit, ganz für sich allein an der Ergänzung und Erweiterung seiner ersten Abhandlung zu arbeiten. Das Ergebnis war »De revolutionibus orbium coelestium« (Über Kreisbewegungen der Weltkörper), ein Werk, das er um 1530 abschloss, aber dreizehn Jahre lang nicht zur Veröffentlichung freigab. Dabei war die Gefahr einer Verurteilung durch die Kirche nicht der einzige Grund für die zögerliche Haltung des Verfassers. Kopernikus war nämlich ein Perfektionist und fand, dass seine Beobachtungen der ständigen Bestätigung und Revision bedürften. Er hielt Vorträge und Vorlesungen über die Grundsätze seiner Planetentheorie und trug sie sogar Papst Clemens VII. vor, der seine Arbeit billigte. Kurz vor seinem Tod 1534 verlangte Clemens offiziell, Kopernikus möge seine Theorien veröffentlichen. Doch erst Rheticus, Georg Joachim von Lauchen aus Deutschland, der seinen mathematischen Lehrstuhl in Wittenberg aufgab, um bei Kopernikus studieren zu können, vermochte diesen zu überreden, »De revolutionibus« dem gelehrten Publikum zugänglich zu machen. 1540 half Rheticus bei der Überarbeitung des Manuskripts und übergab es einem lutherischen Drucker in Nürnberg und brachte damit die kopernikanische Revolution ins Rollen.

Als »De revolutionibus« 1543 erschien, wurde es von protestantischen Theologen angegriffen, die die Annahme eines heliozentrischen Universums für unbiblisch hielten. Die Theorien des Kopernikus, so meinten sie, könnten die Menschen zu der Auffassung verführen, sie seien einfach Teil einer natürlichen Ordnung und nicht die Herren der Natur, der Mittelpunkt, um den sich die Natur anordne. Infolge dieses kirchlichen Widerstands und vielleicht auch, weil die Vorstellung eines nicht geozentrischen Universums einfach zu unglaubhaft erschien, übernahmen zwischen 1543 und 1600 weniger als ein Dutzend Wissenschaftler die kopernikanische Theorie. Allerdings hatte Kopernikus auch keinen Vorschlag zur Lösung des Hauptproblems unterbreitet, dem sich jedes System gegenüber sieht, in dem die Erde um ihre eigene Achse rotiert (und die Sonne umkreist), nämlich die Frage, wie es kommt, dass die irdischen Körper auf unserem rotierenden Planeten bleiben. Die Antwort schlug Giordano Bruno vor, ein italienischer Naturphilosoph und bekennender Koperni-

Wer von der Inquisition verurteilt wurde, erlitt oft den Feuertod.

kaner, der die Ansicht vertrat, der Weltraum habe keine Grenzen, und das Sonnensystem sei eines von vielen solchen Systemen im Universum. Bruno beschäftigte sich auch mit einigen rein spekulativen Aspekten der Astronomie, auf die sich Kopernikus in »De revolutionibus« nicht eingelassen hatte. In seinen Schriften und Vorlesungen behauptete der italienische Gelehrte, es gebe im Universum unendlich viele Welten mit intelligenten Lebensformen, von denen einige den Menschen vielleicht sogar überlegen seien. So viel Kühnheit brachte Bruno ins Visier der Inquisition, die ihn wegen seiner ketzerischen Ansichten anklagte und verurteilte. 1600 wurde er auf dem Scheiterhaufen verbrannt.

Alles in allem übte Kopernikus' Buch jedoch keinen unmittelbaren Einfluss auf die moderne astronomische Forschung aus. In »De revolutionibus« schlug Kopernikus kein echtes heliozentrisches, sondern eher ein »heliostatisches« System vor: Seiner Auffassung nach befand sich die Sonne nicht genau im Mittelpunkt des Universums, sondern nur in dessen Nähe, sonst hätten sich die leichten Veränderungen in rückläufiger Bewegung und die Hel-

Kopernikus mit einem Modell seiner heliozentrischen Theorie des Weltalls

ligkeit nicht erklären lassen. Er legt dar, dass die Erde täglich eine vollständige Drehung um ihre Achse vollführt und für die Bahn um die Sonne ein Jahr benötigt.

Im ersten der sechs Teile des Buches setzt sich Kopernikus mit dem ptolemäischen System auseinander, das alle Himmelskörper um die Sonne kreisen ließ, und stellt die korrekte heliozentrische Ordnung her: Merkur, Venus, Erde, Mars, Jupiter und Saturn (die sechs damals bekannten Planeten).

Im zweiten Teil erklärt Kopernikus mit Hilfe der Mathematik (nämlich der Epizyklen und Äquanten) die Bewegungen der Sterne und Planeten und gelangt zu dem Schluss, dass die scheinbare Bewegung der Sonne der Bewegung der Erde entspreche.

Der dritte Abschnitt liefert eine mathematische Erklärung für die Wanderung des so genannten Frühlingspunktes, die Kopernikus auf die Präzessionsbewegung der Erdachse zurückführt. Die restlichen Teile von »De revolutionibus« beschäftigen sich mit den Bewegungen der Planeten und des Mondes.

Kopernikus hat als erster die Position von Venus und Merkur richtig bestimmt und ganz allgemein die Reihenfolge und Entfernung der bekannten Planeten mit bemerkenswerter Genauigkeit angegeben. Er erkannte, dass sich Venus und Merkur näher an der Sonne befinden als die Erde, und bemerkte auch, dass sie innerhalb der Erdbahn rascher umlaufen als unser Planet.

Vor Kopernikus hielt man die Sonne einfach für einen weiteren Planeten. Die Verlagerung der Sonne in die Mitte des Planetensystems war der Anfang der kopernikanischen Revolution. Dadurch, dass er die Erde aus dem Mittelpunkt des Universums rückte, wo sie vermeintlich alle anderen Himmelskörper verankerte, war Kopernikus gezwungen, sich mit Gravitationstheorien zu beschäftigen. Vor ihm hatten Erklärungsansätze für die Schwerkraft ein einziges Gravitationszentrum (die Erde) postuliert, während Kopernikus jetzt die Vermutung äußerte, dass jeder Himmelskörper seine eigenen Gravitationseigenschaften haben könnte und dass schwere Objekte in Richtung ihres eigenen Mittelpunktes strebten. Diese Einsicht führte schließlich zu Newtons Gravitationstheorie, doch das sollte noch eine Weile dauern.

Ende 1542 erlitt Kopernikus einen Schlaganfall, war rechtsseitig gelähmt und verfiel körperlich und geistig. Dem Mann, der zweifellos ein Perfektionist war, blieb nichts anderes übrig, als das

Manuskript von »De revolutionibus« in den letzten Stadien der Drucklegung einem anderen anzuvertrauen. Er händigte es seinem Studenten Rheticus aus, doch als dieser gezwungen war, Nürnberg zu verlassen, fiel das Manuskript in die Hände des lutherischen Theologen Andreas Osiander. Osiander, der hoffte, die Fürsprecher der geozentrischen Theorie beschwichtigen zu können, nahm ohne Wissen und Zustimmung des Kopernikus mehrere Veränderungen vor. Auf die Titelseite setzte Osiander das Wort »Hypothese«, strich wichtige Passagen und fügte eigene Sätze hinzu, die die Wirkung des Werkes und die Bestimmtheit seiner Aussagen verwässerten. Es heißt, Kopernikus habe ein Exemplar des fertigen Druckwerks auf seinem Totenbett in Frauenburg erhalten, ohne um Osianders Revisionen zu wissen.

Fast hundert Jahre lang blieben seine Ideen relativ unbekannt, doch im 17. Jahrhundert griffen Männer wie Galileo Galilei, Johannes Kepler und Isaac Newton auf seinen Entwurf eines heliozentrischen Universums zurück, um die aristotelischen Vorstellungen endgültig zu widerlegen. Viele haben über den bescheidenen polnischen Priester geschrieben, der der Menschheit ein neues Bild vom Universum vermittelte, doch niemand tat es wohl so beredt wie Johann Wolfgang von Goethe in seiner Lobrede:

»Doch unter allen Entdeckungen und Überzeugungen möchte nichts eine größere Wirkung auf den menschlichen Geist hervorgebracht haben als die Lehre des Kopernikus. Kaum war die Welt als rund anerkannt und in sich selbst abgeschlossen, so sollte sie auf das ungeheure Vorrecht Verzicht tun, der Mittelpunkt des Weltalls zu sein. Vielleicht ist noch nie eine größere Forderung an die Menschheit geschehen: denn was ging nicht alles durch diese Anerkennung in Dunst und Rauch auf: ein zweites Paradies, eine Welt der Unschuld, Dichtkunst und Frömmigkeit, das Zeugnis der Sinne, die Überzeugung eines poetisch-religiösen Glaubens; kein Wunder, dass man dies alles nicht wollte fahren lassen, dass man sich auf alle Weise einer solchen Lehre entgegensetzte, die denjenigen, der sie annahm, zu einer bisher unbekannten, ja ungeahneten Denkfreiheit und Großheit der Gesinnungen berechtigte und aufforderte.«

DAS UNIVERSUM NACH KOPERNIKUS MIT VERBINDUNG ZUR ASTROLOGIE

Für die Forscher, die »die Himmel« studierten, gehörten Astronomie und Astrologie zusammen. Beide wurden auch die »die himmlischen Wissenschaften« genannt.

ÜBER DIE KREISBEWEGUNGEN DER WELTKÖRPER

Einleitung für den Leser, die Hypothese dieses Werkes betreffend

Nachdem die Neuigkeit der Hypothese dieses Werkes – das die Erde in Bewegung setzt und eine unbewegliche Sonne ins Zentrum des Universums rückt – bereits ein hohes Maß an Bekanntheit erlangt hat, zweifle ich nicht daran, dass manch ein Weiser ernsthaft Anstoß daran genommen hat und glaubt, es sei falsch, die freien Künste zu stören, die so lange Zeit unangefochten existierten.

Wer jedoch willens ist, die Angelegenheit sorgfältig abzuwägen, wird feststellen, dass der Autor dieses Werkes nichts getan hat, was Tadel verdient. Es ist nämlich die Aufgabe des Astronomen, sorgfältige und gekonnte Beobachtungen anzustellen, um die Geschichte der Bewegungen am Himmel zusammenzufassen, und da er durch keine Art der Überlegung die wahren Gründe für diese Bewegungen erfassen kann, muss er sich Gründe und Hypothesen ausdenken oder konstruieren, sodass durch die Annahme dieser Gründe aufgrund der Prinzipien der Geometrie diese Bewegungen für die Vergangenheit ebenso errechnet werden können wie für die Zukunft.

Diese Kunst ist in beiderlei Hinsicht bemerkenswert: Es ist nicht notwendig, dass die Hypothesen wahr sind oder auch nur wahrscheinlich, sondern es reicht aus, wenn sie eine Berechnung erlauben, die den Beobachtungen entspricht, außer, es findet sich jemand, der durch einen Zufall so wenig über Geometrie und Optik weiß, dass er den Epizyklus der Venus für wahrscheinlich hält und glaubt, dieser sei der Grund, weshalb die Venus der Sonne abwechselnd vorausläuft und folgt, und dies in einem Winkel von 40 Grad oder mehr.

Denn wer sieht nicht, dass aus dieser Annahme zwingend folgt, dass der Durchmesser des Planeten in seiner erdnächsten Position mehr als viermal so groß, der Inhalt sechzehn Mal so groß sein müsste wie in seiner erdfernsten Position? Die Erfahrung aller Zeiten spricht jedoch dagegen. Es gibt andere Dinge in dieser Disziplin, die ebenso absurd sind, aber diese können wir vorerst beiseite lassen. Denn es ist ausreichend deutlich, dass unsere Kunst absolut und zutiefst unwissend ist, was die Gründe für die offenbar unregelmäßigen Bewegungen angeht.

Und wenn wir Gründe erdenken und konstruieren – was wir regelmäßig tun –, dann nicht, um irgendjemanden von ihrer Wahrheit zu überzeugen, sondern nur zu dem Zweck, eine korrekte Grundlage für unsere Berechnungen zu finden. Denn nachdem für ein und dieselbe Bewegung unterschiedliche Hypothesen von Zeit zu Zeit vorgeschlagen wurden (beispielsweise die Exzentrizität oder der Epizyklus für die Sonne), greift der Astronom vorzugsweise zu derjenigen, die am leichtesten zu verstehen ist. Vielleicht würde ein Philosoph eher nach Wahrscheinlichkeit verlangen, aber keiner von beiden würde sich eine bestimmte Theorie zu Eigen machen oder sie weitergeben, außer aufgrund göttlicher Offenbarung. Geben wir diesen neuen Hypothesen also die Möglichkeit, in der Öffentlichkeit zu erscheinen und

RECHTE SEITE
Kopernikus beginnt seine Erforschung des Universums mit Astrolabien, Kompassen, Quadranten und Parallaxen. Heute wird diese Forschung mit einer Technologie fortgesetzt, die sich Kopernikus niemals hätte träumen lassen, beispielsweise mit dem International Ultraviolet Explorer (IUE)-Teleskop, das mit Hilfe von ultraviolettem Licht den Weltraum durchsucht.

neben die älteren zu treten, die nicht wahrscheinlicher sind, zumal sie wunderbar und einfach sind und einen riesigen Vorrat gelehrter Beobachtung mit sich bringen. Und was die Hypothesen angeht, so möge niemand irgendeine Art von Sicherheit erwarten, denn die Astronomie kann uns keine Sicherheit bieten, es sei denn, jemand nimmt für wahr, was zu einem anderen Zweck konstruiert worden ist. Er wird ein größerer Narr sein, wenn er diese Disziplin verlässt, als bei seinem Eintritt. So sei es.

Erstes Buch

Unter den vielen verschiedenen Studien der Wissenschaften und Künste, durch welche sich der Menschengeist entwickelt, halte ich diejenigen vorzüglich für wert, ergriffen und mit dem höchsten Eifer betrieben zu werden, welche sich mit den schönsten und wissenswürdigsten Gegenständen beschäftigen. Diese sind nun diejenigen, welche von den himmlischen Kreisbewegungen der Welt, dem Laufe der Gestirne, den Größen und Entfernungen, dem Auf- und Untergange und den Ursachen der übrigen Himmelserscheinungen handeln und endlich die gesamte Form entwickeln. Was aber ist schöner als der Himmel, welcher ja alles Schöne enthält? Die lateinischen Namen selbst – *caelum* der Himmel und *mundus* die Welt – deuten dies schon an, dieser durch die Bezeichnung der Reinheit und des Schmuckes, jener durch die Bedeutung des kunstreich Gestalteten. Wegen seiner sichtlichen, übergroßen Herrlichkeit nannten ihn die meisten Philosophen: Gott. Deswegen, wenn die Würde der Wissenschaften nach dem Gegenstande abgeschätzt werden soll, den sie behandeln, wird diejenige bei Weitem die höchste sein, welche einige Astronomie, andere Astrologie, viele der Alten aber die Vollendung der Mathematik nennen. (In der Tat wird die dem freien Manne Würdigste, als das Haupt der freien Künste, fast von allen Zweigen der Mathematik getragen.) Arithmetik, Geometrie, Optik, Geodäsie, Mechanik und wenn es sonst noch andere gibt, alle beziehen sich auf jene. Wenn es aber die Aufgabe aller Wissenschaften ist, den Menschengeist der Sünde zu entziehen und auf das Bessere zu lenken, so kann *sie* dies, neben einer unglaublichen Beseligung des Geistes, im Übermaße bewirken. Denn wer würde nicht beim Erforschen dessen, was er in der besten Ordnung gegrün-

det, von der göttlichen Vorsehung gelenkt erkennt, durch fleißige Betrachtung desselben und durch eine gewisse Vertrautheit damit, zu dem Besten angeregt und den Urheber des Alls bewundern, worin alles Glück und alles Gute besteht? Vergebens würde jener göttliche Sänger von sich sagen, dass er sich an der Schöpfung Gottes erfreue und bei den Werken seiner Hände jauchzen möchte, wenn wir nicht durch dieses Mittel, gleichsam wie auf einem Gefährt, zu der Anschauung des höchsten Gottes geführt würden.

Welchen Nutzen und welche Zierde sie dem Staate – um die unzähligen Vorteile des Privatmannes zu übergehen – verleiht,

hat Plato sehr gut nachgewiesen (der sie im siebenten Buche der Gesetze hauptsächlich deswegen für erstrebenswert erachtet, weil die durch sie nach dem Maßstabe der Tage in Monate und Jahre eingeteilte Zeit den Staat in Bezug auf die Feste und Opfer lebendig und wachsam macht; und er sagt, dass, wenn jemand behauptete, dass für einen, der irgendwelche der höchsten Wissenschaften erfassen will, *diese* nicht nötig sei, dieser sehr töricht denken würde). Er ist der Ansicht, es sei weit gefehlt, dass jemand als groß aufgestellt und bezeichnet werden könnte, der weder von der Sonne noch von dem Monde noch von den übrigen Gestirnen die notwendige Kenntnis besitze.

LINKE SEITE

Eine Darstellung des Sonnensystems, wie wir es heute sehen, sehr nahe an Kopernikus' Vorstellungen

Diese mehr göttliche als menschliche Wissenschaft, welche die höchsten Dinge erforscht, entbehrt aber auch nicht der Schwierigkeiten, zumal wir sehen, dass die meisten, welche es unternommen haben, sich damit zu beschäftigen, über ihre Grundlagen und Annahmen, welche die Griechen Hypothesen nennen, uneinig gewesen sind und daher sich nicht auf dieselben Berechnungen gestützt haben. Ferner weil der Lauf der Fixsterne und die Kreisbewegung der Planeten nur erst mit der Zeit und nach vielen vorangegangenen Beobachtungen, aus welchen sie, sozusagen, von Hand zu Hand der Nachwelt überliefert wurden, durch zuverlässige Zahlen bestimmt und zu einer vollkommenen Wissenschaft gestaltet werden können.

Denn obgleich Cl. Ptolemäus von Alexandria, welcher an bewundernswürdiger Geschicklichkeit und Umsicht die Übrigen weit überragt, mit Hilfe der Beobachtungen von vierhundert und mehr Jahren diese Wissenschaft fast zur höchsten Vollendung gebracht hat, sodass es bereits den Anschein hatte, als gäbe es nichts, was er nicht berührt hätte: so sehen wir doch, dass das meiste mit dem nicht übereinstimmt, was aus seiner Überlieferung folgen sollte, weil noch einige andere Bewegungen aufgefunden sind, welche ihm noch unbekannt waren. Deshalb sagt auch Plutarch da, wo er vom Sonnenjahre handelt. »Bis jetzt übersteigt die Bewegung der Gestirne die Einsicht der Mathematiker.« Um nämlich bei dem Beispiele von dem Jahre stehen zu bleiben, so halte ich es für bekannt, wie verschieden die Meinungen darüber immer gewesen sind, und zwar bis zu dem Grade, dass viele daran verzweifelten, eine zuverlässige Berechnung desselben finden zu können. Damit es aber nicht so scheine, als wollte ich meine

Peter Appians Beweis einer sphärischen Erde (16. Jahrhundert)

Schwachheit unter dem Vorwande dieser Schwierigkeit verbergen, so werde ich mit Hilfe Gottes, ohne den wir nichts vermögen, an den anderen Planeten dieses weitläufiger zu prüfen versuchen, indem wir desto mehr Hilfsmittel besitzen, unsere Theorie zu unterstützen, um einen je größeren Zeitraum die Gründer dieser Wissenschaft uns vorangegangen sind, mit deren Beobachtungen wir das vergleichen können, was auch wir von Neuem beobachtet haben.

Übrigens gestehe ich, dass ich vieles anders als meine Vorgänger darstellen werde, wenngleich auf Grund ihrer eigenen Dienste, da sie ja den ersten Zugang zu der Untersuchung dieser Gegenstände eröffnet haben.

1. Dass die Welt kugelförmig sei

Zuerst müssen wir bemerken, dass die Welt kugelförmig ist, teils weil diese Form als die vollendete, keiner Fuge bedürftige Ganzheit, die vollkommenste von allen ist, teils weil sie die geräumigste Form bildet, welche am meisten dazu geeignet ist, alles zu enthalten und zu bewahren; oder auch weil alle in sich abgeschlossenen Teile der Welt, ich meine die Sonne, den Mond und die Planeten, in dieser Form erscheinen; oder weil alles dahin strebt, sich in dieser Form zu begrenzen, was an den Tropfen des Wassers und an den übrigen flüssigen Körpern zur Erscheinung kommt, wenn sie sich aus sich selbst zu begrenzen streben.

So dass niemand bezweifeln wird, dass diese Form den himmlischen Körpern zukommt.

2. Dass die Erde gleichfalls kugelförmig sei

Dass die Erde gleichfalls kugelförmig sei, ist deshalb außer Zweifel, weil sie sich von allen Seiten auf ihren Mittelpunkt stützt. Obgleich ein vollkommener Kreis bei der großen Erhebung der Berge und der Vertiefung der Täler nicht sogleich wahrgenommen wird, so beeinträchtigt dies doch die allgemeine Rundung der Erde keineswegs. Dies wird auf folgende Weise klar: Für diejenigen, welche irgendwoher nach Norden gehen, erhebt sich der Nordpol der täglichen Kreisbewegung allmählich, während der andere um ebenso viel sinkt. Die meisten Sterne in der Gegend des Großen Bären scheinen nicht unterzugehen, und im Süden einige nicht mehr aufzugehen. So sieht Italien den Canopus nicht, der den Ägyptern sichtbar ist. Und Italien sieht den äußersten Stern des Flusses, welchen unsere Gegend einer kälteren Zone nicht kennt. Dagegen erheben sich für diejenigen, welche nach Süden reisen, jene, während diejenigen untergehen, welche für uns hoch stehen. Nun haben auch die Neigungen der Pole selbst zu den durchmessenen Räumen der Erde immer dasselbe Verhältnis, was bei keiner andern als bei der Kugelgestalt zutrifft. Daher ist offenbar, dass auch die Erde zwischen den Polen eingeschlossen und deswegen kugelförmig ist. Nehmen wir noch hinzu, dass die Bewohner des Ostens die am Abend und die nach Westen Wohnenden die am Morgen eintretenden Sonnen- und Mond-Finsternisse nicht wahrnehmen, die dazwischen Wohnenden aber jene später, diese dagegen früher sehen. Dass auch das Wasser derselben Form unterworfen ist, wird auf den Schiffen wahrgenommen, indem das Land, was man vom Schiffe aus nicht sehen kann, von der Spitze des Mastbaums erspäht wird. Und umgekehrt, wenn eine Leuchte an der Spitze des Mastbaums angebracht wird, so scheint dieselbe, wenn das Schiff sich vom Lande entfernt, den am Gestade Zurückbleibenden allmählich hinabzusteigen, bis sie zuletzt, gleichsam untergehend, verschwindet. Es ist klar, dass auch das Wasser seiner flüssigen Natur nach, ebenso wie die Erde, immer nach unten strebt und sich vom Ufer ab nicht höher erhebt, als dies seine Konvexität zulässt. Daher ragt das Land überall um so viel aus dem Ozean hervor, als das Land zufällig höher ist.

3. Wie das Land mit dem Wasser eine Kugel ausmacht

Indem der das Land umgebende Ozean seine Gewässer nach allen Seiten verbreitet, füllt er die eingesenkten Vertiefungen desselben aus. Daher war es nötig, dass es weniger Wasser gäbe als Land, damit das Wasser nicht den ganzen Erdkreis verschlänge, indem beide vermöge ihrer Schwere nach einem und demselben Mittelpunkte streben; sondern dass es einige Erdteile und so viele nach allen Seiten freiliegende Inseln, den lebendigen Wesen zum Heile, übrig lasse. Denn selbst das Festland und der Erdkreis, was sind sie anderes als eine Insel, größer als die übrigen? Und man darf nicht auf gewisse Peripatetiker hören, welche behauptet haben, das gesamte Wasser sei zehnmal so viel als das ganze Land, weil nämlich bei der Verwandlung der Elemente aus einem Teile Erde zehn Teile Wasser in flüssigem Zustande entständen; und welche, unter Annahme dieser Voraussetzung, sagen, das Land rage deswegen hervor, weil es wegen seiner Höhlungen in Hinsicht der Schwere nicht nach allen Seiten im Gleichgewichte stehe und der Mittelpunkt der Schwere daher ein anderer sei als der Mittelpunkt des Umfanges. Sie täuschten sich aber aus Unkenntnis der Geometrie, indem sie nicht wussten, dass das Wasser nicht einmal siebenmal so viel betragen darf, wenn noch irgendein Teil des Landes trocken gelegt werden soll, ohne dass das ganze Land den Mittelpunkt der Schwere räumt und dem Wasser überlässt, als ob dieses schwerer wäre als jenes. Es stehen nämlich die Kugeln zueinander im kubischen Verhältnisse ihrer Durchmesser: Wenn daher, bei sieben Teilen Wasser, der achte Teil Land wäre, so könnte der Durchmesser des Letzteren nicht größer sein als der Halbmesser der Wasserkugel; umso weniger ist es möglich, dass das Wasser gar zehnmal so viel sein sollte. Dass auch kein Unterschied zwischen dem Mittelpunkte der Schwere der Erde und dem Mittelpunkte ihres Umfanges besteht, kann daraus erkannt werden, dass die aus dem Ozean hervorgetretene Erhebung des Landes nicht zu einer zusammenhängenden Beule angeschwollen ist; sonst würde sie das Wasser des Meeres aufs Äußerste von sich ausschließen und durchaus nicht gestatten, dass Binnenmeere und große Busen sie unterbrächen. Ferner würde die Tiefe des Grundes von der Meeresküste an immer größer werden, und deshalb würde denen, welche größere Seefahrten ausführten, weder eine Insel noch eine Klippe noch irgend-

Die Erde vom Weltraum aus gesehen. Hier zeigt sich, dass Wasser- und Landmassen eine Kugel ergeben.

Kopernikus' Darstellung von Land und Wasser war bemerkenswert genau für seine Zeit.

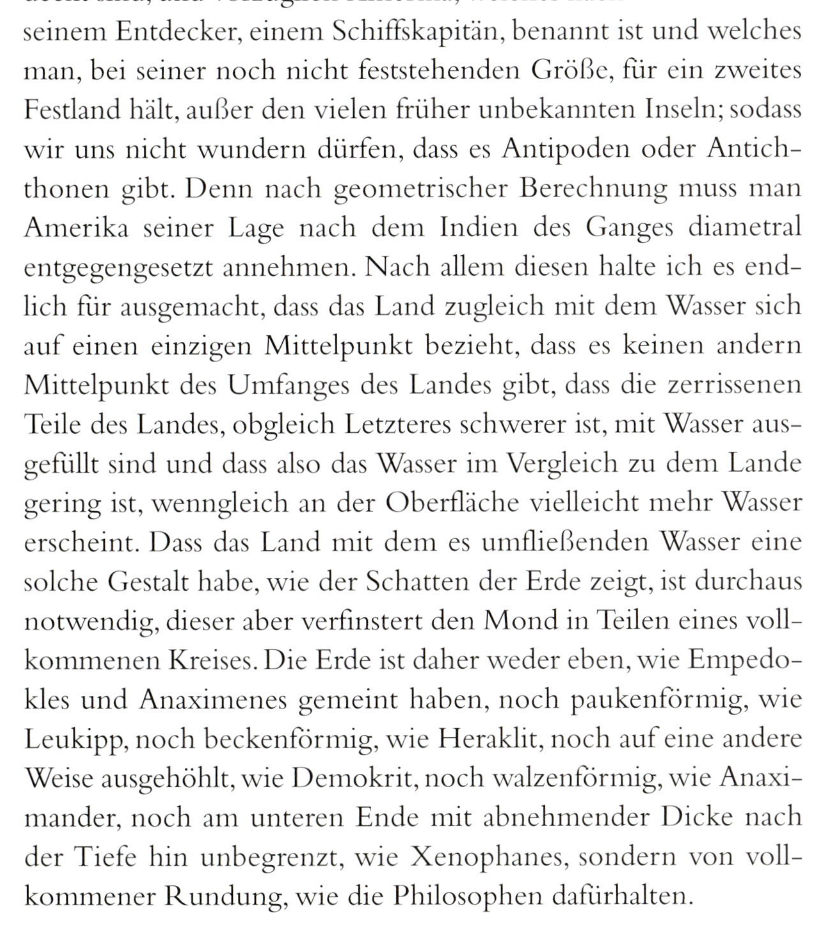

etwas Landartiges aufstoßen. Nun ist aber bekannt, dass zwischen dem ägyptischen Meere und dem arabischen Meerbusen fast in der Mitte der Ländermasse kaum fünfzehn Stadien breites Land hervorragt; dagegen dehnt Ptolemäus in seiner Kosmographie das bewohnte Land bis zum mittleren Längenkreise aus, wobei noch überdies das unbekannte Land außer Acht gelassen ist, wo die Neueren Cathagya und sehr ausgedehnte Gegenden bis zu sechzig Längengraden hinzugefügt haben; so dass die Erde schon in einer größeren Länge bewohnt ist, als das Übrige des Ozeans ausmacht. Das wird noch klarer werden, wenn diejenigen Inseln hinzugenommen werden, welche in unserer Zeit unter den Herrschern Spaniens und Portugals entdeckt sind, und vorzüglich Amerika, welches nach seinem Entdecker, einem Schiffskapitän, benannt ist und welches man, bei seiner noch nicht feststehenden Größe, für ein zweites Festland hält, außer den vielen früher unbekannten Inseln; sodass wir uns nicht wundern dürfen, dass es Antipoden oder Antichthonen gibt. Denn nach geometrischer Berechnung muss man Amerika seiner Lage nach dem Indien des Ganges diametral entgegengesetzt annehmen. Nach allem diesen halte ich es endlich für ausgemacht, dass das Land zugleich mit dem Wasser sich auf einen einzigen Mittelpunkt bezieht, dass es keinen andern Mittelpunkt des Umfanges des Landes gibt, dass die zerrissenen Teile des Landes, obgleich Letzteres schwerer ist, mit Wasser ausgefüllt sind und dass also das Wasser im Vergleich zu dem Lande gering ist, wenngleich an der Oberfläche vielleicht mehr Wasser erscheint. Dass das Land mit dem es umfließenden Wasser eine solche Gestalt habe, wie der Schatten der Erde zeigt, ist durchaus notwendig, dieser aber verfinstert den Mond in Teilen eines vollkommenen Kreises. Die Erde ist daher weder eben, wie Empedokles und Anaximenes gemeint haben, noch paukenförmig, wie Leukipp, noch beckenförmig, wie Heraklit, noch auf eine andere Weise ausgehöhlt, wie Demokrit, noch walzenförmig, wie Anaximander, noch am unteren Ende mit abnehmender Dicke nach der Tiefe hin unbegrenzt, wie Xenophanes, sondern von vollkommener Rundung, wie die Philosophen dafürhalten.

4. Dass die Bewegung der Himmelskörper gleichmäßig, kreisförmig, ununterbrochen oder aus Kreisförmigen zusammengesetzt sei

Hiernach bemerken wir, dass die Bewegung der Himmelskörper kreisförmig ist. Die Beweglichkeit einer Kugel besteht nämlich darin, sich im Kreise zu bewegen, indem sie durch diese Tätigkeit ihre Form, als diejenige des einfachsten Körpers, ausdrückt, an welchem weder ein Anfang noch ein Ende zu finden noch eines von dem anderen zu unterscheiden ist, während sie durch dieselben Zwischenpunkte in ihre ursprüngliche Lage gelangt. Wegen der Vielheit der Kreise gibt es aber mehrere Bewegungen. Die bekannteste von allen ist die tägliche Kreisbewegung, welche die Griechen Nychthemeron nennen, d.h. der Zeitraum von Tag und Nacht. Durch diese, meint man, bewege sich die ganze Welt, mit Ausnahme der Erde, von Osten nach Westen. Sie wird als gemeinschaftliches Maß für alle Bewegungen erkannt, da die Zeit selbst hauptsächlich nach der Anzahl der Tage gemessen wird. Ferner sehen wir andere, gleichsam rückläufige Kreisbewegungen, d.h. von Westen nach Osten, vor sich gehen: nämlich diejenige der Sonne, des Mondes und der fünf Planeten. So misst uns die Sonne das Jahr, der Mond die Monate als die gewöhnlichsten Zeitabschnitte zu; so vollendet jeder der anderen fünf Planeten seinen Umlauf. – Sie unterscheiden sich jedoch in mehrfacher Weise: erstens darin, dass sie sich nicht um dieselben Pole, um welche jene erste Bewegung vor sich geht, drehen, indem sie in der schiefen Lage des Tierkreises fortschreiten; zweitens darin, dass sie in ihrem eigenen Umlaufe sich nicht gleichmäßig zu bewegen scheinen, denn Sonne und Mond werden bald in langsameren, bald in schnellerem Laufe begriffen angetroffen; die übrigen fünf Planeten sehen wir aber auch zuweilen zurückgehen und bei dem Übergange stillstehen, und während die Sonne immer in ihrem direkten Wege fortrückt, irren jene auf verschiedene Weisen ab, indem sie bald nach Süden, bald nach Norden schweifen, weshalb sie eben Planeten heißen. Hierzu kommt noch, dass sie zuweilen der Erde näher kommen, wo sie perigeisch, dann wieder sich mehr von ihr entfernen, wo sie apogeisch genannt werden. Nichtsdestoweniger muss zugegeben werden, dass die Bewegungen kreisförmig oder aus mehreren Kreisen zusammengesetzt sind, wodurch derartige Ungleichheiten sich nach einem zuverlässigen Gesetze und einer feststehenden Periode richten, was nicht geschehen könnte, wenn sie nicht kreisförmig wären. Denn der Kreis kann allein das Vergangene zurückführen, wie denn die Sonne, sozusagen, uns durch ihre aus Kreisen zusammengesetzte Bewegung die Ungleichheit der Tage und Nächte und die vier Jahreszeiten zurückführt, woran mehrere Bewegungen erkannt werden, weil es nicht geschehen kann, dass die einfachen Himmelskörper sich in einem einzigen Kreis ungleichmäßig bewegen; denn dies müsste geschehen, entweder wegen einer Unbeständigkeit in der Natur des Bewegenden – möchte sie nun durch eine ihm äußerliche Ursache oder durch sein inneres Wesen herbeigeführt sein – oder wegen einer Ungleichheit des bewegten Körpers. Da aber der Verstand sich gegen beides sträubt und es unwürdig ist, so etwas bei demjenigen anzunehmen, welches nach der besten Ordnung eingerichtet ist, so muss man zugeben, dass die gleichmäßigen Bewegungen uns ungleichmäßig erscheinen, entweder wegen der Verschiedenheit der Pole jener Kreise oder weil die Erde nicht im Mittelpunkte der Kreise sich befindet, in welchen sich jene bewegen; und dass sie uns, die wir die Bewegungen der Gestirne von der Erde aus beobachten, wegen der ungleichen Entfernungen in größerer Nähe größer vorkommen, als wenn sie in größerem Abstande von uns vor sich gehen – wie das in der Optik nachgewiesen wird. Auf diese Weise erscheinen uns die Bewegungen, welche in gleichen Zeiten durch gleiche Bogen verlaufen, wegen der verschiedenen Entfernungen ungleich. Deshalb halte ich es vor allen Dingen für notwendig, dass wir sorgfältig untersuchen, welche Stellung die Erde zum Himmel hat, damit wir, während wir das Erhabenste erforschen wollen, nicht das Nächste außer Acht lassen und irrtümlich das, was der Erde zukommt, den Himmelskörpern zuschreiben.

5. Ob der Erde eine kreisförmige Bewegung zukomme? Und über ihren Ort

Da schon nachgewiesen ist, dass die Erde die Gestalt einer Kugel hat, so halte ich dafür, dass untersucht werden muss, ob aus ihrer Form auch eine Bewegung folgt und welchen Ort sie im Weltall einnimmt. – Ohne dieses ist keine sichere Berechnung der am Himmel vor sich gehenden Erscheinungen zu finden. Der größte Teil der Schriftsteller stimmt freilich darin überein, dass die

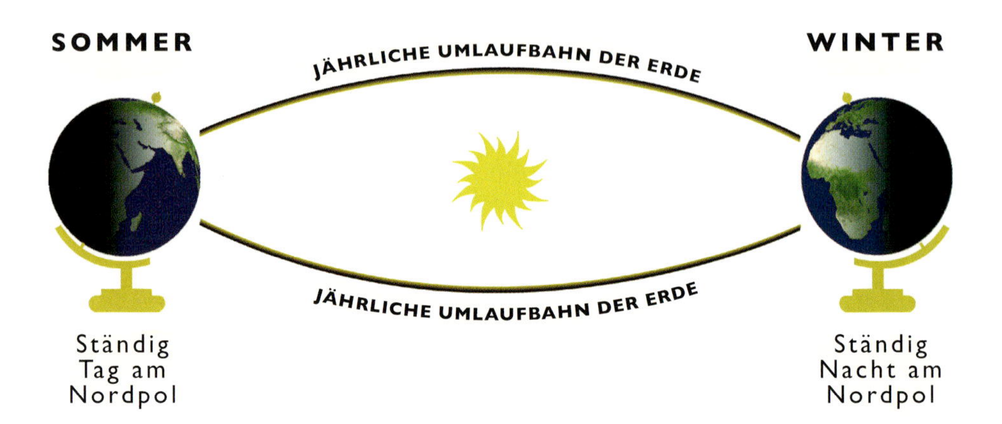

Kopernikus' Erklärung für die Schleifenbahn der Planeten

Erde in der Mitte der Welt ruhe, so dass sie es für unbegreiflich und sogar für lächerlich halten, das Gegenteil zu meinen. Wenn man jedoch die Sache sorgfältiger erwägt, so wird man einsehen, dass diese Frage noch nicht erledigt und deshalb keineswegs gering zu achten ist. Jede Ortsveränderung, welche wahrgenommen wird, rührt nämlich von einer Bewegung entweder des beobachteten Gegenstandes oder des Beobachters oder von, natürlich verschiedenen, Bewegungen beider her; denn wenn der beobachtete Gegenstand und der Beobachter sich in gleicher Weise und in gleicher Richtung bewegen, so wird keine Bewegung wahrgenommen. Nun ist es aber die Erde, von wo aus der Umlauf des Himmels beobachtet und wo derselbe unseren Augen vorgeführt wird. Wenn daher der Erde irgendeine Bewegung zukäme, so würde diese an allem, was sich außerhalb jener befindet, zur Erscheinung kommen, aber in entgegengesetzter Richtung, gleichsam als ob alles an der Erde vorüberzöge; und dieser Art ist denn vorzüglich die tägliche Kreisbewegung. Denn diese scheint die ganze Welt zu ergreifen, und zwar alles, was außerhalb der Erde ist, mit alleiniger Ausnahme der Erde selbst. Wenn man aber zugäbe, dass dem Himmel nichts von dieser Bewegung eigen sei, sondern dass die Erde sich von Westen nach Osten drehe, und wenn man dies ernstlich in Bezug auf den erscheinenden Auf- und Untergang der Sonne, des Mondes und der Sterne erwöge, so würde man finden, dass es sich so verhält. Da der Himmel, der alles enthält und birgt, der gemeinschaftliche Ort aller Dinge ist, so lässt sich nicht gleich verstehen, warum nicht eher dem Enthaltenen als dem Enthaltenden, dem Gesetzten als dem Setzenden eine Bewegung zugeschrieben wird. Dieser Meinung waren wirklich die Pythagoräer Heraklit und Ekphantos und der Syracusaner Nicetas bei Cicero, indem sie die Erde in der Mitte der Welt sich drehen ließen. Sie waren nämlich der Ansicht, dass die Gestirne durch das Dazwischentreten der Erde unter- und durch das Zurückweichen derselben aufgingen. Aus dieser Annahme folgt der andere, nicht geringere Zweifel über den Ort der Erde, obgleich fast von allen angenommen und geglaubt worden ist, dass die Erde sich nicht in dem Mittelpunkte der Welt befinde, dass aber der Abstand zwischen beiden zwar nicht groß genug sei, um an der Fixsternsphäre gemessen werden zu können, wohl aber an den Bahnen der Sonne und der Planeten merklich und erkennbar würde; und wenn er ferner der Ansicht wäre, dass die Bewegungen der Letzteren aus diesem Grunde unregelmäßig erschienen, gleichsam als wenn dieselben in Bezug auf einen anderen Mittelpunkt als denjenigen der Erde geregelt wären: so könnte ein solcher vielleicht den wahren Grund der ungleichmäßig erscheinenden Bewegung angegeben haben.

Denn da die Planeten der Erde bald näher, bald entfernter erschienen, so verrät dies notwendig, dass der Mittelpunkt der Erde nicht der Mittelpunkt jener Kreisbahnen ist; weshalb auch nicht feststeht, ob die Erde ihre Entfernung von jenen verkleinert oder vergrößert oder jene ihre Entfernung von der Erde. Es würde also nicht zum Verwundern sein, wenn jemand außer jener täglichen Umwälzung der Erde noch eine andere Bewegung zuschriebe. Dass aber die Erde sich drehe, mit mehreren Bewegungen sich im Raume fortbewege und zu den Planeten gehöre, soll nun der Pythagoräer Philolaos, ein nicht gewöhnlicher Mathematiker, geglaubt haben, weshalb Plato nicht zögerte, nach Italien zu reisen, um ihn aufzusuchen, wie diejenigen erzählen, welche Platos Leben beschrieben haben.

Viele glaubten dagegen, es könne durch mathematische Berechnung erwiesen werden, dass sich die Erde in der Mitte der Welt befinde und, da sie gegen die ungeheure Größe des Himmels als Punkt gelten könne, den Ort des Mittelpunktes einnähme und aus diesem Grunde unbeweglich sei; weil, wenn sich das Universum bewegte, der Mittelpunkt unbewegt bliebe und dasjenige, was dem Mittelpunkt am nächsten wäre, sich am langsamsten bewegte.

PRIMVM MOBILE.
CRISTALLINE.
FIRMAMENT.
AER
COELIFER
ATLAS
Hic canet errantē Lunam, Solisq; labores
Arcturūq; pluuiasq; hyad. gēinosq; triões

6. Über die Unermesslichkeit des Himmels im Verhältnis zu der Größe der Erde

Dass die so große Masse der Erde, im Verhältnisse zu der Größe des Himmels, nicht in Betracht kommt, kann daraus erkannt werden, dass die begrenzenden Kreise – das bedeuten nämlich die Horizontes der Griechen – die ganze Himmelskugel halbieren; was nicht geschehen könnte, wenn die Größe der Erde oder ihr Abstand vom Mittelpunkte der Welt im Vergleich mit dem Himmel merklich wäre. Der eine Kugel halbierende Kreis geht nämlich durch den Mittelpunkt der Kugel und ist der größte von den umschriebenen Kreisen.

Es sei *abcd* ein begrenzender Kreis, die Erde aber, von welcher aus wir ihn sehen, sei *e*: so ist eben dies *e* der Mittelpunkt des Horizontes, durch welchen alles Erscheinende von dem Nichterscheinenden geschieden wird. Erblickt man nun durch ein in *e* aufgestelltes Diopter oder Horoskops oder durch eine Wasserwaage den Aufgang des Anfanges des Krebses im Punkte *c*, so sieht man in demselben Augenblicke den Anfang des Steinbocks in *a* untergehen. Da die Punkte *a, e* und *c* in einer durch das Diopter gehenden geraden Linie liegen, so ist klar, dass letztere der Durchmesser der Ekliptik ist; und da sechs Zeichen den Halbkreis bestimmen, so ist auch *e* der Mittelpunkt des Horizontes. Wenn bei einer anderen Umwälzung der Anfang des Steinbocks in *b* aufgeht, so wird der Untergang des Krebses in *d* gesehen werden, und *bed* wird eine gerade Linie, und zwar der Durchmesser der Ekliptik sein.

Es hat sich aber schon gezeigt, dass *aec* der Durchmesser desselben Kreises ist, folglich ist klar, dass der Mittelpunkt des Kreises in dem gemeinschaftlichen Durchschnittspunkte liegt. So halbiert also immer der Horizont die Ekliptik, welche ein größter Kreis der Kugel ist. Da nun ein Kreis auf eine Kugel, wenn er durch den Mittelpunkt eines größten Kreises geht, selbst ein größter Kreis ist, so gehört der Horizont zu den größten Kreisen, und sein Mittelpunkt ist zugleich derjenige der Ekliptik. Weil aber die Linie durch die Oberfläche der Erde notwendig eine andere ist als diejenige durch ihren Mittelpunkt, beide aber wegen der Unermesslichkeit im Verhältnisse zur Erde gewissermaßen Parallelen ähnlich sind, welche wegen des zu kleinen Abstandes an der Grenze eine einzige Linie zu sein scheinen – da der Zwischenraum, den

OBEN
Das Hubble-Teleskop hat uns bewiesen, dass Kopernikus Recht hatte, was die ungeheure Ausdehnung des Universums angeht.

LINKE SEITE
Kopernikus' Zeitgenossen waren anderer Ansicht, wie hier symbolisch gezeigt wird: Die mythische Gestalt Atlas trägt das gesamte Universum, das lediglich unser Sonnensystem umfasst.

Ein flämischer Sphärenglobus zeigt ein geozentrisches Modell mit sieben ineinander geschachtelten Planetenringen.

sie einschließen, im Verhältnisse zu ihrer Länge in der Weise, wie dies in der Optik gezeigt wird, nicht wahrnehmbar ist –, so scheint dies ohne Zweifel hinreichend zu beweisen, dass der Himmel im Vergleiche mit der Erde unermesslich sei und den Anschein einer unendlichen Größe gewinnt und dass die Erde zum Himmel, nach der Sinnenschätzung, wie ein Punkt zu einem Körper und ein endlich Großes zu einem unendlich Großen sich verhält.

Weiter ist aber auch nichts bewiesen, und es folgt namentlich nicht daraus, dass die Erde in der Mitte der Welt ruhen müsse. Vielmehr müsste es uns recht befremden, wenn die so unermesslich ausgedehnte Welt sich leichter in 24 Stunden im Raume bewegte als ein sehr kleiner Teil derselben, welcher die Erde ist. Denn dass man behauptet, der Mittelpunkt sei unbeweglich und das dem Mittelpunkte Benachbarte bewege sich langsamer, beweist nicht, dass die Erde im Mittelpunkte der Welt ruhe; es ist nämlich nichts anderes, als wenn man sagte, der Himmel bewege sich, aber die Pole ruhen und das den Polen Benachbarte bewege sich sehr langsam; wie denen der Polarstern sich viel langsamer als der Adler oder der Sirius zu bewegen scheint, weil ersterer, als dem Pole nahe stehend, einen kleineren Kreis beschreibt, indem alle einer Kugel angehören, deren Bewegung, nach ihrer Achse hin abnehmend, eine unter sich gleiche Bewegung aller ihrer Teile nicht zulässt, während die Bewegung des Ganzen sie alle in gleichen Zeiten, aber durch ungleiche Räume hindurch herumführt.

Hierauf beruht also der Grund des Beweises, dass die Erde, indem sie einen Teil der Himmelskugel ausmacht und derselben Art und Bewegung teilhaftig ist, als dem Mittelpunkte benachbart sich wenig bewege. Da sie nun ein existierender Körper und nicht selbst der Mittelpunkt ist, so würde sie sich selbst in derselben Zeit in den Himmelskreisen ähnlichen, wenn auch kleineren Kreisen bewegen.

Wie falsch dies ist, ist klarer als das Licht, denn es müsste an einem und demselben Orte (der Erde) immer Mittag, an einem anderen immer Mitternacht sein, sodass weder ein täglicher Aufgang noch ein Untergang eintreten könnte, weil die Bewegung des Ganzen und des Teiles eine einzige untrennbare wäre.

Es besteht aber ein sehr verschiedenes Verhältnis in Bezug auf das Ganze und dessen Teile, und dies löst die Schwierigkeit der Sache. Diejenigen nämlich, welche einen kleineren Kreis durchlaufen. So vollendet der oberste der Planeten, der Saturn, seine Kreisbahn in dreißig Jahren und der Mond, der ohne Zweifel der Erde am nächsten ist, in einem Monate. Endlich wird man einräumen, dass die Erde in dem Zeitraume von einem Tage und einer Nacht sich um sich selbst drehe. Es kehrt also derselbe Zweifel über die tägliche Kreisbewegung hier wieder.

Aber es handelt sich auch noch um den Ort der Erde, der aus dem Obigen noch nicht ganz gewiss folgt. Denn jener Beweis enthält nichts weiter, als dass die Größe des Himmels im Verhältnisse zur Erde unendlich ist, aber bis wie weit sich diese Unermesslichkeit erstrecke, steht keineswegs fest. Ebenso wie sehr kleine und unteilbare Körperchen, so genannte Atome, wenn sie zwei- oder einigemal genommen werden, wegen ihrer Unmerklichkeit nicht sofort einen wahrnehmbaren Körper zusammensetzen, dennoch aber so oft multipliziert werden können, dass sie endlich ausreichen, um zu einer wahrnehmbaren Größe anzuwachsen. So verhält es sich auch mit dem Orte der Erde; obgleich derselbe nicht in dem Mittelpunkte der Welt liegt, so ist dennoch diese Entfernung, namentlich im Vergleiche mit der Fixsternsphäre, noch nicht messbar.

7. Warum die Alten geglaubt haben, die Erde ruhe in der Mitte der Welt, gleichsam als Mittelpunkt

Deshalb haben die alten Philosophen aus einigen anderen Gründen zu beweisen versucht, dass die Erde in der Mitte der Welt stehe. Als hauptsächlichste Ursache aber führen sie die Schwere und Leichtigkeit an. Das Element der Erde ist nämlich am schwersten, und alles Wägbare bewegt sich, seinem Streben gemäß, nach der innersten Mitte derselben hin. Da nun die Erde, nach welcher die schweren Gegenstände von allen Seiten her rechtwinklig auf die Oberfläche vermöge ihrer eigenen Natur sich hinbewegen, kugelförmig ist, so würden sie, wenn sie nicht eben auf der Oberfläche zurückgehalten würden, in ihrem Mittelpunkte zusammentreffen; weil in der Tat eine gerade Linie, welche gegen die Tangentialebene im Berührungspunkte senkrecht gerichtet ist, zum Mittelpunkte führt. Für diejenigen Körper aber, welche sich nach der Mitte hin bewegen, scheint zu folgen, dass sie in der Mitte ruhen würden. Umso mehr wird also die ganze Erde in der Mitte ruhen und, was sie auch alles für fallende Körper in sich aufnimmt, durch ihr Gewicht unbeweglich bleiben. Ebenso stützen sie sich auch bei ihren Beweisen auf den Grund der Bewegung und deren Natur. Aristoteles sagt nämlich, dass die Bewegung eines einfachen Körpers einfach sei; von den einfachen Bewegungen sei aber die eine geradlinig, die andere kreisförmig; von der geradlinigen aber die eine aufwärts, die andere abwärts. Deshalb sei jede einfache Bewegung entweder nach der Mitte hin, nämlich abwärts, oder von der Mitte fort, nämlich aufwärts, oder um die Mitte herum, und diese wäre eben die kreisförmige. Nur der Erde und dem Wasser, welche für schwer gelten, kommt es zu, sich abwärts zu bewegen, d. h. nach der Mitte hin zu streben; der Luft aber und dem Feuer, welche mit Leichtigkeit begabt sind, aufwärts und von der Mitte fort sich zu bewegen. Es scheint klar, dass diesen vier Elementen die geradlinige Bewegung zugestanden werden muss; in Bezug auf die himmlischen Körper aber, dass sie sich um die Mitte im Kreise drehen. So Aristoteles. Wenn daher, sagt der Alexandriner Ptolemäus, die Erde sich drehte, wenigstens in täglicher Umdrehung, so müsste das Gegenteil von dem oben Gesagten eintreten, es müsste nämlich die Bewegung, welche in 24 Stunden den ganzen Umfang der Erde durchliefe, die heftigste und ihre Geschwindigkeit unübertreffbar sein. Was aber in jähe Drehung versetzt wird, scheint zu einer Zusammenhäufung durchaus nicht geeignet zu sein, vielmehr zerstreut zu werden, wenn nicht die zusammenhängenden Teile mit einiger Festigkeit zusammengehalten würden. Und schon lange, sagt er, würde die lose Erde über den Himmel selbst – was sehr lächerlich ist – hinausgelangt, und umso weniger würden die lebenden

Wesen und sonstigen losgelösten Massen irgendwie unerschüttert geblieben sein. Aber auch die geradlinig fallenden Körper würden nicht in der Senkrechten an den ihnen bestimmten Ort gelangen, da derselbe inzwischen mit so großer Geschwindigkeit darunter weggezogen wäre. Auch würden wir die Wolken und was sonst in der Luft schwebte immer nach Westen hin sich bewegen sehen.

8. Widerlegung der angeführten Gründe und ihre Unzulänglichkeit

Aus diesen und ähnlichen Gründen behauptet man, dass die Erde in der Mitte der Welt ruhe und dass es sich unzweifelhaft so verhalte. Aber wenn einer glaubt, dass die Erde sich drehe, so wird er gewiss auch der Meinung sein, dass diese Bewegung eine natürliche und keine gewaltsame sei. Was aber der Natur gemäß ist, das bringt Wirkungen hervor, welche dem entgegengesetzt sind, was durch Gewalt geschieht. Dinge, auf welche Gewalt oder ein äußerer Anstoß ausgeübt wird, müssen zerstört werden und können nicht lange bestehen; was aber von Natur geschieht, verhält sich richtig und bleibt in seinem besten Zusammenhange. Ohne Grund also fürchtet Ptolemäus, dass die Erde und alle die in Umdrehung versetzten irdischen Gegenstände durch die Tätigkeit der Natur zerfahren würden, da diese letztere eine ganz andere ist als die der Kunst oder als das, was vom menschlichen Geiste hervorgebracht werden könnte.

Warum aber fürchtet er nicht dasselbe, und zwar in noch viel höherem Maß, von der Welt, deren Bewegung um so viel geschwinder sein müsste, um wie viel der Himmel größer ist als die Erde? Oder ist der Himmel deswegen unermesslich geworden, weil er durch die unaussprechliche Gewalt der Bewegung von der Mitte entfernt worden ist, während er sonst, wenn er stillstände, zusammenfallen würde?

Gewiss würde, wenn dieser Grund stattfände, auch die Größe des Himmels ins Unendliche gehen. Denn je mehr er durch den äußeren Anstoß der Bewegung in die Höhe getrieben würde, umso geschwinder würde die Bewegung werden wegen des immer wachsenden Kreises, den er in dem Zeitraume von 24 Stunden durchlaufen müsste; und umgekehrt, wenn die Bewegung wüchse, so wüchse auch die Unermesslichkeit des Himmels. So würde die Geschwindigkeit die Größe und die Größe die Geschwindigkeit ins Unendliche steigern. Nach jenem physischen Grundsatze: dass das Unendliche weder durchlaufen werden noch sich aus irgendeinem Grunde bewegen kann, müsste jedoch der Himmel notwendig stillstehen. Aber man sagt, dass außerhalb des Himmels kein Körper, kein Ort, kein leerer Raum und überhaupt gar nichts existiere und deshalb nichts da sei, über welches der Himmel hinausgehen könnte; dann ist es doch recht wunderbar, dass etwas von nichts umschlossen werden kann.

Wenn jedoch der Himmel unendlich und nur an der inneren Höhlung begrenzt wäre, so bestätigt sich vielleicht umso mehr, dass außerhalb des Himmels nichts ist, weil jedes Ding, welche Größe es auch haben mag, innerhalb desselben ist, dann aber wird der Himmel unbeweglich bleiben. Das Vorzüglichste nämlich, worauf man sich beim Beweise von der Endlichkeit der Welt stützt, ist die Bewegung.

Ob nun die Welt endlich oder unendlich sei, wollen wir dem Streite der Philosophen überlassen, sicher bleibt uns dies, dass die Erde, zwischen Polen eingeschlossen, von einer kugelförmigen Oberfläche begrenzt ist. Warum wollen wir also noch Anstand nehmen, ihr eine von Natur ihr zukommende, ihrer Form entsprechende Beweglichkeit zuzugestehen, eher als anzunehmen, dass die ganze Welt, deren Grenze nicht gekannt wird und nicht gekannt werden kann, sich bewege?

Und warum wollen wir nicht bekennen, dass der Schein einer täglichen Umdrehung dem Himmel, die Wirklichkeit derselben aber der Erde angehöre und dass es sich daher hiermit so verhalte, wie wenn Vergils Äneas sagt: »Wir laufen aus dem Hafen aus, und Länder und Städte weichen zurück«?

Weil, wenn ein Schiff ruhig dahinfährt, alles, was außerhalb desselben ist, von den Schiffern so gesehen wird, als ob es nach dem Vorbilde der Bewegung des Schiffes sich bewege, und die Schiffer umgekehrt der Meinung sind, dass sie mit allem, was sie bei sich haben, ruhen, so kann es sich ohne Zweifel mit der Bewegung der Erde ebenso verhalten und scheinen, als ob die ganze Welt sich drehe.

Was sollen wir nun über die Wolken und das übrige irgendwie in der Luft Schwebende oder Fallende oder in die Höhe Steigende sagen? Dass nicht nur die Erde sich mit dem ihr verbundenen wässrigen Elemente so bewege, sondern auch ein nicht geringer Teil der Luft und was sonst noch auf dieselbe Weise mit der Erde verknüpft ist; sei es nun, dass die zunächst liegende Luft, mit erdiger und wässriger Materie vermischt, derselben Natur wie die Erde folgt, sei es, dass der Luft die Bewegung mitgeteilt worden ist, indem sie mittels der Berührung mit der Erde und vermöge des Widerstandes durch die fortwährende Umdrehung derselben teilhaftig wird.

Stechzirkel aus der Zeit des Kopernikus

Man behauptet aber wiederum zu gleicher Verwunderung, dass die höchste Gegend der Luft der himmlischen Bewegung folge, was jene plötzlich erscheinenden Gestirne, welche von den Griechen Kometen oder Bartsterne genannt werden, verraten sollen, für deren Entstehung man eben jene Gegend anweist und welche gleich den anderen Gestirnen ebenfalls auf- und untergehen. Wir können sagen, dass jener Teil der Luft wegen seiner großen Entfernung von der Erde von der irdischen Bewegung frei geblieben sei. Daher wird die Luft, welche der Erde am nächsten liegt, ruhig erscheinen und ebenso die in ihr schwebenden Gegenstände, wenn sie nicht vom Winde oder von irgendeiner anderen äußeren Kraft, wie es der Zufall mit sich bringt, hin- und hergetrieben werden; denn was ist der Wind in der Luft anderes als die Flut im Meere?

Wir müssen zugeben, dass die Bewegung der fallenden und steigenden Gegenstände in Beziehung zu dem Weltall eine gedoppelte und stets aus geradlinigen und kreisförmigen Bewegungen zusammengesetzt sei. Da dasjenige, was durch sein Gewicht nach unten strebt, vorzüglich erdig ist, so leidet es keinen Zweifel, dass diese Teile derselben Natur folgen wie ihr Ganzes; und aus keinem anderen Grunde geschieht es, dass diejenigen Gegenstände, welche dem Feuer angehören, mit Gewalt in die Höhe gerissen werden. Das irdische Feuer wird nämlich hauptsächlich durch erdige Materie ernährt, und man sagt, die Flamme sei nichts anderes als brennender Rauch. Die Eigenschaft des Feuers besteht aber darin, das auszudehnen, was es ergriffen hat; und es führt dies mit solcher Gewalt aus, dass es auf keine Weise und durch keine Maschine daran gehindert werden kann, die Schranken zu durchbrechen und sein Werk zu vollführen.

Die ausdehnende Bewegung ist aber vom Mittelpunkte nach der Peripherie hin gerichtet; wenn daher etwas aus erdigen Teilen

Bestehendes angezündet wird, so bewegt es sich von der Mitte nach oben. Daher kommt, wie man behauptet hat, dem einfachen Körper eine einfache Bewegung zu, und dies erweist sich vorzüglich an der Kreisbewegung, solange der einfache Körper an seinem natürlichen Orte und in seiner Einheit verharrt. An diesem Orte ist nämlich die Bewegung keine andere als die kreisförmige, welche ganz in sich bleibt, als ob der Körper ruhte.

Die geradlinige Bewegung ergreift aber diejenigen Körper, welche von ihrem natürlichen Orte weggegangen oder gestoßen oder auf irgendeine Weise außerhalb desselben geraten sind.

Nichts widerstrebt der Ordnung und der Form der ganzen Welt so sehr wie das Außerhalb-seines-Ortes-sein. Die geradlinige Bewegung tritt also nur ein, wenn die Dinge sich nicht richtig verhalten und nicht vollkommen ihrer Natur gemäß sind, indem sie sich von ihrem Ganzen trennen und seine Einheit verlassen. Außerdem führen diejenigen Körper, welche aufwärts oder abwärts, abgesehen von der Kreisbewegung, getrieben werden, keine einfache, gleichförmige und gleichmäßige Bewegung aus; denn sie können sich nicht nach ihrer Leichtigkeit oder nach dem Drucke ihres Gewichtes richten; und wenn sie beim Fallen anfänglich eine langsamere Bewegung haben, so vermehren sie ihre Geschwindigkeit im Fallen; während wir dagegen das in die Höhe getriebene irdische Feuer – und wir kennen kein anderes – sogleich träge werden sehen, gleichsam als ob sich dadurch die Ursache der Kraft der erdigen Materie zeigte. Die kreisförmige Bewegung verläuft dagegen immer gleichmäßig, weil sie eine nicht nachlassende Ursache hat. Jene aber nehmen in der fortschreitenden Bewegung ab, in welcher sie, wenn sie ihren Ort erreicht haben, aufhören, schwer oder leicht zu sein, und deshalb hört ihre Bewegung auf.

Wenn also die Kreisbewegung dem Weltall zukäme, den Teilen aber auch die geradlinige, so könnten wir sagen, die Kreisbewegung bestehe mit der geradlinigen wie das Tier mit der Krankheit. Dass nämlich Aristoteles die einfache Bewegung in drei Arten, von der Mitte fort, nach der Mitte hin und um die Mitte herum, eingeteilt hat, scheint bloß eine Verstandestätigkeit zu sein, wie wir ja auch die Linie, den Punkt und die Oberfläche unterscheiden, während doch das eine nicht ohne das andere und keines von ihnen ohne den Körper bestehen kann.

Es kommt nun noch hinzu, dass der Zustand der Unbeweglichkeit für edler und göttlicher gehalten wird als der der Veränderung und Unbeständigkeit, welcher letztere deshalb eher der Erde als der Welt zukommt; und ich füge noch hinzu, dass es widersinnig erscheint, dem Enthaltenden und Setzenden eine Bewegung zuzuschreiben und nicht vielmehr dem Enthaltenen und Gesetzten, welches die Erde ist. Da endlich die Planeten offenbar der Erde bald näher, bald ferner zu stehen kommen, so wird auch dann die Bewegung eines und desselben Körpers, welche um die Mitte, die der Mittelpunkt der Erde sein soll, stattfindet, auch von der Mitte fort und nach ihr hin gerichtet sein. Man muss also die Bewegung um die Mitte herum allgemeiner fassen, und es genügt, wenn jede einzelne Bewegung ihre eigene Mitte hat. Man sieht also, dass aus allem diesen die Bewegung der Erde wahrscheinlicher ist als ihre Ruhe, zumal in Bezug auf die tägliche Umdrehung, welche der Erde am eigentümlichsten ist.

9. Ob der Erde mehrere Bewegungen beigelegt werden können? Und vom Mittelpunkt der Welt

Da also der Beweglichkeit der Erde nichts im Wege steht, so, glaube ich, muss nun untersucht werden, ob ihr auch mehrere Bewegungen zukommen, so dass sie für einen der Planeten gehalten werden könnte. Dass sie nämlich nicht der Mittelpunkt aller Kreisbewegungen ist, beweisen die scheinbar ungleichmäßigen Bewegungen der Planeten und ihre veränderlichen Abstände von der Erde, welche aus konzentrischen Kreisen mit der Erde im Mittelpunkte nicht erklärt werden können.

Da also mehrere Mittelpunkte existieren, so wird niemand ohne Grund im Zweifel sein, ob der Mittelpunkt der Welt derjenige der irdischen Schwere oder ein anderer sei. Ich bin wenigstens der Ansicht, dass die Schwere nichts anderes ist als ein von der göttlichen Vorsehung des Weltenmeisters den Teilen eingepflanztes, natürliches Streben, vermöge dessen sie dadurch, dass sie sich zur Form einer Kugel zusammenschließen, ihre Einheit und Ganzheit bilden. Und es ist anzunehmen, dass diese Neigung auch der Sonne, dem Monde und den übrigen Planeten innewohnt und sie durch deren Wirkung in der Rundung, in welcher sie erscheinen, verharren, während sie nichtsdestoweniger in vielfacher Weise ihre Kreisläufe vollenden.

Erdaufgang über dem Mond

Wenn also auch die Erde andere Bewegungen als diejenige um ihren Mittelpunkt besitzt, so werden dieselben solche sein müssen, die nach außen hinan vielem in entsprechender Weise zur Erscheinung kommen, und unter diesen erkennen wir den jährlichen Umlauf.

Da, wenn man die Unbeweglichkeit der Sonne zugegeben hat und den jährlichen Umlauf von der Sonne auf die Erde überträgt, der Auf- und Untergang der Zeichen und Fixsterne, wodurch sie Morgen- und Abendsterne werden, sich in derselben Weise ergibt, so wird es den Anschein gewinnen, dass auch die Stillstände und das Rück- und Vorwärtsgehen der Planeten nicht Bewegungen dieser, sondern der Erde sind, welche diese den Erscheinungen jener leiht.

Endlich wird man sich überzeugen, dass die Sonne selbst die Mitte der Welt einnimmt. Und dies alles lehrt uns das Gesetz der Reihenfolge, in welcher jene aufeinander folgen, und die Harmonie der Welt, wenn wir selbst nur die Sache, wie man sagt, mit beiden Augen ansehen.

---

11. Beweis von der dreifachen Bewegung der Erde

Da also so viele und so gewichtige den Planeten entnommene Zeugnisse für die Beweglichkeit der Erde sprechen, so wollen wir nun eben diese Bewegung im allgemeinen darlegen, insofern durch dieselbe, gleichwie an einer Hypothese, die Erscheinungen nachgewiesen werden. Man muss dieselbe überhaupt als eine dreifache annehmen: Die erste, von der wir gesagt haben, dass sie von den Griechen Nychthemerinon genannt wird, ist der eigentliche Kreislauf von Tag und Nacht, der um die Erdachse von Westen nach Osten ebenso vor sich geht, wie man bisher geglaubt hat, dass die Welt sich im entgegengesetzten Sinne bewege, und welcher Kreislauf den Nachtgleichenkreis (Äquator) beschreibt, den einige den Taggleichenkreis nennen, indem sie die Bezeichnung der Griechen nachahmen, bei denen er Isemerinos heißt. Die zweite ist die jährliche Bewegung des Mittelpunktes mit dem sich auf denselben Beziehenden, welche, wie gesagt, den Tierkreis um die Sonne ebenfalls von Westen nach Osten, d.h. rechtläufig, zwischen Venus und Mars durchläuft. Man muss sich vorstellen, dass der Äquator und die Achse der Erde gegen die Ebene des Kreises, welcher durch die Mitte der Zeichen geht, eine veränderliche Neigung haben. Weil, wenn sie in unveränderlicher Neigung verharrten und nur der Bewegung des Mittelpunktes einfach folgten, keine Ungleichheit der Tage und Nächte erscheinen würde, sondern immer entweder Solstitium oder der kürzeste Tag oder Nachtgleiche, entweder Sommer oder Winter oder was sonst für eine und dieselbe sich gleiche Jahreszeit stattfinden müsste.

Es folgt also die dritte Bewegung der Deklination ebenfalls im jährlichen Kreislaufe, aber rückläufig, d.h. entgegengesetzt der Bewegung des Mittelpunktes. Und so kommt es durch beide einander fast gleiche und entgegengesetzte Bewegungen, dass die Achse der Erde und also auch der Äquator als der größte Parallelkreis fast nach derselben Himmelsgegend gerichtet bleiben, gleich als ob sie unbeweglich wären, während die Sonne wegen der Bewegung, mit welcher der Mittelpunkt der Erde fortrückt, durch die Schiefe des Tierkreises sich zu bewegen scheint; nicht anders, als ob eben dieser Mittelpunkt der Erde der Mittelpunkt der Welt wäre, wofern man sich nur erinnert, dass die Entfernung der Sonne von der Erde an der Fixsternsphäre unser Wahrnehmungsvermögen bereits überschritten hat.

Wir beschreiben einen Kreis *abcd,* welcher den jährlichen Umlauf des Mittelpunktes der Erde in der Ebene des Tierkreises vorstellt, und sei *e* die um dessen Mittelpunkt herum befindliche Sonne. Diesen Kreis teile ich in vier gleiche Teile durch die Durchmesser *aec* und *bed.* Den Punkt *a* nehme der Anfang des Krebses, *b* der der Waage, *c* der des Steinbocks und *d* der des Widders ein. Nehmen wir nun den Mittelpunkt der Erde zuerst in *a* an und beschreiben um denselben den Erdäquator *fghi,* aber nicht in derselben Ebene, nur dass der Durchmesser *gai* den gemeinschaftlichen Durchschnitt der Kreise, nämlich des Äquators und des Tierkreises, darstellt. Nachdem wir den Durchmesser *fah* rechtwinklig gegen *gai* gezogen haben, sei *f* der Punkt der größten Deklination nach Süden, *h* dagegen der nach Norden. Stellt man sich dies so richtig vor, so sehen die Erdbewohner die um den Mittelpunkt *e* herum befindliche Sonne im Steinbock ihre Winterwende machen, welche durch die nach der Sonne hin gewendete größte nördliche Deklination *h* bewirkt wird; weil die tägliche Umdrehung wegen der schrägen Lage des Äquators, dem von dem Neigungswinkel *eah* umfassten Abstande gemäß, an der Linie *ae* den parallelen südlichen Wendekreis einschneidet.

Nun rücke der Mittelpunkt der Erde rechtläufig und um ebenso viel der Punkt der größten Deklination *f* gegenläufig fort, bis beide in *b* Kreisquadranten zurückgelegt haben. Dann bleibt während dem der Winkel *eai* wegen der Gleichmäßigkeit der Kreisbewegungen immer gleich *aeb* und der Durchmesser *fah* mit *fbh* und *gai* mit *gbi* und der Äquator mit dem Äquator parallel. Und zwar erschienen sie wegen der schon oft angegebenen Ursache bei der Unermesslichkeit des Himmels als dieselben. Daher erscheint vom Anfange *b* der Waage aus *e* im Widder und fällt der gemeinschaftliche Durchschnitt der Kreise in die eine Linie *gbie,* an welcher die tägliche Umdrehung keine Deklination zulässt, sondern alle Deklination liegt nach den Seiten hin. Deshalb wird die Sonne im Frühlingspunkte gesehen werden.

Der Mittelpunkt der Erde möge unter den angenommenen Bedingungen fortfahren, sich zu bewegen; wenn nun in *c* der Halbkreis zurückgelegt ist, so wird die Sonne in den Krebs einzutreten scheinen. Aber da *f,* die südliche Abweichung des Äquators, der Sonne zugewendet ist, so bewirkt dies, dass die Sonne nördlich erscheint, indem sie den nördlichen Wendekreis nach

Maßgabe des Neigungswinkels *ecf* durchläuft. Wenn *f* bis zum dritten Quadranten sich wieder abwendet, so fällt der gemeinschaftliche Durchschnitt *gi* von neuem in die Linie *ed;* weshalb die Sonne, in der Waage gesehen, das Herbstäquinoktium erreicht zu haben scheint. Und indem *hf* bei demselben Fortrücken sich allmählich nach der Sonne hin wendet, so bewirkt dies, dass dasselbe wiederkehrt, von dem wir anfangs ausgegangen sind.

In anderer Weise. – Es sei ebenso *aec* der Durchmesser in der Zeichenebene und der gemeinschaftliche Durchschnitt derselben mit dem senkrecht gegen diese Ebene konstruierten Kreise *abc.* In der ersteren Ebene mögen in *a* und *c*, d.h. in Krebs und Steinbock, der Meridian der Erde durch *dgfi* und die Achse der Erde durch *df* bezeichnet werden. Der nördliche Pol sei *d,* der südliche *f*, und der Durchmesser des Äquators sei *gi.* Wenn nun *f* sich der Sonne, welche in *e* stehen mag, zuwendet und die Neigung des Äquators um den Winkel *iae* nördlich ist, so beschreibt die Bewegung um die Achse in dem Abstande *li* den mit dem Äquator parallelen, von der Sonne beschienenen südlichen Wendekreis des Steinbocks mit dem Durchmesser *kl.* In dem entgegengesetzten Zeichen *c* trifft alles in gleicher Weise, nur umgekehrt, zu. Es ist also klar, wie die beiden einander entgegengesetzten Bewegungen, nämlich die des Mittelpunktes und der Deklination, die Achse der Erde zwingen, in derselben Neigung und in ganz ähnlicher Stellung zu verharren, und dass dies alles so erscheint, als wären es Bewegungen der Sonne. Wir sagten aber, dass die jährlichen Umläufe des Mittelpunktes und der Deklination fast gleich wären, weil, wenn dies genau der Fall wäre, die Äquinoktial- und Solstitialpunkte und die ganze Schiefe des Tierkreises gegen die Fixsternsphäre sich durchaus nicht ändern dürften. Da aber jene Differenz gering ist, so wird sie nur mit zunehmender Zeit merklich: Von Ptolemäus nämlich bis auf uns sind jene Äquinoktial- und Solstitialpunkte ungefähr um 21 Grade zurückgerückt. Deshalb haben einige geglaubt, dass die Fixsternsphäre sich ebenfalls bewege, so dass sie aus diesem Grunde eine neunte höhere Sphäre annahmen; und da diese noch nicht hinreicht, fügen jetzt die Neueren noch eine zehnte hinzu, und dennoch haben sie das Ziel noch nicht erreicht, welches wir durch die Bewegung der Erde zu erreichen hoffen, indem wir uns derselben bei der Entwicklung des Nachfolgenden als Prinzip und Voraussetzung bedienen.

Galileo Galilei (1564–1642)

LEBEN UND WERK

1633, neunzig Jahre nach dem Tod des Kopernikus, wurde der italienische Astronom und Mathematiker Galileo Galilei nach Rom gebracht, wo er sich vor der Inquisition wegen Ketzerei verantworten musste. Der Vorwurf stützte sich auf eine Veröffentlichung Galileis: »Dialog über die beiden hauptsächlichsten Weltsysteme, das ptolemäische und das kopernikanische« (1632). In dieser Schrift vertrat Galilei nachdrücklich die Auffassung, das heliozentrische System sei keine Hypothese, sondern die Wahrheit – womit er sich offen gegen ein Edikt wandte, dass 1616 die Verbreitung der kopernikanischen Lehre verboten hatte. Über den Ausgang des Verfahrens bestand nie ein Zweifel. Galilei gab zu, dass er wohl ungeachtet vorheriger Warnungen der katholischen Kirche in seiner Verteidigung des kopernikanischen Systems zu weit gegangen sei. Eine Mehrheit der Kardinäle kam zu dem Ergebnis, auf ihm laste der »schwere Verdacht der Ketzerei« – nämlich die Idee, dass die Erde sich bewege und nicht der Mittelpunkt des Universums sei, unterstützt und verbreitet zu haben –, und verurteilte ihn zu lebenslanger Haft.

Ferner wurde Galilei gezwungen, ein handschriftliches Geständnis zu unterzeichnen und seiner Überzeugung öffentlich abzuschwören. Auf den Knien, die Hände auf der Bibel, erklärte er auf Latein:

»Ich, Galileo Galilei, Sohn des verstorbenen Vincenzo Galilei aus Florenz, siebenzig Jahre alt, persönlich vor Gericht gestellt und kniend vor Eueren Eminenzen, den Hochwürdigsten Herren Kardinälen General-Inquisitoren gegen die ketzerische Bosheit in der ganzen christlichen Welt, vor meinen Augen habend die hochheiligen Evangelien, die ich mit meinen Händen berühre, schwöre, dass ich immer geglaubt habe, jetzt glaube und mit Gottes Hülfe in Zukunft glauben werde alles, was die heilige katholische und apostolische Römische Kirche für wahr hält, predigt und lehrt. Da ich aber – nachdem mir von diesem heiligen Offizi-

um der gerichtliche Befehl verkündet worden, ich müsse die falsche Meinung, dass die Sonne der Mittelpunkt der Welt und unbeweglich und die Erde nicht der Mittelpunkt sei und sich bewege, ganz aufgeben und dürfe diese falsche Lehre nicht für wahr halten, verteidigen, noch in irgendwelcher Weise lehren, weder mündlich noch schriftlich, und nachdem mir eröffnet worden, dass diese Lehre der Heiligen Schrift widerspreche – ein Buch geschrieben und in Druck gegeben, in welchem ich die nämliche bereits verdammte Lehre erörtere und mit vieler Bestimmtheit Gründe für dieselbe anführe, ohne eine Widerlegung derselben beizufügen, und da ich mich dadurch diesem heiligen Offizium der Ketzerei stark verdächtig gemacht habe, nämlich für wahr gehalten und geglaubt zu haben, dass die Sonne der Mittelpunkt der Welt und unbeweglich und die Erde nicht der Mittelpunkt sei und sich bewege: – darum, da ich wünsche, Euren Eminenzen und jedem Christgläubigen diesen gegen mich mit Recht gefassten Verdacht zu benehmen, schwöre ich ab, verfluche und verwünsche ich mit aufrichtigem Herzen und ungeheucheltem Glauben besagte Irrtümer und Ketzereien und überhaupt jeden anderen der besagten heiligen Kirche widersprechenden Irrtum und Sektiererglauben. Und ich schwöre, dass ich in Zukunft niemals mehr etwas sagen oder mündlich oder schriftlich behaupten will, woraus man einen ähnlichen Verdacht gegen mich schöpfen könnte, und dass ich, wenn ich irgendeinen Ketzer oder der Ketzerei Verdächtigen kennen lerne, denselben diesem heiligen Offizium oder dem Inquisitor und Ordinarius des Ortes, wo ich mich befinde, denunzieren will.

Ich schwöre auch und verspreche, alle Bußen pünktlich zu erfüllen und zu beobachten, welche mir von diesem heiligen Offizium sind auferlegt worden oder werden aufgelegt werden. Und sollte ich, was Gott verhüten wolle, irgendeiner meiner besagten Versprechungen, Beteuerungen oder Schwüre zuwiderhandeln, so unterwerfe ich mich allen Strafen und Züchtigungen, welche durch die heiligen Canones und andere allgemeine und besondere Konstitutionen gegen solche, die sich in solcher Weise vergehen, festgesetzt und promulgiert worden sind. So wahr mir Gott helfe und diese seine heiligen Evangelien, die ich mit meinen Händen berühre. Ich, besagter Galileo Galilei, habe abgeschworen, geschworen und versprochen und mich verpflichtet wie vorstehend, und zur Beglaubigung habe ich diese Urkunde meiner Abschwörung, die ich Wort für Wort verlesen, eigenhändig unterschrieben. Rom im Kloster der Minerva am 22. Juni 1633. Ich, Galileo Galilei, habe abgeschworen wie vorstehend, mit eigener Hand.«

Galileo bei seinem Prozess

Die Legende will, dass Galilei, während er sich erhob, leise murmelte: »Eppur si muove« – »Und sie bewegt sich doch«. Diese Bemerkung hat Wissenschaftler und Gelehrte jahrhundertelang beschäftigt, weil sich in ihr zugleich der Widerstand gegen den Obskurantismus der Zeit manifestierte und die edle Entschlossenheit ausdrückte, auch unter widrigsten Umständen nach der Wahrheit zu suchen. Obwohl man ein Porträt von Galilei aus dem Jahr 1640 entdeckt hat, das die Inschrift »Eppur si muove« trägt, halten die meisten Historiker die Geschichte für einen Mythos. Trotzdem hätte es durchaus dem Wesen Galileis entsprochen, der Forderung der Kirche mit einem Lippenbekenntnis nachzukommen, um dann zu seinen wissenschaftlichen Studien zurückzukehren, egal, ob sie der kopernikanischen Lehre folgten oder nicht. Schließlich war Galilei vor die Inquisition zitiert worden, weil er mit seiner Schrift »Dialog über die beiden hauptsächlichsten Weltsysteme« direkt gegen das kirchliche Edikt aus dem Jahr 1616 verstoßen hatte. Danach durfte die kopernikanische Theorie, der zufolge sich die Erde um die Sonne bewegt, nur als Hypothese gelehrt werden. Möglicherweise hat dieses »Eppur si muove« nicht am Ende seines Prozesses gestanden, aber es hat ganz gewiss sein Leben und seine Leistungen geprägt.

Am 15. Februar 1564 wurde Galileo Galilei als Sohn des Komponisten und Musiktheoretikers Vincenzo Galilei in Pisa geboren. Wenige Jahre später zog die Familie nach Florenz, wo die Ausbildung des jungen Galileo in einem Kloster begann. Schon früh zeigte er eine Neigung für die Mathematik und mechanische Experimente, doch da der Vater darauf drang, dass sein Sohn etwas Nützliches lernte, schrieb sich Galilei 1581 an der Universität Pisa für das Studium der Medizin und der aristotelischen Philosophie ein. Hier in Pisa trat Galileis rebellisches Temperament zum ersten Mal zutage. Er bewies so gut wie kein Interesse an der Medizin und widmete sich statt dessen leidenschaftlich dem Studium der Mathematik. Es heißt, er habe die Schwingungen einer Hängelampe im Dom von Pisa beobachtet und auf diese Weise das so genannte Pendelgesetz entdeckt – den Umstand, dass die Periode einer Pendelschwingung unabhängig von der maximalen Auslenkung des Pendels ist –, ein Prinzip, das er ein halbes Jahrhundert später dem Bau einer astronomischen Uhr zugrunde legte.

Druck einer Stadtansicht von Florenz zur Zeit Galileos (Giorgio Vasari)

Galilei rang seinem Vater die Erlaubnis ab, die Universität ohne Abschluss zu verlassen, und kehrte nach Florenz zurück, um dort Mathematik zu studieren und zu lehren. 1586 hatte er angefangen, die Naturkunde und Philosophie des Aristoteles in Frage zu stellen; statt dessen beschäftigte er sich lieber mit der Arbeit des bedeutenden Mathematikers Archimedes, der unter anderem dafür bekannt war, dass er die Integrationsmethoden zur Berechnung von Flächen und Volumina entdeckt und vervollkommnet hatte. Berühmt waren auch die vielen Maschinen, die er erfand und die vor allem Verwendung im Krieg fanden – riesige Katapulte zum Beispiel, mit denen man Gesteinsbrocken auf anrückende feindliche Armeen schleuderte, und gewaltige Kräne, mit denen man Schiffe zum Kentern bringen konnte. Zwar war Galilei vor allem von den mathematischen Leistungen des Archimedes beeindruckt, aber auch seinen technischen Erfindungsgeist nahm er sich zum Vorbild und entwickelte beispielsweise eine hydrostatische Waage, mit deren Hilfe er die Dichte fester Körper bestimmen konnte, wenn er sie im Wasser wog.

1589 wurde Galilei Professor der Mathematik an der Universität von Pisa, wo von ihm verlangt wurde, ptolemäische Astronomie zu lehren – die Theorie, nach der die Sonne und die Planeten um die Erde kreisen. Hier in Pisa, im Alter von 25 Jahren, gelangte Galilei jedoch recht bald zu einem tieferen Verständnis der Astronomie und begann, sich geistig von Aristoteles und Pto-

Die Universität von Padua, an der Galileo viele seiner Entdeckungen machte

lemäus zu lösen. Die aus dieser Zeit erhaltenen Vorlesungsnotizen zeigen, dass sich Galilei die archimedische Auffassung von der Bewegung zu eigen gemacht hatte. Insbesondere lehrte er, die Dichte eines fallenden Objekts, nicht sein Gewicht, wie Aristoteles behauptet hatte, sei proportional zu seiner Fallgeschwindigkeit. Es heißt, Galilei habe, um seine These zu belegen, Objekte von unterschiedlichem Gewicht, aber der gleichen Dichte vom schiefen Turm zu Pisa fallen lassen. In Pisa schrieb er auch »De motu« (»über die Bewegung«), ein Buch, das den aristotelischen Bewegungstheorien widersprach und Galileis Ruf als führender Vertreter der wissenschaftlichen Reform festigte.

Nach dem Tod seines Vaters im Jahr 1591 sah Galilei für sich kaum noch eine Zukunft in Pisa. Die Bezahlung war erbärmlich. Dank der Fürsprache von Guidobaldo del Monte, einem Baumeister und Freund der Familie, wurde Galilei 1592 auf den Lehrstuhl für Mathematik an der Universität von Padua in der Republik Venedig berufen. Von dort breitete sich sein Ruf rasch aus. Achtzehn Jahre lang blieb er in Padua, lehrte dort Geometrie und Astronomie und hielt zudem Privatvorlesungen über Kosmographie, Optik und Arithmetik. 1593 schrieb er Abhandlungen über Befestigungsanlagen und Mechanik für seine Privatstudenten und erfand eine Vorrichtung, die Wasser mit der Kraft eines einzigen Pferdes heben konnte. 1597 entwickelte Galilei einen verbesserten Proportionalzirkel, ein Instrument, das sich für

Berechnungen im Bereich der Mechanik wie auch der Militärtechnik als sehr nützlich erwies. Außerdem trat er in brieflichen Verkehr mit Johannes Kepler, dessen Buch »Mysterium cosmographicum« (»Das Weltgeheimnis«) Galilei gelesen hatte.

Galilei sympathisierte mit Keplers kopernikanischen Ansichten, und Kepler hoffte, Galilei werde öffentlich für seine Theorie einer heliozentrischen Erdbahn eintreten. Doch Galileis wissenschaftliche Interessen galten nach wie vor hauptsächlich den mechanischen Theorien, und er kam Keplers Wünschen nicht nach. Außerdem ging er damals eine Beziehung mit der Venezianerin Marina Gamba ein, die ihm einen Sohn und zwei Töchter gebar. Die älteste Tochter Virginia, die 1600 geboren wurde, hatte besonders engen Kontakt zu ihrem Vater, vor allem mittels eines Briefwechsels, denn sie verbrachte den größten Teil ihres kurzen Erwachsenenlebens in einem Kloster, wo sie den Namen Maria Celeste annahm, um dem zwischenzeitlich erwachten Interesse Galileis an Himmelserscheinungen Tribut zu zollen.

In den ersten Jahren des 17. Jahrhunderts experimentierte Galilei mit dem Pendel und untersuchte den Zusammenhang von Pendelbewegung und Schwerebeschleunigung. Er begann auch an einem mathematischen Modell zu arbeiten, das die Bewegung fallender Körper beschreiben sollte. Dazu maß er die Zeit, die verschiedene Kugeln brauchten, um schräge Ebenen hinabzurollen. 1604 führte ihn eine Supernova, die nachts zu beobachten war, zurück zu den Fragen, die das aristotelische Modell des unwandelbaren Himmels aufwarf. Galilei beteiligte sich als einer der Wortführer an der öffentlichen Debatte und hielt einige provozierende Vorlesungen, zögerte jedoch, seine Theorien zu veröffentlichen. Im Oktober 1608 beantragte der Holländer Hans Lipperhey ein Patent für ein Fernrohr, durch das man ferne Objekte betrachten konnte, als wären sie ganz nah. Als Galilei von der Erfindung hörte, machte er sich sogleich an den Versuch, sie zu verbessern. Bald hatte er ein Teleskop mit neunfacher Vergrößerung entwickelt, dreimal so stark wie das Instrument von Lipperhey, und innerhalb eines Jahres war der Italiener bei einer dreißigfachen Vergrößerung angelangt.

Als er im Januar 1610 das Fernrohr auf den Himmel richtete, öffnete sich dieser buchstäblich für die Menschheit. Der Mond erschien nicht mehr als vollkommen glatte Scheibe, sondern of-

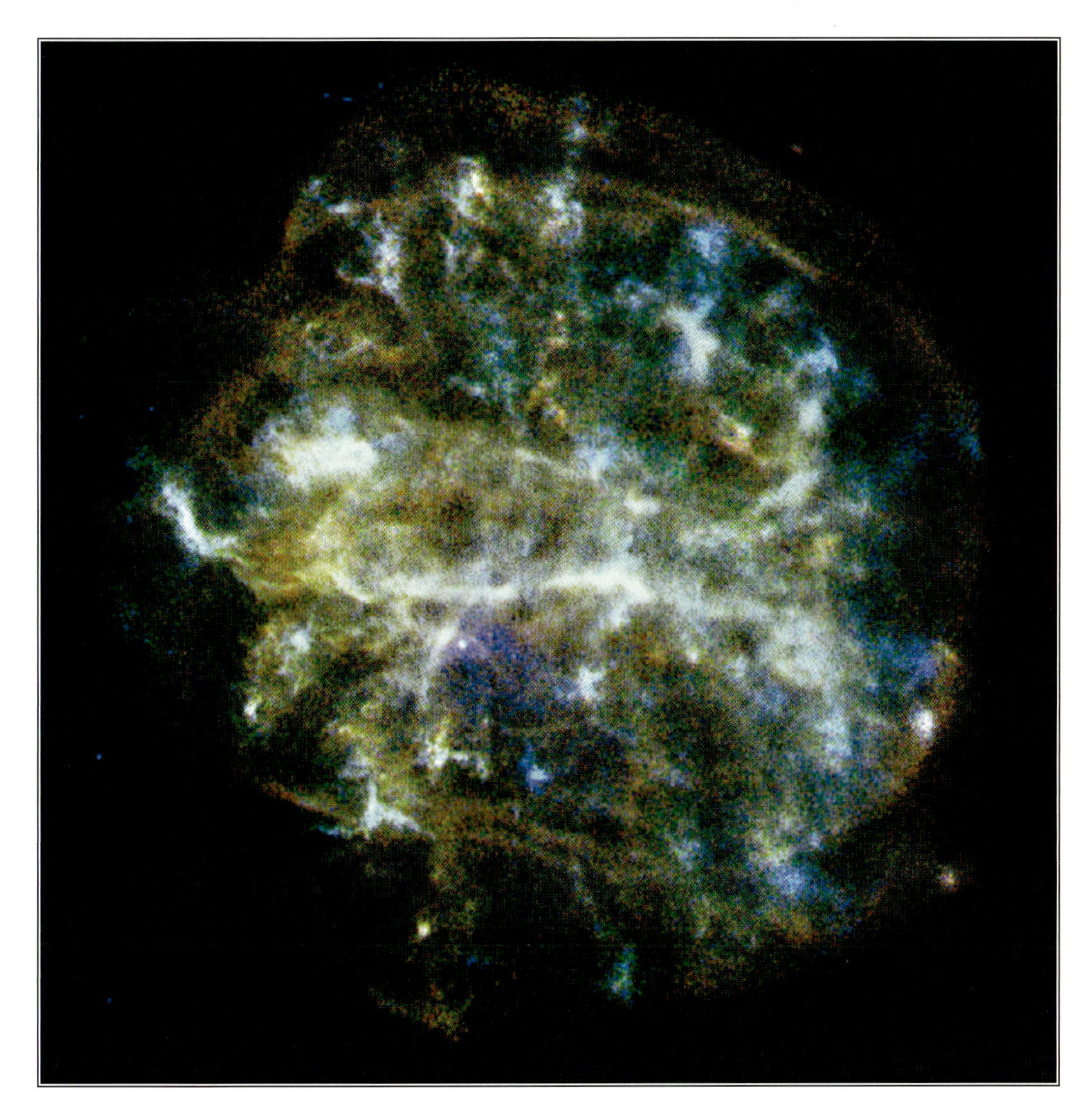

Das Chandra-Röntgenobservatorium hat das Bild einer Supernova geliefert, vergleichbar der, die 1604 über Padua beobachtet wurde.

fenbarte eine Gebirgslandschaft voller Krater. Mittels seines Teleskops erkannte Galilei, dass die Milchstraße in Wirklichkeit eine gewaltige Anhäufung einzelner Sterne ist. Doch seine wichtigste Entdeckung war die Sichtung von vier Monden, die den Jupiter umkreisen, ein Umstand, der höchste Bedeutung für die Anhänger des geozentrischen Weltbilds hatte, vertraten sie doch die Auffassung, dass alle Himmelskörper Bahnen um die Erde beschrieben.

Im selben Jahr veröffentlichte Galilei die »Sternenbotschaft« (»Sidereus Nuncius«), eine Schrift, in der er seine Entdeckungen bekanntgab und die ihn in die erste Reihe der zeitgenössischen

RECHTE SEITE
Titelseite der Unterredungen über zwei neue Wissenszweige. Galileos drei Gesprächspartner von links nach rechts: Sagredo, Simplicio und Salviati.

Astronomen beförderte. Er fühlte sich außerstande, weiterhin die aristotelischen Theorien zu lehren, und sein Ruf ermöglichte es ihm, in Florenz beim Großherzog von Toscana eine Stellung als Mathematiker und Philosoph anzunehmen.

Sobald Galilei der Lehrverpflichtungen ledig war, konnte er sich ganz seinen Fernrohren und dem Himmel widmen. Binnen kurzem beobachtete er die Venusphasen, die bestätigten, dass die Planeten um die Sonne kreisen, genau so, wie es die kopernikanische Theorie behauptet hatte. Ferner fiel ihm die längliche Form des Saturn auf, die er durch die Vermutung zu erklären suchte, der Planet werde von Monden umkreist – die Saturnringe konnte er mit seinem Teleskop noch nicht erkennen.

Die römisch-katholische Kirche bestätigte und rühmte Galileis Entdeckungen, stimmte aber seinen Interpretationen nicht zu. 1613 veröffentlichte Galilei die »Briefe über die Sonnenflecken«, in denen er zum ersten Mal in gedruckter Form das kopernikanische System eines heliozentrischen Universums verteidigte. Augenblicklich wurde das Werk angegriffen und sein Autor öffentlich angeprangert: eine Kontroverse setzte ein, die bald die Aufmerksamkeit der Inquisition erregte. Als Galilei 1616 eine Theorie der Gezeiten veröffentlichte, die er als Beweis dafür ansah, dass die Erde sich bewegt, wurde er nach Rom zitiert und aufgefordert, sich für seine Ansichten zu verantworten. Eine Kongregation von Theologen erklärte in einem Edikt, Galilei verlasse den Boden rechtmäßiger Wissenschaft, wenn er das kopernikanische System als Tatsache lehre. Allerdings wurde er nicht offiziell verurteilt. Ein Treffen mit Papst Paul V. brachte ihn zu der Überzeugung, dieser habe eine hohe Meinung von ihm und werde ihn schützen, wenn er seine Auffassung weiter verbreite. Galilei wurde jedoch nachdrücklich darauf hingewiesen, dass die kopernikanischen Theorien im Widerspruch zur Heiligen Schrift stünden und lediglich als mathematische Hypothesen gelehrt werden dürften.

Nach Pauls Tod wurde 1623 mit Kardinal Maffeo Barberini einer von Galileis Freunden und Förderern zum Papst gewählt und nahm den Namen Urban VIII. an. Nun glaubte Galilei, das Edikt von 1616 werde aufgehoben. Der neue Papst teilte Galilei mit, er selbst, Urban, sei dafür verantwortlich, dass das Wort »Ketzerei« in dem Edikt nicht verwendet worden sei und dass Galilei

DIALOGO
di
GALILEO GALILEI LINCEO
AL SER.mo FERD. II. GRAN DUCA DI
TOSCANA

RECHTE SEITE
Galileo ließ Kugeln von unterschiedlichem Gewicht über eine schiefe Ebene rollen. Seine Messungen zeigten, dass jede Kugel ihre Geschwindigkeit im selben Maß steigerte. Er konnte auch zeigen, dass die Flugbahn auf den Fußboden in jedem Fall elliptisch war.

unbehelligt veröffentlichen dürfe, solange er die kopernikanische Lehre als Hypothese und nicht als feststehende Wahrheit behandle. Mit dieser Versicherung im Rücken arbeitete Galilei während der nächsten sechs Jahre am »Dialog über die beiden hauptsächlichsten Weltsysteme«, dem Buch, das zu seiner Verhaftung führen sollte.

Der »Dialog« hat die Form eines Streitgesprächs zwischen einem Verteidiger von Aristoteles und Ptolemäus auf der einen Seite und einem Parteigänger des Kopernikus auf der anderen, die versuchen, einen gebildeten Laien für ihre jeweiligen Auffassungen zu gewinnen. Als Vorwort stellt Galilei dem Buch eine Verteidigung des gegen ihn erlassenen Edikts von 1616 voran und braucht sich zu keiner der beiden Seiten offen zu bekennen. Die Leser erkannten natürlich trotzdem, dass Galilei sich im »Dialog« gegen den Aristotelismus aussprach. In dem Streitgespräch wird die aristotelische Kosmologie nur schwächlich von ihrem einfältigen Fürsprecher verteidigt und vernichtend von dem scharfsinnigen und überzeugenden Kopernikaner angegriffen. Das Buch war sehr erfolgreich, obwohl es bei seiner Veröffentlichung auf heftigen Protest stieß. Dadurch, dass Galilei es in der italienischen Volkssprache und nicht auf Latein schrieb, machte er es einem breiten Publikum von lesekundigen Italienern und nicht nur Kirchenleuten und Gelehrten zugänglich. Galileis ptolemäische Rivalen waren wütend über die verächtliche Behandlung, die ihre wissenschaftlichen Ansichten in dem Buch erfuhren. In Simplicio, dem Verteidiger des ptolemäischen Systems, erkannten viele Leser eine Karikatur von Simplikios, einem Aristoteles-Kommentator aus dem 6. Jahrhundert. Hingegen glaubte Papst Urban VIII., Simplicio sei als Karikatur seiner selbst gedacht. Er fühlte sich von Galilei hinters Licht geführt, der bei seiner Bitte um Erlaubnis, das Buch zu veröffentlichen, anscheinend versäumt hatte, ihn, Urban, auf ein mit dem Edikt von 1616 verbundenes striktes Verbot hinzuweisen, die kopernikanische Lehre zu verteidigen.

Im März 1632 untersagte die Kirche dem Drucker den weiteren Verkauf des Buches und bestellte Galilei nach Rom, damit er sich verteidige. Unter Verweis auf eine ernsthafte Erkrankung weigerte er sich, die Reise anzutreten, doch der Papst bestand darauf und drohte, ihn in Ketten vorführen zu lassen. Elf Monate später erschien Galilei zu seinem Prozess in Rom. Er musste der

kopernikanischen Theorie abschwören und wurde zu lebenslangem Kerker verurteilt. Doch schon bald wurde die Strafe umgewandelt in einen milden Hausarrest unter Aufsicht des Erzbischofs von Siena, Ascanio Piccolomini, eines ehemaligen Studenten von Galilei. Piccolomini gestattete Galilei, mit dem Schreiben fortzufahren, ja, er ermutigte ihn sogar dazu. Im bischöflichen Palast begann Galilei sein letztes Werk zu schreiben, »Discorsi e dimostrazioni matematiche intorno a due nuove scienze« (»Unterredungen und mathematische Demonstrationen über zwei neue Wissenszweige«), eine Zusammenfassung seiner Entdeckungen in der Physik. Als man in Rom jedoch im folgenden Jahr von der bevorzugten Behandlung, die Galilei an Piccolominis Hof erfuhr, Kenntnis erhielt, veranlaßte es die Unterbringung des Wissenschaftlers in einem anderen Haus in den Hügeln über Florenz.

Durch den Umzug kam Galilei in größere Nähe zu seiner Tochter Virginia, doch die starb schon bald, nach kurzer Krankheit, im Jahr 1634. Der Verlust stürzte Galilei in tiefe Trauer, und es dauerte einige Zeit, bis er in der Lage war, die Arbeit an den »Unterredungen« wieder aufzunehmen. Binnen eines Jahres beendete er das Buch. Doch die kirchliche Zensurbehörde verbot Galilei die Veröffentlichung. Das Manuskript musste von Louis Elsevier, einen holländischen Verleger, aus Italien nach Leiden geschmuggelt werden, damit es 1638 im protestantischen Norden Europas endlich im Druck erscheinen konnte. Die »Unterredungen«, in denen Galilei die Gesetze der beschleunigten Bewegung formuliert hat, die das Verhalten fallender Körper bestimmen, gelten allgemein als ein Meilenstein der modernen Physik. In der ersten Hälfte des Buches beschreibt Galilei seine Experimente mit schiefen Ebenen zur beschleunigten Bewegung. In der zweiten Hälfte befasst er sich mit dem sehr schwierigen Problem, die Bahn eines aus einer Kanone abgefeuerten Geschosses zu berechnen. Zunächst hatte man in Anlehnung an Aristoteles geglaubt, ein Geschoss folge einer geraden Linie, bis es seinen »Impetus« verliere und direkt zu Boden falle. Später stellte man fest, dass es in Wirklichkeit auf gekrümmter Bahn zur Erde zurückkehrt, doch niemand vermochte zu sagen, warum das geschehe und wie die Kurve im einzelnen beschaffen sei. Das änderte sich erst, als Galilei sich der Frage annahm: Er gelangte zu dem Schluss, dass die Geschossbahn durch zwei Bewegungen bestimmt werde, die sich getrennt betrachten ließen – eine senkrechte, durch die Schwerkraft verursacht, die das Geschoss nach unten ziehe, und eine waagerechte, die dem Trägheitsprinzip unterworfen sei.

Tatsächlich bewies Galilei, dass die Überlagerung dieser beiden unabhängigen Bewegungen für den Weg des Geschosses entlang einer mathematisch beschreibbaren Kurve verantwortlich ist. Den Nachweis führte er, indem er eine mit Tinte angefärbte Bronzekugel über eine schiefe Ebene und einen Tisch rollen ließ, von dessen Kante sie ihre Reise in freiem Fall auf den Fußboden fortsetzte. Die in Tinte getauchte Kugel hinterließ an der Stelle, wo sie auf den Boden traf, einen Fleck, und zwar immer in einer gewissen Entfernung von der Tischkante. Auf diese Weise wies Galilei nach, dass die Kugel ihre waagerechte Bewegung mit konstanter Geschwindigkeit fortsetzte, während die Schwerkraft sie nach unten zog. Er stellte fest, dass die Entfernung mit dem Quadrat der verstrichenen Zeit zunahm. Die Kurve wies exakt jene

Zusammenstellung von Galileos Teleskop, dem Buch, in dem er seine Beobachtungen aufzeichnete, einem Modell der Jupitermonde und dem Planeten Jupiter in der Ferne

mathematische Form auf, welche die Griechen Parabel genannt hatten.

Die »Unterredungen« waren ein so bedeutender Beitrag zur Physik, dass die Gelehrten lange Zeit behaupteten, das Buch habe Isaac Newtons Bewegungsgesetze vorweggenommen. Als das Werk erschien, war Galilei bereits erblindet. Seine restlichen Jahre verlebte er in Arcetri, wo er am 8. Januar 1642 starb. Stets ist gewürdigt worden, was Galilei der Menschheit gegeben hat. Auch Einstein erkannte es an, als er schrieb: »Alles Wissen über die Wirklichkeit geht von der Erfahrung aus und mündet in ihr. Rein logisch gewonnene Sätze sind mit Rücksicht auf das Reale völlig leer. Durch diese Erkenntnis und insbesondere dadurch, dass er sie der wissenschaftlichen Welt einhämmerte, ist Galilei der Vater der modernen Physik, ja, der modernen Naturwissenschaft überhaupt geworden.«

RECHTE SEITE
2011 WIRD DAS WEBB WELTRAUMTELESKOP DAS HUBBLE-TELESKOP ERSETZEN.

Galileos gesamtes Werk wird durch die Zukunft bestätigt werden, die heute in der Entstehung begriffen ist. Das Hubble-Teleskop wiegt mehr als eine Tonne, während das neue Webb-Teleskop aus leichten, sechseckigen Spiegeln bestehen wird, die einen Durchmesser von sechs Metern haben und 10- bis 100-mal wirkungsvoller sein werden als das Hubble-Teleskop.

1979 erklärte Papst Johannes Paul II., die römisch-katholische Kirche habe Galilei möglicherweise fälschlich verurteilt, und berief eine Kommission ein, die den Auftrag hatte, den Fall wieder aufzurollen. Vier Jahre später verkündete die Kommission, Galilei hätte nicht verurteilt werden dürfen, und die Kirche veröffentlichte alle dem Prozess zugrunde gelegten Dokumente. 1992 erkannte der Papst die Ergebnisse der Kommission offiziell an.

UNTERREDUNGEN UND MATHEMATISCHE DEMONSTRATIONEN ÜBER ZWEI NEUE WISSENSZWEIGE, DIE MECHANIK UND DIE FALLGESETZE BETREFFEND

Erster Tag – Diskurse zwischen den Herren Salviati, Sagredo und Simplicio

Die dichte Materie ist handlicher und unseren Sinnen zugänglicher, sei es, dass wir Holz nehmen und dasselbe in Feuer auflösen und in Licht, während wir nicht so das Feuer und das Licht wieder zu Holz verdichten können; sei es, dass wir Früchte, Blüten und 1000 andere solche Körper zum Teil in Düfte sich auflösen sehen, während es nicht gelingt, die duftenden Atome zu duftenden Körpern zu verdichten. Wenn aber die fassbare Beobachtung uns entgeht, müssen wir das Fehlende durch Überlegung ergänzen, wodurch uns nicht nur die Bewegung, die zur Verdünnung und die zur Auflösung fester Körper führt, verständlich wird, sondern auch die Verdichtung der zarten Körper, selbst der allerfeinsten. Wir versuchen zu ergründen, wie die Verdichtung und Verdünnung der Körper bewerkstelligt werden könne ohne Zuhilfenahme des Vakuums und der Durchdringung der Körper; was nicht ausschließt, dass es in der Natur Stoffe geben könne, bei denen die Erscheinung nicht vorkommt und bei denen das, was Ihr unmöglich genannt habt, auch wirklich nicht geschieht. Und schließlich, Herr Simplicio, habe ich mich, Euch, Ihr Herren Philosophen, zum Trotz, ermüdet im Nachdenken darüber, wie die Verdichtung und die Verdünnung gedacht werden können ohne Annahme der Durchdringbarkeit der Körper und ohne Einführung leerer Räume: Vorkommnisse, die Ihr ableugnet und abweiset, während, wenn Ihr sie zugestehen wolltet, ich Euch kein so

hartnäckiger Widersacher wäre. Entweder nun lasset gelten das Schwierige, billigt meine Spekulationen oder gebet Besseres.

Sagr. Die Durchdringung möchte ich in Übereinstimmung mit den Peripatetikern vollständig leugnen. Betreffs des Vakuums möchte ich abwägen den Aristotelischen Beweis, durch den er dasselbe bekämpft, gegen Eure gegenteilige Ansicht. Ich bitte Herrn Simplicio, den Beweis der Philosophen uns zu bringen, und Sie, Herr Salviati, werden gütigst antworten.

Simpl. Aristoteles bekämpft, so viel ich mich entsinne, die Meinung einiger älterer Philosophen, die das Vakuum als notwendig einführten, damit eine Bewegung zustande komme, da ohne dasselbe eine Bewegung unmöglich sei. Im Gegensatz hierzu beweist Aristoteles, dass gerade die Tatsache der Bewegung die Annahme eines Vakuums widerlege; sein Beweis ist folgender. Er diskutiert zwei Fälle: erstens lässt er verschiedene Massen in ein und demselben Medium sich bewegen: zweitens ein und dieselbe Masse in verschiedenen Medien.

Im ersten Falle behauptet er, dass verschiedene Körper in ein und demselben Medium mit verschiedener Geschwindigkeit sich bewegen, und zwar stets proportional den Gewichten (le gravità); sodass z. B. ein 10-mal größeres Gewicht sich 10-mal schneller bewege. Im anderen Falle nimmt er an, dass die Geschwindigkeiten ein und derselben Masse in verschiedenen Medien sich umgekehrt wie die Dichtigkeiten verhalten; sodass, wenn z. B. die Dichtigkeit des Wassers 10-mal so groß ist wie die der Luft, die Geschwindigkeit in der Luft 10-mal größer sei als die Geschwindigkeit im Wasser. Die zweite Behauptung weist er folgender Art nach: Da die Feinheit des Vakuums um ein unendlich kleines Intervall sich unterscheidet von dem körperlich mit allerfeinster Masse erfüllten Raume, so wird jeder Körper, der im erfüllten Medium in einiger Zeit eine gewisse Strecke zurücklegt, im Vakuum sich momentan bewegen; aber eine instantane Bewegung ist unmöglich; mithin ist es unmöglich, dass infolge der Bewegung ein Vakuum sich bilde.

Salv. Der Beweis ist, wie man sieht, »ad hominem«, d.h. gegen diejenigen gerichtet, welche das Vakuum als für die Bewegung notwendig erachteten. Wenn ich nun die Schlussfolgerung anerkenne, indem ich zugleich zugebe, dass eine Bewegung im Vakuum nicht statthabe, so wird damit die Annahme eines Vakuums im absoluten Sinne, ohne Rücksicht auf Bewegung, keineswegs widerlegt. Um etwa im Sinne jener Alten zu reden und um besser zu durchschauen, wie viel Aristoteles beweist, scheint mir, könnte man alle beide Meinungen verwerfen. Zunächst zweifle ich sehr daran, dass Aristoteles je experimentell nachgesehen habe, ob zwei Steine, von denen der eine ein 10-mal so großes Gewicht hat wie der andere, wenn man sie in ein und demselben Augenblick fallen ließe, z. B. 100 Ellen hoch herab, so verschieden in ihrer Bewegung sein sollten, dass bei der Ankunft des größeren der kleinere erst 10 Ellen zurückgelegt hätte.

Angeblich ließ Galileo Kugeln unterschiedlicher Größe und Schwere vom Schiefen Turm von Pisa fallen, um festzustellen, ob sie mit derselben Geschwindigkeit fielen.

Simpl. Man sieht's aus Eurer Darstellung, dass Ihr darüber experimentiert habt, sonst würdet Ihr nicht reden vom Nachsehen.

Sagr. Aber ich, Herr Simplicio, der ich keinen Versuch angestellt habe, versichere Euch, dass eine Kanonenkugel von 100, 200 und mehr Pfund um keine Spanne vor einer Flintenkugel von einem halben Pfund Gewicht die Erde erreichen wird, wenn beide aus 200 Ellen Höhe herabkommen.

Salv. Ohne viel Versuche können wir durch eine kurze, bindende Schlussfolgerung nachweisen, wie unmöglich es sei, dass ein größeres Gewicht sich schneller bewege als ein kleineres, wenn beide aus dem gleichen Stoff bestehen; und überhaupt alle jene Körper, von denen Aristoteles spricht. Denn sagt mir, Herr

Simplicio, gebt Ihr zu, dass jeder fallende Körper eine von Natur ihm zukommende Geschwindigkeit habe, sodass, wenn dieselbe vermehrt oder vermindert werden soll, eine Kraft angewandt werden muss oder ein Hemmnis?

Simpl. Unzweifelhaft hat ein Körper in einem gewissen Mittel eine von Natur bestimmte Geschwindigkeit, die nur mit einem neuen Antrieb vermehrt oder durch ein Hindernis vermindert werden kann.

Salv. Wenn wir zwei Körper haben, deren natürliche Geschwindigkeit verschieden sei, so ist es klar, dass, wenn wir den langsameren mit dem geschwinderen vereinigen, dieser letztere von jenem verzögert werden müsste, und jener, der langsamere, müsste vom schnelleren beschleunigt werden. Seid Ihr hierin mit mir einverstanden?

Simpl. Mir scheint die Konsequenz völlig richtig.

Salv. Aber wenn dies richtig ist und wenn es wahr wäre, dass ein großer Stein sich z. B. mit 8 Maß Geschwindigkeit bewegt und ein kleinerer Stein mit 4 Maß, so würden beide vereinigt eine Geschwindigkeit von weniger als 8 Maß haben müssen; aber die beiden Steine zusammen sind doch größer, als jener größere Stein war, der 8 Maß Geschwindigkeit hatte; mithin würde sich nun der größere langsamer bewegen als der kleinere; was gegen Eure Voraussetzung wäre. Ihr seht also, wie aus der Annahme, ein größerer Körper habe eine größere Geschwindigkeit als ein kleinerer Körper, ich Euch weiter folgern lassen könnte, dass ein größerer Körper langsamer sich bewege als ein kleinerer.

Simpl. Ich bin ganz verwirrt, denn mir will es nun scheinen, als ob der kleine Stein, dem größeren zugefügt, dessen Gewicht und daher durchaus auch dessen Geschwindigkeit vermehre, oder jedenfalls, als ob letztere nicht vermindert werden müsse.

Salv. Hier begeht ihr einen neuen Fehler, Herr Simplicio, denn es ist nicht richtig, dass der kleine Stein das Gewicht des größeren vermehre.

Simpl. So? Das überschreitet meinen Horizont.

Salv. Keineswegs, sobald ich Euch von dem Irrtume, in dem Ihr Euch bewegt, befreit haben werde: und merket wohl, dass man hier unterscheiden müsse, ob ein Körper sich bereits bewege oder

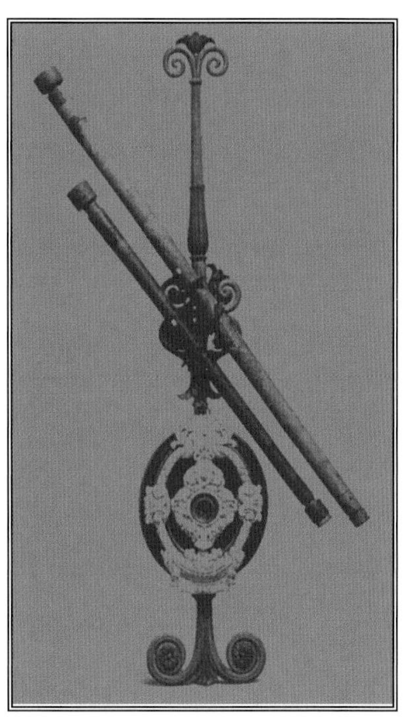

Galileos Teleskope

ob er in Ruhe sei. Wenn wir einen Stein auf eine Waagschale tun, so wird das Gewicht durch Hinzufügung eines zweiten Steines vermehrt, ja selbst die Zulage eines Stückes Werch wird das Gewicht um die 6 bis 10 Unzen anwachsen lassen, die das Werchstück hat. Wenn Ihr aber den Stein mitsamt dem Werch von einer großen Höhe frei herabfallen lasset, glaubt Ihr, dass während der Bewegung das Werch den Stein drücke und dessen Bewegung beschleunige – oder glaubt Ihr, dass der Stein aufgehalten wird, indem das Werchstück ihn trägt? Fühlen wir nicht die Last auf unseren Schultern, wenn wir uns stemmen wollen gegen die Bewegung derselben; wenn wir aber mit derselben Geschwindigkeit uns bewegen wie die Last auf unserem Rücken, wie soll dann letztere uns drücken und beschweren? Seht Ihr nicht, dass das ähnlich wäre, wie wenn wir den mit der Lanze treffen wollten, der mit derselben Geschwindigkeit vor uns herflieht? Zieht also den Schluss, dass beim freien Fall ein kleiner Stein den großen nicht drücke und nicht sein Gewicht, so wie in der Ruhe, vermehre.

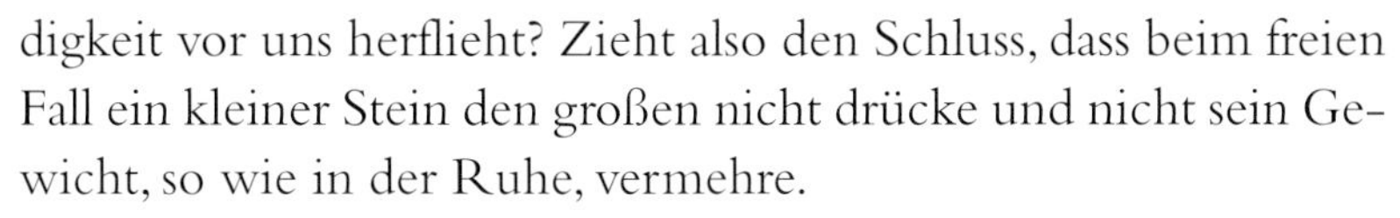

Simpl. Aber wenn der größere Stein auf dem kleineren ruhte?

Salv. So würde er das Gewicht vermehren müssen, wenn seine Geschwindigkeit überwöge; aber wir fanden schon, dass, wenn die kleinere Last langsamer fiele, sie die Geschwindigkeit des großen vermindern müsste und mithin die zusammengesetzte Menge weniger rasch sich bewegte als ein Teil; was gegen Eure Annahme spricht. Lasst uns also feststellen, dass große und kleine Körper, von gleichem spezifischen Gewicht, mit gleicher Geschwindigkeit sich bewegen.

Simpl. Eure Herleitung ist wirklich vortrefflich: und doch ist es mir schwer zu glauben, dass ein Bleikorn so schnell wie eine Kanonenkugel fallen solle.

Salv. Sagt nur, ein Sandkorn so schnell wie ein Mühlstein. Ihr werdet, Herr Simplicio, nicht wie andere das Gespräch von der Hauptfrage ablenken und Euch an einen Ausspruch anklammern, bei welchem ich um Haaresbreite von der Wirklichkeit abweiche, indem Ihr unter dieses Haar verbergen wolltet den Fehler eines anderen von Ankertau-Dicke. Aristoteles sagt: Ein Eisenstab

Ein Astronaut ließ in der beinahe luftleeren Atmosphäre des Mondes eine Bleikugel und eine Feder fallen. Beide fielen mit derselben Geschwindigkeit.

von 100 Pfund kommt von einer Höhe von 100 Ellen herabfallend in einer Zeit an, in welcher ein einpfündiger Stab, frei herabfallend, nur 1 Elle zurückgelegt hat; ich behaupte, beide kommen bei 100 Ellen Fall gleichzeitig an. Ihr findet, dass hierbei der größere um 2 Finger breit vorauseilt, sodass, wenn der größere an der Erde ankommt, der kleinere noch einen Weg von 2 Fingerbreit Größe zurückzulegen hat. Ihr wollt jetzt mit diesen 2 Fingern hinwegschmuggeln die 99 Ellen des Aristotelischen Fehlers und nur von meiner kleinen Abweichung reden, den gewaltigen Irrtum des Aristoteles aber verschweigen. Aristoteles sagt, dass Körper von verschiedenem Gewicht in ein und demselben Mittel sich mit Geschwindigkeiten bewegen, die ihren Gewichten proportional sind, und gibt ein Beispiel mit Körpern, bei welchen man den reinen, absoluten Effekt des Gewichtes wahrnehmen kann, mit Vernachlässigung des Einflusses, den die Gestalt, die kleinsten Momente haben, Dinge, die stark vom Medium beeinflusst werden, sodass die reine Wirkung der Schwere getrübt wird: wie z. B. Gold, der spezifisch schwerste Körper, als sehr dünnes Blatt in der Luft flattert; desgleichen in der Form eines sehr feinen Pulvers. Wollt ihr nun den allgemeinen Satz erfassen, so zeigt, dass derselbe für alle Körper richtig sei und dass ein Stein von 20 Pfund Gewicht 10-mal schneller falle als einer von 2 Pfund; das, behaupte ich, ist eben falsch, und mögen beide von 50 oder 100 Ellen herabfallen, sie kommen stets in demselben Augenblicke an.

Simpl. Vielleicht aber würde bei einer Fallhöhe von mehreren tausend Ellen das eintreten, was bei kleinerer nicht beobachtet wird.

Salv. Wenn Aristoteles so etwas gemeint haben sollte, würdet Ihr ihm einen ganz neuen Irrtum zumuten, ja eine Unwahrheit: Da man solche senkrechte Erhebungen auf der Erde gar nicht findet, so kann auch Aristoteles mit solchen nicht experimentiert haben; und doch will er uns von seinen Versuchen reden, da er sagt, man »sehe den Effekt«.

Simpl. Allerdings spricht Aristoteles nicht dieses Prinzip aus, wohl aber jenes andere, welches, glaube ich, nicht diese Schwierigkeiten in sich birgt.

Salv. Aber die andere Behauptung ist nicht minder falsch; und ich wundere mich, dass Ihr den Trugschluss nicht durchschaut und erkennet, dass, wenn der Satz wahr wäre, demgemäß ein und derselbe Körper in Medien verschiedener Dichtigkeit, wie z. B. Wasser und Luft, sich mit Geschwindigkeiten bewegten, welche diesen Dichtigkeiten umgekehrt proportional wären, dass dann alle Körper, die in der Luft niederfallen, auch im Wasser sinken müssten; welches doch so sehr falsch ist, da viele Körper in der Luft fallen, im Wasser dagegen emporsteigen.

Simpl. Ich verstehe die Notwendigkeit Eurer Konsequenz; aber Aristoteles spricht von solchen Körpern, die in beiden Medien fallen, und nicht von solchen, die in der Luft fallen, aber im Wasser steigen.

Salv. Ihr bringt für den Philosophen Argumente vor, die er sicherlich nicht annähme, um nicht seinen ersten Irrtum zu vergrößern. Weiter, sagt mir, ob die Dichtigkeiten von Wasser und Luft überhaupt in einem bestimmten Verhältnis stehen; und wenn Ihr dies bejaht, dann nehmt einen beliebigen Wert dafür an.

Simpl. Gut, angenommen, er sei zehn; daher wird ein Körper, der niederfällt, in der Luft sich 10-mal schneller bewegen als im Wasser.

Salv. Jetzt denke ich mir einen Körper, der in der Luft fällt, im Wasser steigt, wie etwa ein Stück Holz, und überlasse Euch, zu bestimmen, wie rasch er sich in der Luft bewegen solle.

Simpl. Angenommen, es seien 20 Maß Geschwindigkeit.

Salv. Gut. Offenbar kann diese Geschwindigkeit zu einer anderen in demselben Verhältnis stehen wie die Dichtigkeiten von Wasser und Luft, letztere betrüge mithin 2 Maß; sodass wirklich, entsprechend dem Aristotelischen Satze, man behaupten müsste, in der Luft falle der Holzstab mit 20 Maß Geschwindigkeit, im Wasser mit 2 Maß und solle im Wasser nicht emporsteigen, bis er schwimmt, wie es doch geschieht; oder wollt Ihr sagen, dass das Emporsteigen im Wasser dasselbe sei wie das Niederfallen in der Luft; ich will es nicht hoffen. Eben die Tatsache, dass der Stab nicht fällt, lässt mich erwarten, dass Ihr es zugeben werdet, dass ein Stab von anderem Material sich finden könnte, der im Wasser wirklich mit 2 Maß Geschwindigkeit sich bewegte.

Simpl. Gewiss, nur muss die Materie schwerer sein als Holz.

Salv. Eben das suche ich. Aber dieser zweite Stab, der im Wasser mit 2 Maß Geschwindigkeit fällt, wie rasch würde er in der Luft fallen? Nach Aristoteles müsstet Ihr sagen, mit 20 Maß Geschwindigkeit, aber letztgenannten Wert habt ihr selbst dem Holze zuerkannt: also müssten beide, recht verschiedene Körper mit gleicher Geschwindigkeit in der Luft sich bewegen. Wie stimmt das zum ersteren Gesetz des Philosophen, demgemäß verschiedene Körper in ein und demselben Medium sich mit ganz verschiedener Geschwindigkeit bewegen, und zwar im Verhältnis ihrer Gewichte? Aber abgesehen von all solchen Überlegungen, wie kommt es, dass die allerhäufigsten und allerhandlichsten Phänomene von Euch übersehen worden sind? Habt Ihr nicht beachtet, wie zwei Körper im Wasser sich verschieden, etwa im Verhältnis von 1:100, bewegen, während beim Fall in der Luft kein Hundertstel Unterschied des Betrages bemerkt wird? Wie etwa ein Marmorei 10-mal schneller als ein Hühnerei im Wasser niederfällt, während beim Fall beider aus 20 Ellen Höhe durch die Luft das Marmorei keine vier Finger breit jenes übertrifft; und endlich mancher Körper sinkt in 3 Stunden 10 Ellen tief im Wasser, welch letztere Strecke in der Luft nur ein oder zwei Pulsschläge beansprucht. Und jetzt weiß ich gewiss, Herr Simplicio, dass Ihr nichts mehr zu erwidern habt. Also einigen wir uns dahin, dass solch ein Argument nichts gegen die Annahme des Vakuums bringt; und wenn letzteres auch der Fall wäre, so würden dadurch nur jene großen Vakuen zerstört, welche weder ich noch, wie ich glaube, die Alten als natürlich sich darbietend annahmen, obwohl sie durch Kraft hervorgebracht werden können, wie aus manchen Versuchen folgt, die wir hier übergehen dürfen.

Sagr. Da Herr Simplicio schweigt, so erlaube ich mir, eine andere Sache vorzubringen. Obwohl Ihr klar bewiesen habt, dass Körper von ungleichem Gewicht sich in ein und demselben Medium mit gleicher Geschwindigkeit bewegen, so wird hierbei doch vorausgesetzt, sie seien aus demselben Stoff oder von demselben spezifischen Gewicht, aber nicht von verschiedenem spezifischem Gewicht (denn Ihr werdet uns nicht zumuten zu glauben, dass ein Stück Kork sich ebenso schnell bewege wie ein Stück Blei), und da Ihr ferner uns davon überzeugt habt, wie unrichtig es sei, anzunehmen, dass ein und derselbe Körper in verschiedenen Medien Geschwindigkeiten annehme, die den Widerständen umgekehrt proportional seien; so würde ich sehr zu wissen wünschen, welche Verhältnisse in diesen Fällen statthaben.

Salv. Betreffs des Pendels bemerke ich, dass dieses Problem vielen äußerst trocken erscheint, ganz besonders jenen Philosophen, die stets die tiefsten Probleme der Natur behandeln; ich aber schätze das Problem, nach dem Vorgange des Aristoteles, bei dem ich stets bewundere, wie er alles berührt, was einiger Beachtung wert erscheint: Ich möchte Euch nun einige Gedanken mitteilen über Probleme der Akustik; ein hochedler Gegenstand, über welchen viel geschrieben worden ist, auch von Aristoteles selbst, der mehrere merkwürdige Aufgaben behandelt, sodass ich, wenn ich aufgrund einiger leichter und sinnreicher Versuche höchst wunderbare Erscheinungen aus der Tonlehre besprechen will, hoffen darf, Euren Beifall zu finden.

Pendel in Bewegung

Sagr. Wir werden sehr dankbar sein, und, was mich betrifft, ich werde einen besonderen Wunsch erfüllt sehen, da ich mich mit allen Musikinstrumenten abgegeben, auch über die Konsonanz viel nachgedacht habe, ohne begreifen zu können, woher es komme, dass mir das eine mehr als das andere gefällt, und wiederum dass einiges mir nicht bloß nicht gefällt, sondern vielmehr in höchstem Grade missfällt. Das allbekannte Problem der zwei gleich gestimmten Saiten, demgemäß beim Erklingen der einen die andere sich auch bewegt und mitschwingt, ist mir noch nicht klar, auch verstehe ich nicht recht die Form der Konsonanzen und anderes.

Salv. Lasst uns sehen, ob wir von unseren Pendeln aus einigen Gewinn für diese Probleme schöpfen können. Fragen wir uns zunächst, ob es ganz genau wahr sei, dass ein Pendel alle seine Schwingungen, die größten, die mittleren und die kleinsten, in völlig gleichen Zeiten vollführe, so beziehe ich mich auf die Angaben unseres Akademikers, der bewies, dass ein Körper, der längs der Sehne über einem beliebigen Bogen herabfällt, stets dieselbe Zeit gebrauche, sei der entsprechende Bogen volle 180 Grad groß oder 100, 60, 2, 1/2 oder 4 Minuten: Alle diese Körper sollen die Horizontalebene im untersten Punkt erreichen. Weiter fallen aber die Körper, durch die Bögen schwingend, von 90 Grad Elongation an gleichfalls in gleichen Zeiten; aber diese Zeiten sind kürzer als die beim Fallen längs der Sehnen; ein in der Tat sehr merkwürdiges Verhalten, bei dem man das Gegenteil zu erwarten geneigt wäre. Wenn Anfangs- und Endpunkt der Bahnen identisch sind, so ist die gerade Linie der kürzeste Weg zwischen beiden, daher möchte man glauben, der Fall längs dieser Strecke werde die kürzeste Zeit brauchen; das ist aber nicht so: Die kürzeste Zeit und mithin die rascheste Bewegung ist die längs des Bogens, dessen Sehne jene Gerade ist. Bei Pendeln verschiedener Länge verhalten sich die Zeiten wie die Quadratwurzeln aus den Längen, mit anderen Worten, die Pendellängen verhalten sich wie die Quadrate der Schwingungszeiten: Soll also ein Pendel doppelt so langsam schwingen wie ein anderes, so muss es die vierfache Länge haben.

Ein anderes Pendel wird im Vergleich zum kürzeren die dreifache Schwingungsdauer haben, wenn seine Länge das Neunfache beträgt. Hieraus folgt zudem, dass die Pendellängen sich umgekehrt wie die Quadrate der Schwingungszahlen verhalten.

Sagr. Wenn ich wohl verstanden habe, so kann ich sofort die Länge eines Pendels von immenser Ausdehnung berechnen, auch wenn der Aufhängepunkt unsichtbar wäre und man nur das untere Ende beobachten könnte. Ich brauchte bloß ein Gewicht anzuhängen und dasselbe in Schwingung zu versetzen, und während ein Gehilfe einige Schwingungen zählt, beobachte ich die Schwingungszahl eines anderen Pendels, dessen Länge genau einer Elle gleich ist. Aus beiden Schwingungszahlen, die in gleicher Zahl erhalten worden sind, berechne ich die Länge meines Pendels; z. B. mein Gehilfe habe 20 Schwingungen gezählt, während ich 240 erhalten habe; bilden wir die Quadrate 400 und 57 600, so erkennen wir, dass das lange Pendel 57 600 solcher Teile hat, von denen 400 auf eine Elle gehen; teilen wir 57 600 durch 400, so ergibt sich 144, folglich muss das Pendel 144 Ellen lang sein.

Salv. Ihr werdet keine Spanne Fehler haben, ganz besonders, wenn Ihr eine große Menge von Schwingungen zählt.

Sagr. Wie oft gebt Ihr mir Gelegenheit, den Reichtum und zugleich die Freigebigkeit der Natur zu bewundern, indem Ihr über einfache, ja fast triviale Dinge so merkwürdige, völlig neue, der Einbildungskraft fern liegende Betrachtungen anstellt. Wohl tausendmal habe ich Schwingungen beobachtet, besonders bei den Kronleuchtern in Kirchen, die oft so sehr lang sind, aber mehr habe ich nicht gefunden als die Unwahrscheinlichkeit der Ansicht, dass ähnliche Bewegungen vom umgebenden Mittel, hier also von der Luft, unterhalten werden; ich denke, die Luft müsste sicheres Urteil und wenig sonst zu tun haben, um nur die Zeit zu vertreiben und die Zeitstunden mit dem Hin und Her eines Gewichtes mit großer Genauigkeit auszufüllen. Dass aber ein und derselbe Körper, an einem 100 Ellen langen Faden, stets gleiche Zeit braucht, sei es, dass er 90 Grad abweicht oder 1 Grad, das hätte ich nimmer gefunden, und immer wieder kommt es mir wie unmöglich vor. Nun bin ich begierig, zu hören, wie diese einfachen Beziehungen mir jene akustischen Phänomene erklären können.

Salv. Vor allem müssen wir konstatieren, dass jedes Pendel eine so feste und bestimmte Schwingungsdauer hat, dass man dasselbe in keiner Weise in einer anderen Periode schwingen lassen kann als nur in der ihm von Natur eigenen. Man nehme ein beliebiges Pendel zur Hand und versuche, die Zahl der Schwingungen zu vermehren oder zu vermindern, es wird verlorene Mühe sein; aber einem ruhenden, noch so schweren Pendel können wir durch bloßes Anblasen eine Bewegung erteilen, und zwar eine recht beträchtliche, wenn wir das Blasen einstellen, sobald das Pendel zurückkehrt, und immer wieder blasen in der dem Pendel eigentümlichen Zeit; wenn auch beim ersten Blasen wir das Pendel nur um einen halben Zoll entfernt haben von der Ruhelage, so werden wir, nach der Rückkehr desselben es nochmals anblasend, die Bewegung vermehren, und so weiter, aber zur bestimmten Zeit, und nur nicht, wenn das Pendel auf uns zu schwingt (denn in diesem Falle würden wir die Bewegung hemmen und nicht vermehren), und endlich wird eine so starke Schwingung hervorgerufen sein, dass eine sehr viel größere Kraft als die eines einmaligen Anblasens erforderlich wäre, um die Ruhe wieder herzustellen.

Sagr. Schon als Kind habe ich gesehen, wie ein einziger Mann durch rechtzeitige Anstöße eine immense Kirchenglocke zum Läuten brachte, und um sie anzuhalten, hingen sich 4 oder 6 andere Männer an, wurden aber sämtlich mehrere Mal in die Höhe gehoben und konnten die Glocke, die ein einziger in regelmäßigen Intervallen bewegt hatte, nicht sogleich zur Ruhe bringen.

Salv. Das ist ein Beispiel, welches ebenso zutreffend mir dienen kann, um das wunderbare Phänomen an den Saiten der Zither und des Klavieres (cimbalo) zu erklären, wo nicht bloß die gleich gestimmten mittönen, sondern auch die im Verhältnis der Oktave und der Quinte stehenden. Eine angeschlagene Saite ertönt und klingt fort, solange ihre Resonanz andauert: diese Schwingungen versetzen die Luft in Mitbewegung, und das Erzittern derselben erstreckt sich weit fort und erregt alle Saiten desselben Instrumentes und auch die anderer benachbarter: jede mit der angeschlagenen gleich gestimmte Saite, da sie geneigt ist, in demselben Tempo zu vibrieren, fängt bei dem ersten Impuls an, sich ein wenig zu bewegen, es wird ein zweiter, ein dritter, ein zwanzigster und mehr hinzugefügt, und dieselben erfolgen alle in der passenden Zeit, sodass schließlich die Schwingung ebenso ergiebig wird wie die der ersten Saite; man sieht ihre Elongationen wachsen bis zur Weite der erregenden. Die Luftwellen erschüttern nicht bloß die Saiten, sondern auch andere mitschwingungsfähige Körper: sodass, wenn an den Rand des Instrumentes diverse Borstenfäden angeheftet werden oder anderes biegsames Material, man beim Spielen des Instrumentes bald diesen, bald jenen Körper mitschwingen sieht, je nachdem, ob eine Saite erklingt, deren Schwingungsdauer mit denen der angehängten Substanzen übereinstimmt; andere bleiben hierbei in Ruhe, so wie jene sich nicht bewegen, wenn andere Töne angeschlagen werden. Streicht man mit dem Bogen eine dicke Saite der Viola an, während man einen Becher aus feinem reinem Glase an das Instrument hält, so wird jener erzittern, wenn eine Übereinstimmung der Schwingungszahl besteht, und laut mitklingen. Wie sehr die Schwingung der umgebenden Luft an den mittönenden Körper abgegeben wird, kann man sehen, wenn man den Becher zum Tönen bringt, indem man den Rand mit der Fingerspitze bestreicht, während sich Wasser im Gefäß befindet; man erkennt alsdann die Wasserwellen in regelmäßigster Form, und besser noch gelingt der Versuch, wenn man den Becherfuß auf den Boden eines großen Gefäßes stellt, in welches Wasser fast bis zum Rande eingegossen ist: man sieht alsdann dasselbe in sehr regelmäßiger Weise erzittern und mit großer Geschwindigkeit weit vom Becher sich ansammeln, ja bei einem ziemlich großen Becher voll Wasser sah ich oft sehr gleichmäßig geformte Wellen, dann aber sprang der Ton in die höhere Oktave über, und es zerfiel eine Wasserwelle in zwei Wellen: eine Erscheinung, die deutlich zeigt, dass die Form der Oktave die doppelte ist.

Sagr. Ich habe auch solches beobachtet bei Gelegenheit meiner Musikstudien; ich war sehr erstaunt über die Formen der Konsonanzen, da es mir schien, als ob die von gelehrten Musikern aufgestellten Verhältnisse und Begründungen zur Erklärung nicht hinreichten. Sie behaupten, der Diapason oder die Oktave stehe in dem doppelten, die Diapente oder, wie wir es nennen, die Quinte in dem anderthalbfachen Verhältnis, denn die Saite eines Monochordes lässt den Grundton hören und dessen Oktave, wenn eine Stütze in der Mitte angebracht wird; wird aber der Steg bei einem Drittel der ganzen Saite angesetzt und der innere

Druck von Galileos Pendeluhr. Wie man sieht, benutzte Galileo seine Forschungen über Pendel auch für praktische Zwecke.

Teil gedämpft, der äußere angeschlagen, so hört man die Quinte, daher behaupten sie, die Oktave bilde das Verhältnis 1 zu 2, die Quinte 2 zu 3. Diese Schlussfolgerung schien mir nicht zwingend, um sagen zu können, das Doppelte und das Anderthalbfache seien die natürlichen Formen von Diapason und Diapente und zwar aus folgendem Grunde: Auf dreierlei Art können wir den Ton einer Saite erhöhen, durch Verkürzung, durch Spannung und durch Unterstützung. Bei gleicher Spannung und Beschaffenheit bringen wir die Oktave hervor durch Verkürzung auf die Hälfte, d.h., wir schlagen erst die ganze, dann die halbe Saite an. Bei gleicher Länge und Beschaffenheit erhalten wir durch Anspannung die Oktave, aber es genügt hierzu nicht eine doppelte Kraft, sondern die vierfache; war sie zuerst mit einem Pfund gespannt, so brauchen wir deren vier, um die Oktave zu erhalten. Endlich, bei gleicher Länge und Spannung, muss die Dicke auf ein Viertel reduziert werden, um die Oktave zu erhalten. Was von der Oktave gilt, d. h., wenn man ihre Form aus der Spannung oder aus der Dicke der Saite herleitet, wobei das Doppelte von dem sich ergibt, was man aus der Länge erschließt, das findet für alle anderen Intervalle statt, denn wenn aus dem Längenverhältnis das Anderthalbfache sich ergab, so muss man, wenn dasselbe durch veränderte Spannung oder durch eine andere Saitendicke erreicht werden soll, das Verhältnis 9/4 anwenden; wenn z.B. die Saite mit vier Pfund gespannt war, muss sie nicht mit 6, sondern mit 9 Pfund belastet werden, desgleichen muss die Dicke auf 4/9 reduziert werden, wenn man die Quinte erhalten will. Diesen exakten Versuchen gegenüber schien es mir ganz unbegründet, das Verhältnis 1 zu 2 für die Form der Oktave anzunehmen, wie es die scharfsinnigen Philosophen tun, statt 1 zu 4, desgleichen kann die Quinte eher dem Verhältnis 4 zu 9 als 2 zu 3 entsprechen. Da es nun ganz unmöglich ist, die Schwingungen einer Saite zu zählen, weil sie zu zahlreich sind, so würde ich stets zweifelhaft sein, ob wirklich bei der Oktave der höhere Ton in gleicher Zeit doppelt so viele Vibrationen vollführt wie der tiefere, wenn nicht bei jenem Becher die beharrlichen Wellen deutlich gezeigt hätten, wie beim plötzlichen Anklingen der Oktave neue kleinere Wellen entstehen, die mit vollendeter Reinheit eine jede der ersten Wellen genau halbieren.

Salv. Es ist das ein schöner Versuch, bei dem man einzeln die vom Körper ausgehenden Erzitterungen unterscheiden kann, es sind das dieselben Stöße, die in der Luft sich ausbreiten und unser Trommelfell in Schwingung versetzen und zuletzt in unserer Seele zum Ton werden. Aber die Erschütterungen im Wasser dauern nur so lange, wie das Glas mit dem Finger gestrichen wird, und selbst in dieser Zeit sind sie nicht beständig, sondern sie vergehen und entstehen. Wäre es nicht schön, wenn man die Schwingungen so lange andauern lassen könnte, selbst Monate und Jahre lang, sodass man im Stande wäre, sie zu messen und bequem zu zählen?

Sagr. Solch eine Erfindung würde ich allerdings sehr hoch schätzen.

Salv. Diese Erfindung machte ich zufällig, ich hatte nur zu beobachten und die Sache zu verwerten, es war eine tiefere Spekulation bei Gelegenheit einer recht schlichten Verrichtung. Ich schabte mit einem scharfen eisernen Meißel eine Messingplatte, um einige Flecke fortzuschaffen, und bei schnellem Hinübergleiten über die Platte hörte ich ein- oder zweimal unter vielen Streichen ein Pfeifen, und zwar einen starken, hellen Ton, und als ich auf die Platte sehe, erblicke ich eine Menge feiner paralleler Striche, in völlig gleichen Abständen.

Bei wiederholtem Streichen bemerkte ich, dass nur dann, wenn ein Ton entstand, der Meißel jene

Eine Stimmgabel, in Wasser gehalten, zeigt die Kraft der Schallvibrationen.

Furchen hervorrief, geschah aber das Streichen ohne Pfeifen, so war nicht die geringste Spur von einer Zeichnung zu sehen.

Dieses Spiel wiederholte ich nun, bald mit größerer, bald mit kleinerer Geschwindigkeit, der Ton wurde bald höher, bald tiefer, beim höheren Tone waren die Striche gedrängter, und selbst dann, wenn das Gleiten gegen Ende des Striches rascher wurde, wurde auch der Pfeifton allmählich höher, zugleich waren aber die Striche gegen Ende gedrängter, doch stets in vollendeter Zierlichkeit; bei den tönenden Streichzügen fühlte ich den Meißel in meiner Faust erdröhnen, und die Hand durchzuckte ein Schauer. Der Vorgang beim Eisen ist genau derselbe, wie wenn wir mit der Flüsterstimme sprechen und dann den Ton laut erklingen lassen, denn senden wir den Atem aus ohne Tonbildung, so fühlen wir in der Kehle und im Munde keine Bewegung im Vergleich zum starken Zittern, das wir im Kehlkopf und im Schlunde empfinden bei lauter Stimme, besonders bei tiefen, starken Tönen. Manches Mal suchte ich auf dem Klavier die Tonhöhe jener Pfeiftöne auf; zwei Töne, die am meisten differierten, bildeten eine Quinte, und als ich nun die Striche und deren Entfernung ausmaß, so fand ich auch 45 Striche des einen Tones, 30 Striche des anderen; das entspricht wirklich der Form, die man der Quinte zuschreibt.

Ehe ich fortfahre, muss ich bemerken, dass von den drei Arten, Töne höher werden zu lassen, diejenige, die Ihr dem Querschnitt der Saite zuspracht, besser auf das Gewicht derselben zu beziehen wäre. Bei gleichem Material gilt stets dasselbe Verhältnis, so z. B. muss von zwei Darmsaiten die eine 4-mal dicker sein, um die Oktave zu geben, aber auch bei Messingsaiten gilt dasselbe. Soll ich aber eine Oktave herstellen aus einer Darm- und einer Metallsaite, so ist das Verhältnis nicht das Vierfache für die Dicke, wohl aber kann das vierfache Gewicht genommen werden; sodass also die Metallsaite nicht den vierfachen Querschnitt der Darmsaite haben wird, wohl aber das vierfache Gewicht, und sie kann somit sogar dünner sein als die Darmsaite der entsprechenden höheren Oktave. Wenn nun ein Klavier mit Goldsaiten, ein anderes mit Messing bezogen wird, so werden bei gleicher Länge, Spannung und Dicke die Töne des Goldsaitenklavieres doppelt so tief sein, und es wird die Stimmung ungefähr eine Quinte tiefer liegen. Hier sieht man, wie der Geschwindigkeit der Bewegung eher das Gewicht des Körpers als die Dicke desselben widersteht, im Gegensatz zu dem, was man erwarten möchte; denn es scheint doch, als ob eigentlich die Geschwindigkeit von dem Widerstande des Mediums eher gehemmt werden müsste, wenn Letzteres einem dicken und leichten Körper auszuweichen hätte statt einem dünnen, schweren; und doch tritt genau das Gegenteil ein. Um aber auf das Erstere zurückzukommen, sage ich, dass das primäre, unmittelbare Verhältnis der akustischen Intervalle weder von der Länge der Saiten noch von ihrer Spannung noch von ihrem Querschnitt bedingt ist, sondern von der Anzahl von Schwingungen und Lufterschütterungen, die unser Trommelfell treffen und Letzteres in demselben Tempo erzittern lassen. Halten wir dieses fest, so können wir mit Sicherheit angeben, weshalb uns einige Zusammenklänge angenehm, andere weniger, wieder andere sehr missfällig berühren, d.h. den Grund für die mehr oder minder vollkommene Konsonanz und für die Dissonanz. Das Widrige in Letzteren entsteht, wie ich meine, aus den nicht zusammentreffenden Erschütterungen, die zwei verschiedene Töne erzeugen, die ohne bestimmtes Verhältnis das Trommelfell affizieren, und unerträglich werden die Dissonanzen sein, wenn die Schwingungsdauern nicht in Zahlen darstellbar werden, wie z.B., wenn von zwei gleich gestimmten Saiten die eine in solchem Teile der ganzen Saite schwingt, wie die Saite eines Quadrates zur Diagonale sich verhält: eine Dissonanz ähnlich dem Tritonus oder der verminderten Quinte. Konsonant und wohlklingend werden diejenigen Intervalle sein, deren Töne in einer gewissen Ordnung das Trommelfell erschüttern, wozu vor allem gehört, dass die Schwingungszahlen in einem rationalen Verhältnisse stehen, damit die Knorpel des Trommelfelles nicht in steter Qual sich befinden, in verschiedenen Richtungen auszuweichen und den auseinander gehenden Schlägen zu gehorchen. Deshalb ist die erste und vollkommenste Konsonanz die Oktave, weil auf jede Erschütterung des tieferen Tones zwei des höheren kommen, sodass beide abwechselnd zusammenfallen und auseinander gehen; von allen Schwingungen fällt die eine Hälfte zusammen, während beim Einklang alle Erschütterungen zusammenfallen und wie von einer einzigen Saite herstammend sich verhalten und von keiner Konsonanz mehr gesprochen werden kann. Die Quinte klingt auch sehr gut, weil auf je 2 Schwingungen der einen Saite die höhere 3 gibt, woraus folgt, dass von den Schwingungen des höheren Tones ein Drittel mit denen des anderen zusammenfällt; also zwei isolierte sind eingeschaltet; und bei der Quarte fallen je drei aus, und je die vierte fällt zusammen. Bei der Sekunde trifft nur eine von 9 Schwingungen eine Schwingung des tieferen Tones, alle anderen weichen ab, daher empfindet man bereits eine Dissonanz.

Simpl. Ich bitte noch um einige nähere Erläuterung.

Salv. Es sei *AB* die Länge der Welle eines tieferen Tones und *CD* die des höheren im Verhältnis der Oktave; man halbiere *AB* in *E*. Geht nun die Bewegung von *A* und von *C* aus, so schreitet dieselbe gleichzeitig bis *E* und *D* fort. In *E* findet keine Erschütterung statt, wohl aber in *D*. Kehrt die Schwingung von *D* nach

C zurück, so ist jene von *E* nach *B* gelangt, und beide Stöße bei *B* und *C* wirken einheitlich aufs Trommelfell; ähnlich ist es mit den folgenden Schwingungen, sodass abwechselnd die Stöße gleichzeitig stattfinden und dazwischen nicht: die Stöße an den Enden sind stets begleitet von solchen bei *C*, *D*; und wenn *A* und *C* gleichzeitig anschlagen und von *A* nach *B*, *C* nach *D* fortschreitet, so kehrt letzteres nach *C* zurück, sodass *A* und *C* gleichzeitig Stöße erteilen. Wenn aber *AB*, *CD* die Quinte geben, mit dem Verhältnis 2:3, so teile man *AB* in drei gleiche Teile *E* und *O*. Fangen nun die Schwingungen gleichzeitig in *C* und *A* an, so wird offenbar, wenn in *D* ein Stoß erfolgt, die Bewegung von *A* aus bis *O* gelangt sein, das Trommelfell erhält mithin nur die Erschütterung von *D* aus. Bei der Umkehr von *D* nach *C* geht die Schwingung dort von *O* bis *B* und zurück von *B* bis *O*; es entstand in *B* eine Erschütterung, die isoliert blieb, denn da wir an den Enden *A*, *C* gleichzeitig den Anfang annahmen, geschah die Erschütterung bei *D* isoliert um so viel später, wie es der Übergang von *CD* oder *AO* erfordert. Aber die Erregung bei *B* findet nunmehr bloß um die Hälfte dieser Zeit später statt, da *OB* gleich der Hälfte von *AO*; zuletzt läuft die Bewegung von *O* nach *A* und gleichzeitig von *C* nach *D*, sodass in *A* und *D* die Erschütterungen zusammenfallen. Es folgen andere ähnliche Perioden, d.h. solche mit Einschaltung zweier Stöße des höheren Tones, isoliert, und ein ebenfalls isolierter des tieferen Tones zwischen jenen beiden. Teilen wir die Zeit in kleine gleiche Teile und nehmen an, dass in den ersten beiden Zeitteilchen von *A*,*C* aus eine Fortpflanzung nach *O* und *D* stattfindet und in *D* ein Stoß erfolgt, dann kehrt im dritten und vierten Zeitmoment die Bewegung von *D* nach *C* zurück, gibt in *C* einen Stoß, dort dagegen von *O* nach *B*, wo ein Stoß erfolgt, und zurück von *B* nach *O*, endlich im fünften und sechsten Zeitteil von *O* und *C* nach *A* und *D*, an beiden Punken Stöße erzeugend; so haben wir auf dem Trommelfell die Stöße in solch einer Reihenfolge, dass, wenn anfänglich dieselben zusammentreffen, nach zwei Zeitteilchen ein isolierter Stoß eintritt, nach dem dritten wieder ein isolierter Stoß, im vierten wiederum, und noch zwei Zeitteilchen später zwei gemeinsame Stöße: Jetzt ist die Periode beendet.

Sagr. Ich kann nicht mehr schweigen, ich muss meinen Beifall äußern zu einer so trefflichen Begründung von Erscheinungen, die mich so lange in Finsternis und Blindheit gefangen hielten. Jetzt verstehe ich, warum der Einklang gar nicht von einem einzelnen Tone abweicht: Ich begreife, warum die Oktave die beste Konsonanz ist und dabei so ähnlich dem Einklange, dass sie wiederum als solcher erscheint, denn die Erschütterungen fallen stets zusammen, die des tieferen Tones werden sämtlich von solchen des höheren unterstützt, und von letzteren tritt je eine dazwischen in stets gleichen Zeiten und gewissermaßen ohne Störung, weshalb diese Konsonanz äußerst milde erscheint und ohne viel Feuer. Aber die Quinte mit ihrem Kontrotempis, mit ihrer Einschaltung zweier isolierter Stöße des höheren Tones zwischen zwei vereinigten Erschütterungen, während ein isolierter Stoß des tieferen jene beiden unterbricht, wobei alle drei isolierten Stöße nach gleichen Zeitintervallen erfolgen, und zwar je nach der Hälfte des Betrages, der zwischen jedem Paare und dem isolierten Stoße des hohen Tones verstreicht; das alles erzeugt einen solchen Reiz auf das Trommelfell, dass Weichheit und Schärfe innig verschmolzen erscheinen und ein Kuss und zugleich ein sanfter Stich empfunden wird.

Salv. Da ich Euren Beifall über diese Kleinigkeiten in so hohem Grade ernte, muss ich Euch zeigen, wie auch das Auge, ähnlich wie das Ohr, sich an demselben Spiele erfreut. Hänget Bleikugeln oder andere schwere Körper an drei Fäden verschiedener Länge an, und zwar so, dass, wenn der längste zwei Schwingungen vollführt, der kürzeste vier, der mittlere drei zustande bringt, was geschehen wird, wenn der erste 16 Maß lang ist, der mittlere 9 und der kleinste 4; alle zugleich aus dem Lot entfernt und losgelassen, zeigen sie ein wirres Durcheinander der Fäden, aber bei jeder vierten Schwingung des langen Pendels kommen alle drei zugleich an und beginnen alsdann eine neue Periode: Diese Vermischung entspricht der Empfindung, welche drei Saiten als Oktave und Quinte dem Gehörsinn vermitteln. Wenn wir ähnlich die Länge anderer Fäden bestimmen, entsprechend gewissen konsonanten Tonintervallen, so wird ein solch neues Gewirr entstehen, so jedoch, dass nach einer gewissen Anzahl von Schwingungen alle in demselben Momente ankommen und wieder ausgehen, um eine neue Periode anzuheben. Sind aber die Schwingungsdauern der Fäden inkommensurabel, sodass sie nie wieder in demselben Momente zurückkommen oder nur, wenn andernfalls sie nach langer Zeit und nach vielen Schwingungen und Perioden beginnen, dann verwirrt sich der Anblick gänzlich, während entsprechend das Ohr mit Pein die Lufterschütterung empfängt, die ohne Ordnung und Regel das Trommelfell treffen.

Aber wohin, meine Herren, haben wir uns durch die mannigfaltigsten Probleme hindurch unversehens verirrt? Die Nacht ist herbeigekommen; von dem Stoff, den wir uns vorgesetzt, ist nur sehr wenig oder nichts erledigt; wir sind dermaßen von unserer Bahn abgewichen, dass ich kaum des Ausgangspunktes und der ersten Betrachtungen mich entsinne, die wir als Hypothese und Basis den späteren Erläuterungen zugrunde legten.

Sagr. So wollen wir denn heute schließen und unseren Geist der besänftigenden Nachtruhe sich erfreuen lassen, um morgen, wenn es Ihnen, geehrter Herr, gefällig sein sollte, zu den Hauptfragen zurückzukehren.

Salv. Ich werde nicht ermangeln, zur selben Stunde wie heute hier zu erscheinen, um Ihnen, meine Herren, dienstbar zu sein und Ihnen Vergnügen zu bereiten.

Ende des ersten Tages

Dritter Tag
Über die örtliche Bewegung

Über einen sehr alten Gegenstand bringen wir eine ganz neue Wissenschaft. Nichts ist älter in der Natur als die *Bewegung,* und über dieselbe gibt es weder wenig noch geringe Schriften der Philosophen. Dennoch habe ich deren Eigentümlichkeiten in großer Menge und darunter sehr wissenswerte, bisher aber nicht erkannte und noch nicht bewiesene, in Erfahrung gebracht. Einige leichtere Sätze hört man nennen: wie zum Beispiel, dass die natürliche Bewegung fallender schwerer Körper eine stetig beschleunigte sei. In welchem Maße aber diese Beschleunigung stattfinde, ist bisher nicht ausgesprochen worden; denn soviel ich weiß, hat niemand bewiesen, dass die vom fallenden Körper in gleichen Zeiten zurückgelegten Strecken sich zueinander verhalten wie die ungeraden Zahlen. Man hat beobachtet, dass Wurfge-

schosse eine gewisse Kurve beschreiben; dass letztere aber eine Parabel sei, hat niemand gelehrt. Dass aber dieses sich so verhält und noch vieles andere, nicht minder Wissenswerte, soll von mir bewiesen werden, und was noch zu tun übrig bleibt. Zudem wird die Bahn geebnet zur Errichtung einer sehr weiten, außerordentlich wichtigen Wissenschaft, deren Anfangsgründe diese vorliegende Arbeit bringen soll, in deren tiefere Geheimnisse einzudringen Geistern vorbehalten bleibt, die mir überlegen sind.

In drei Teile zerfällt unsere Abhandlung. In dem ersten betrachten wir die *gleichförmige Bewegung.* In dem zweiten beschreiben wir die *gleichförmig beschleunigte Bewegung.* In dem dritten handeln wir von der *gewaltsamen Bewegung* oder von den *Wurfgeschossen.*

LINKE SEITE

Der Außentank eines Raumschiffs fällt zurück zur Erde und zeigt das Prinzip natürlich beschleunigter Bewegung.

Über die gleichförmige Bewegung

Die gleichförmige Bewegung müssen wir allem zuvor beschreiben.

Definition

Ich nenne diejenige Bewegung gleichförmig, bei welcher die in irgendwelchen gleichen Zeiten vom Körper zurückgelegten Strecken untereinander gleich sind.

Erläuterung

Der althergebrachten Definition (welche einfach von gleichen Strecken in gleichen Zeiten sprach) haben wir das Wort »irgendwelchen« hinzugefügt, d. h. zu jedweden gleichen Zeiten: denn es wäre möglich, dass in gewissen Zeiten gleiche Strecken, dagegen in kleineren gleichen Teilen dieser selben Zeit ungleiche Strecken zurückgelegt werden. Die vorliegende Definition enthält vier Axiome oder Grundwahrheiten: nämlich

I. Axiom

Die bei ein und derselben Bewegung in längerer Zeit zurückgelegte Strecke ist größer als die in kürzerer Zeit vollendete.

II. Axiom

Bei gleichförmiger Bewegung entspricht der größeren Strecke eine größere Zeit.

III. Axiom

In gleichen Zeiten wird bei größerer Geschwindigkeit eine größere Strecke zurückgelegt als bei kleinerer Geschwindigkeit.

IV. Axiom

Die Geschwindigkeit, bei welcher in einer gewissen Zeit eine größere Strecke zurückgelegt wird, ist größer als die Geschwindigkeit, bei welcher in derselben Zeit eine kleinere Strecke vollendet wird.

Über die natürlich beschleunigte Bewegung

Zunächst muss eine der natürlichen Erscheinung genau entsprechende Definition gesucht und erläutert werden. Obgleich es durchaus gestattet ist, irgendeine Art der Bewegung beliebig zu ersinnen und die damit zusammenhängenden Ereignisse zu betrachten (wie z. *B.* jemand, der Schraubenlinien oder Konchoiden aus gewissen Bewegungen entstanden gedacht hat, die in der Natur gar nicht vorkommen können), so haben wir uns dennoch entschlossen, diejenigen Erscheinungen zu betrachten, die bei den frei fallenden Körpern in der Natur vorkommen, und lassen die Definition der beschleunigten Bewegung zusammenfallen mit dem Wesen einer natürlich beschleunigten Bewegung. Das glauben wir schließlich nach langen Überlegungen als das Beste gefunden zu haben, vorzüglich darauf gestützt, dass das, was das Experiment den Sinnen vorführt, den erläuterten Erscheinungen durchaus entspreche. Endlich hat uns zur Untersuchung der natürlich beschleunigten Bewegung gleichsam mit der Hand geleitet die aufmerksame Beobachtung des gewöhnlichen Geschehens und der Ordnung der Natur in allen ihren Verrichtungen, bei deren Ausübung sie die allerersten einfachsten und leichtesten Hilfsmittel zu verwenden pflegt; denn wie ich meine, wird niemand glauben, dass das Schwimmen oder das Fliegen einfacher oder leichter zustande gebracht werden könne als durch diejenigen Mittel, die die Fische und die Vögel mit natürlichem Instinkt gebrauchen.

Wenn ich daher bemerke, dass ein aus der Ruhelage von bedeutender Höhe herabfallender Stein nach und nach neue Zuwüchse an Geschwindigkeit erlangt, warum soll ich nicht glauben, dass solche Zuwüchse in allereinfachster, jedermann plausibler Weise zustande kommen? Wenn wir genau aufmerken, werden wir keinen Zuwachs einfacher finden als denjenigen, der in immer gleicher Weise hinzutritt. Das erkennen wir leicht, wenn wir an die Verwandtschaft der Begriffe der Zeit und der Bewegung denken: denn wie die Gleichförmigkeit der Bewegung durch die Gleichheit der Zeiten und Räume bestimmt und erfasst wird (denn wir nannten diejenige Bewegung gleichförmig, bei der in gleichen Zeiten gleiche Strecken zurückgelegt wurden), so können wir durch ebensolche Gleichheit der Zeitteile die Geschwindigkeitszunahmen als einfach zustande gekommen erfassen: Mit dem Geiste erkennen wir diese Bewegung als einförmig und in gleichbleibender Weise stetig beschleunigt, da in irgendwelchen gleichen Zeiten gleiche Geschwindigkeitszunahmen sich addieren. Sodass, wenn man vom Anfangspunkte der Zeit an von der Ruhelage aus die Fallstrecke hindurch ganz gleiche Zeitteilchen nimmt, die Geschwindigkeit des ersten Zeitteils mitsamt dem Zuwachs des zweiten auf den doppelten Wert ansteigt; in drei Zeitteilchen ist der Wert der dreifache, in vieren der vierfache vom ersten. Deutlicher zu reden, wenn der Körper seine Bewegung nach dem ersten Zeitteile in gleicher Weise mit der erlangten Geschwindigkeit fortsetzte, so würde er halb so langsam gehen, als wenn in zwei Zeitteilchen die Geschwindigkeit erzeugt worden wäre; und so werden wir nicht fehlgehen, wenn wir die Vermehrung der Geschwindigkeit (intentionem velocitatis) der Zeit entsprechen lassen; hieraus folgt die Definition der Bewegung, von welcher wir handeln wollen. Gleichförmig oder einförmig beschleunigte Bewegung nenne ich diejenige, die von Anfang an in gleichen Zeiten gleiche Geschwindigkeitszuwächse erteilt.

Sagr. Ich würde mich durchaus gegen diese oder gegen jede andere Definition, die irgendein Schriftsteller ersonnen hätte, sträuben, weil sie alle willkürlich sind; ich darf meinen Zweifel aufrecht erhalten, ohne jemandem zu nahe zu treten, und fragen, ob solch eine völlig abstrakt aufgestellte Definition auch zutreffe und ob sie bei der natürlich beschleunigten Bewegung statthabe. Da es scheint, dass unser Autor uns versichert, dass das, was er definiert, als natürliche Bewegung der schweren Körper sich offenbare, so würde ich gern einige Bedenken behoben sehen, die

Galileo zeigt sein Teleskop dem Dogen von Venedig. Galileo war einer der Ersten, die die Bedeutung der direkten Himmelsbeobachtung für die Astronomie erkannten.

mich verwirren; nachher könnte ich mich mit umso größerer Aufmerksamkeit den Demonstrationen hingeben.

Salv. Wohlan, mögen Sie, mein Herr, und auch Herr Simplicio die Schwierigkeiten hervorheben; ich glaube, es werden dieselben sein, deren ich mich selbst noch entsinne, als ich zum ersten Male diese Abhandlung sah, und die teils vom Autor selbst ausgeräumt wurden, teils durch eigenes Nachdenken schwanden.

Sagr. Denke ich mir einen schweren Körper aus völliger Ruhe in die Bewegung eintreten, und zwar so, dass die Geschwindigkeit vom ersten Zeitteil an so wächst wie die Zeit; und habe der Körper in acht Pulsschlägen acht Geschwindigkeitsgrade erlangt, von welchen im vierten Pulsschlage er nur deren vier hatte, in dem zweiten zwei, im ersten einen, so würde, da die Zeit ohne Ende teilbar ist, daraus folgen, dass, wenn wir die vorangehenden Geschwindigkeiten in entsprechendem Verhältnis vermindert denken wollten, es keine noch so kleine Geschwindigkeit oder besser keine noch so große Langsamkeit gäbe, in welcher der Körper sich nicht befunden haben müsste nach seinem Abgange aus der Ruhe. Wenn er mit der in vier Pulsschlägen erlangten Geschwindigkeit, wenn sie sich gleich bliebe, in einer Stunde zwei Meilen und mit der in zwei Pulsschlägen erlangten Geschwindigkeit eine Meile in der Stunde zurückgelegt hätte, so muss man behaupten, dass in Zeitteilchen, die sehr nahe seiner ersten Erregung liegen, die Bewegung so langsam gewesen sein muss, dass (wenn er diese Geschwindigkeit beibehielte) er eine Meile weder in einer Stunde noch in einem Tage noch in einem noch in tausend Jahren und selbst in größerer Zeit nicht einmal einen Fingerbreit zurückgelegt hätte: eine Erscheinung, der wir schwer mit unserer Phantasie folgen können, da unsere Sinne uns müssen lehren, dass ein schwerer Körper sofort große Geschwindigkeit erlangt.

Salv. Eben dieselbe Schwierigkeit hat mir anfangs zu denken gegeben, aber bald habe ich sie überwunden; und zwar gelang mir das durch denselben Versuch, den Ihr soeben vorbrachtet. Ihr sagtet, dass der Körper, alsobald nachdem er die Ruhelage verlassen, eine sehr merkliche Geschwindigkeit habe; ich sage nun, derselbe Versuch lehrt mich die ersten Anläufe eines noch so schweren Körpers als sehr langsam erkennen. Setzt einen schweren Körper auf eine Unterlage; dieselbe gibt nach, bis sie gedrückt wird mit dem vollen Gewicht; nun ist es klar, dass, wenn wir den Körper eine Elle hoch heben oder zwei und wenn wir ihn auf dieselbe Unterlage fallen lassen, beim Aufprallen ein neuer und stärkerer Druck hervorgerufen werden wird als vorhin allein durch den Druck; und die Wirkung wird vom fallenden Körper verursacht sein, d. h. von seinem Gewichte im Verein mit der im Fall erlangten Geschwindigkeit, eine Wirkung, die um so größer sein wird, von je größerer Höhe der Körper herabfällt, d. h. je größer die Geschwindigkeit beim Aufprallen ist. Welches nun auch die Geschwindigkeit eines fallenden Körpers sei, wir können dieselbe mit Sicherheit erschließen aus der Art und Intensität des Stoßes.

Aber sagt mir, meine Herren, wenn ein Block auf einen Pfahl aufschlägt, aus 4 Ellen Höhe herabfallend, und letzteren etwa vier Finger tief in die Erde treibt, so wird derselbe, von zwei Ellen Höhe fallend, ihn weniger antreiben und noch weniger von einer

Elle Höhe, desgleichen von einer Spanne Höhe; und wenn endlich der Block nur einen Finger breit fällt, was wird er mehr tun, als wie wenn man ohne Stoß ihn niedergesetzt hätte? Gewiss recht wenig, und völlig unmerkbar wäre die Wirkung, wenn der Block um eines Blattes Dicke erhoben worden wäre. Wenn nun die Wirkung des Stoßes von der erlangten Geschwindigkeit abhängt, wer wird alsdann zweifeln, dass die Bewegung sehr langsam und mehr als sehr klein die Geschwindigkeit sei, bei welcher die Wirkung unmerklich ist? Man erkennt hier die Macht der Wahrheit, da derselbe Versuch, der eine gewisse Ansicht beim ersten Anblick zu beweisen schien, bei genauerer Betrachtung uns das Gegenteil lehrt.

Aber auch ohne Berufung auf solch einen Versuch (der wohl sehr überzeugend ist) kann man, so scheint mir, durch einfache Überlegung solch eine Wahrheit erkennen. Denken wir uns einen schweren Stein in der Luft in Ruhelage; man nimmt ihm die Stütze und versetzt ihn in Freiheit; da er schwerer als Luft ist, fällt er hinab und nicht mit gleichförmiger Bewegung, sondern anfänglich langsam, dann stetig beschleunigt; und da Geschwindigkeit ohne Grenze vermehrt und vermindert werden kann, was sollte mich zur Annahme bringen, dass solch ein Körper, der mit unendlich großer Langsamkeit beginnt (denn so ist die Ruhe beschaffen), weit eher ganz plötzlich zehn Geschwindigkeitsgrade erlange als vier oder eher diese als eine von zwei Graden oder von einem oder einem halben oder einem hundertstel? Und überhaupt irgendeinem der noch vorhandenen unendlich vielen kleineren Geschwindigkeitsgrade? Merket auf, ich bitte. Ich glaube nicht, dass Ihr mir widerstreben werdet zuzugeben, dass die Erlangung der Geschwindigkeit des fallenden Steines vom Zustand der Ruhe an in derselben Ordnung vor sich gehen könne wie die Verminderung und der Verlust jener Geschwindigkeitsgrade, wenn er von einer antreibenden Kraft in die Höhe geschleudert worden wäre bis zu derselben Höhe; aber wenn dem so ist, so erscheint es mir unzweifelhaft, dass bei der Verminderung der Geschwindigkeit des aufsteigenden Steines, da sie schließlich ganz vernichtet wird, derselbe nicht früher zur Ruhe kommen könne, als bis er alle Grade von Langsamkeit durchgemacht hat.

Simpl. Aber wenn die Grade immer größerer und größerer Langsamkeit unendlich an Zahl sind, dann werden sie niemals sämtlich erschöpft sein; daher solch ein aufsteigender schwerer Körper niemals zur Ruhe gelangen könnte, sondern sich unendlich lange wird bewegen müssen, dabei immer langsamer werdend, was denn doch nicht in Wirklichkeit zutrifft.

Salv. Es würde zutreffen, Herr Simplicio, wenn der Körper einige Zeit hindurch sich in jedem Geschwindigkeitsgrade bewegen würde; allein er geht über einen jeden Wert sofort hinaus, ohne mehr als einen Augenblick bei demselben zu verweilen, und da in einem jeden auch noch so kleinen Zeitteilchen es unendlich viele Augenblicke gibt, so sind diese letzteren recht wohl hinreichend, den unendlich vielen Graden von verminderter Geschwindigkeit zu entsprechen.

Eine Zeichnung der Mondphasen von Galileo. Er beobachtete nicht nur, sondern zeichnete seine Beobachtungen auch sorgfältig auf.

Dass zudem ein solch aufsteigender Körper keine endliche Zeit hindurch bei irgendeinem Geschwindigkeitswerte beharrt, kann auch folgendermaßen gezeigt werden: Gesetzt, es könnte eine endliche Zeit hierfür angegeben werden, so würde sowohl in dem ersten Augenblicke einer solchen Zeit als auch in dem letzten der fragliche Körper ein und denselben Geschwindigkeitswert haben und von diesem zweiten Werte ganz ebenso hinaufgeschafft werden wie vom ersten zum zweiten, und aus demselben Grunde würde er vom zweiten zum dritten Werte gelangen und endlich in gleichförmiger Bewegung bis ins Unendliche verharren.

Sagr. Aufgrund dieser Überlegung, so scheint mir, könnte man eine recht zutreffende Lösung der von Philosophen erörterten Frage gewinnen, welches die Ursache der Beschleunigung bei der natürlichen Bewegung schwerer Körper sei. Denn ich finde, dass beim empor geworfenen Körper die anfänglich mitgeteilte Kraft (*virtu*) stetig abnimmt und den Körper fortwährend erhebt, bis sie gleich der entgegenwirkenden Schwerkraft geworden ist, und nachdem beide ins Gleichgewicht gelangt sind, der Körper aufhört zu steigen und in den Zustand der Ruhe gelangt, in welchem der mitgeteilte Schwung nicht anders vernichtet ist als in dem Sinne, dass der Überschuss verzehrt ist, der anfangs das Gewicht des Körpers übertraf und mittels dessen der Aufstieg zu Stande kam. Indem nun die Verminderung dieses fremden Antriebes fortdauert und indem späterhin das Übergewicht zugunsten der Schwere des Körpers eintritt, beginnt das Niedersinken, aber sehr langsam im Gegensatz zum mitgeteilten Antriebe, der zum großen Teile dem Körper noch verbleibt; da derselbe aber stetig vermindert wird, weil in immer höherem Maße die Schwere überwiegt, so entsteht hierdurch die stetige Beschleunigung der Bewegung.

Simpl. Der Gedanke ist scharfsinnig, aber eher fein gedacht als stichhaltig. Denn was zutreffend erscheint, entspricht nur jener natürlichen Bewegung, der eine heftige Bewegung voranging und bei welcher noch ein Teil des äußeren Antriebes harrt; wo aber kein solcher Rest vorhanden ist, der Körper vielmehr von einer länger bestehenden Ruhe aus sich bewegt, da hat all jene Überlegung keine Geltung.

Sagr. Ich glaube, Ihr seid im Irrtum, und die von Euch beliebte Unterscheidung ist überflüssig, oder besser, sie ist nichtig. Denn sagt mir, ob nicht im aufgeworfenen Körper bald viel, bald wenig Antrieb vorhanden sein kann, sodass er 100 Ellen aufsteigen kann oder auch 20, 4 oder eine?

Simpl. Das ist gewiss.

Sagr. Es wird also die mitgeteilte Kraft auch so wenig den Widerstand der Schwere überragen können, dass der Körper nur einen Finger breit aufsteigt; und endlich kann der mitgeteilte Antrieb nur so groß sein, dass er genau gleich ist dem Widerstand der Schwere, sodass der Körper nun nicht mehr aufsteigt, sondern bloß unterstützt bleibt. Wenn Ihr also einen Stein haltet, was tut Ihr anderes, als ihn so stark empor anzutreiben, wie die Schwerkraft ihn hinabzieht? Und unterhaltet Ihr nicht immerfort dieselbe Antriebskraft so lange, wie Ihr den Körper in der Hand haltet? Nimmt sie vielleicht in dieser langen Zeit ab? Diese Unterstützung aber, die den Stein am Fallen hindert, was macht es aus, ob Eure Hand dieselbe leistet oder ein Tisch oder ein Seil, an dem er angehängt ist? Doch gewiss gar nichts. Also folgert daraus, Herr Simplicio, dass die Frage, ob eine kurze oder lange Ruhezeit dem Falle vorangeht oder nur eine augenblickliche, gar keinen Unterschied bedingt, denn der Stein bleibt in Ruhe, solange der Antrieb seiner Schwere entgegenwirkt, in dem Betrage, wie er zum Hervorbringen der Ruhe nötig war.

Salv. Es scheint mir nicht günstig, jetzt zu untersuchen, welches die Ursache der Beschleunigung der natürlichen Bewegung sei, worüber von verschiedenen Philosophen verschiedene Mei-

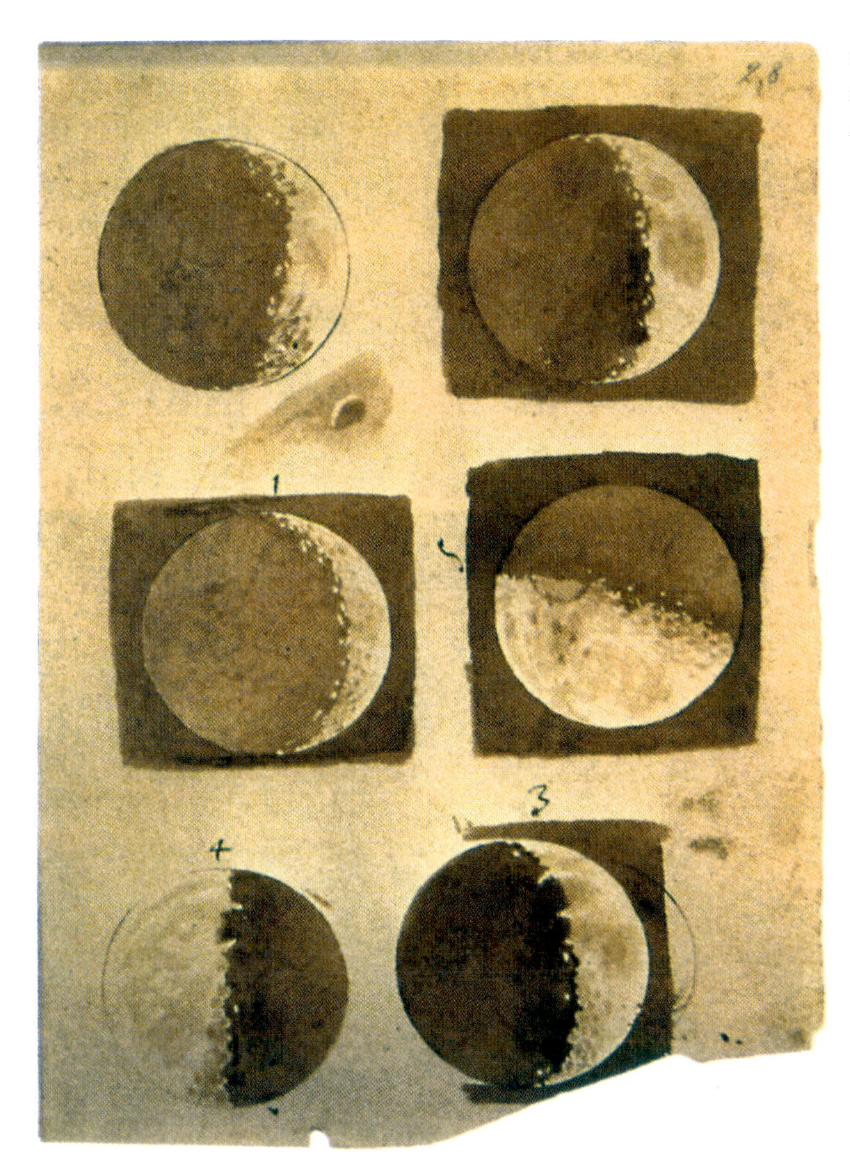

Galileos Aquarellzeichnung der Mondphasen

nungen vorgeführt worden sind: Einige führen sie auf die Annäherung an das Zentrum zurück, andere darauf, dass immer weniger Teile des Körpers auseinander gehen wollen; wieder andere auf eine gewisse Vertreibung des umgebenden Mittels, welcher hinter dem fallenden Körper sich wieder schließt und den Körper antreibt und von Stelle zu Stelle verjagt; alle diese Vorstellungen und noch andere müssen geprüft werden, und man wird wenig Gewinn haben. Für jetzt verlangt unser Autor nicht mehr, als dass wir einsehen, wie er uns einige Eigenschaften der beschleunigten Bewegung untersucht und erläutert (ohne Rücksicht auf die Ursache der letzteren), so dass die Momente seiner Geschwindigkeit vom Anfangszustande der Ruhe aus stets anwachsen jenem einfachsten Gesetze gemäß, der Proportionalität mit der Zeit, d. h. so, dass in gleichen Zeiten gleiche Geschwindigkeitszuwächse statthaben. Sollte sich zeigen, dass die später zu besprechenden Erscheinungen mit der Bewegung der beschleunigt fallenden Körper übereinstimmen, so werden wir annehmen dürfen, dass unsere Definition den Fall der schweren Körper umfasst und dass es wahr sei, dass ihre Beschleunigung proportional der Zeit sei.

Sagr. So viel ich gegenwärtig verstehe, hätte man vielleicht deutlicher, ohne den Grundgedanken zu ändern, so definieren können: Einförmig beschleunigte Bewegung ist eine solche, bei welcher die Geschwindigkeit wächst proportional der zurückgelegten Strecke; sodass z. *B.* nach einer Fallstrecke von vier Ellen die Geschwindigkeit doppelt so groß sei, als wenn er durch zwei Ellen gesunken wäre, und diese das Doppelte von der bei einer Elle Fallstrecke erlangten Geschwindigkeit. Denn ohne Zweifel wird ein von sechs Ellen herabfallender Körper den doppelten Antrieb durch Stoß hervorrufen im Vergleich zu dem von drei Ellen Höhe herabkommenden und den dreifachen Antrieb im Vergleiche zur Fallhöhe von zwei Ellen, den sechsfachen zu der von einer Elle Höhe.

Salv. Es ist mir recht tröstlich, in diesem Irrtum einen solchen Genossen gehabt zu haben; überdies muss ich Euch sagen, dass Eure Überlegung so wahrscheinlich zu sein scheint, dass selbst unser Autor eine Zeit lang, wie er mir selbst gesagt hat, in demselben Irrtum befangen war. Was mir aber am meisten Staunen erregt hat, war die Tatsache, dass zwei sehr wahrscheinlich klingende Behauptungen, die mir von vielen, denen ich sie vorlegte, ohne Weiteres zugestanden waren – mit nur vier ganz schlichten Worten als ganz falsch und ganz unmöglich erwiesen wurden.

Simpl. Wahrlich, auch ich würde jenen Annahmen beipflichten; der fallende Körper erlangt im Falle seine Kräfte, indem die Geschwindigkeit proportional der Fallstrecke anwächst, und das Moment des Stoßes ist doppelt so groß, wenn die Fallhöhe die doppelte ist: diesen Sätzen kann man beipflichten.

Salv. Und dennoch sind sie dermaßen falsch und unmöglich, wie wenn jede Bewegung instantan wäre. Folgendes ist die allerdeutlichste Erläuterung. Wenn die Geschwindigkeiten proportional den Fallstrecken wären, die zurückgelegt worden sind oder zurückgelegt werden sollen, so werden solche Strecken in gleichen Zeiten zurückgelegt; wenn also die Geschwindigkeit, mit welcher der Körper vier Ellen überwand, das Doppelte der Geschwindigkeit sein solle, mit welcher die zwei ersten Ellen zurückgelegt wurden, so müssten die zu diesen Vorgängen nötigen Zeiten einander ganz gleich sein; aber eine Überwindung von vier Ellen in derselben Zeit wie eine von zwei Ellen kann nur zustande kommen, wenn es eine instante Bewegung gibt; wir sehen dagegen, dass der Körper Zeit zum Fallen braucht, und zwar weniger für zwei als für vier Ellen Fallstrecke; also ist es falsch, dass die Geschwindigkeiten proportional der Fallstrecke wachsen. Auch die andere Behauptung kann ebenso deutlich als irrig erwiesen werden. Der stoßende Körper ist in beiden Fällen derselbe; die Differenz des Stoßmomentes kann daher nur auf den Unterschied der Geschwindigkeit bezogen werden. Wenn der von doppelter Höhe fallende Körper einen Stoß von doppeltem Moment erzeugt, so müsste er mit doppelter Geschwindigkeit aufprallen; aber die doppelte Geschwindigkeit überwindet die doppelte Strecke in derselben Zeit, während wir die Fallzeit mit der Höhe zunehmen sehen.

Sagr. Mit zu viel Evidenz und Gewandtheit erklärt Ihr uns die verborgensten Dinge; diese Fertigkeit macht, dass wir die Erkenntnis weniger schätzen, als wir damals zu tun glaubten, als wir noch der Wahrscheinlichkeit des Gegenteils huldigten. Die mit wenig Mühe errungenen allgemeinen Kenntnisse würdigt man wenig im Vergleich zu denen, die mit langen unerklärbaren Vorstellungen umgeben sind.

Salv. Es wäre sehr traurig, wenn denjenigen, welche kurz und deutlich die Irrtümer allgemein für wahr gehaltener Sätze aufdecken, statt Beifall nur Missachtung gezollt würde; aber eine bittere und lästige Empfindung wird bei denjenigen erweckt, die auf demselben Studiengebiet sich jedem anderen gewachsen glauben und dann erkennen, dass sie das als richtige Schlussfolgerung zugelassen haben, was später von einem anderen mit kurzer leichter Überlegung aufgedeckt und als irrig gekennzeichnet wurde. Ich möchte solch eine Empfindung nicht Neid nennen, der gewöhnlich in Hass und Zorn gegen den Aufdecker der Irrtümer ausar-

RECHTE SEITE
Das Hubble-Teleskop: Galileos Teleskop in einer Version des zwanzigsten Jahrhunderts, das die Beobachtungen weiterführt, die notwendig sind, um theoretische Modelle aller Zeiten zu bestätigen.

tet, viel eher wird es eine Sucht und ein Verlangen sein, altgewohnte Irrtümer lieber aufrechtzuerhalten als zugestehen, dass neu entdeckte Wahrheiten vorliegen, und dieses Verlangen verführt die Leute oft, gegen vollkommen von ihnen selbst erkannte Wahrheiten zu schreiben, bloß um die Meinung der großen und wenig intelligenten Menge gegen das Ansehen des anderen aufzustacheln. Von solchen falschen Lehren und leichtfertigen Widerlegungen habe ich oft unseren Akademiker reden gehört, und ich habe sie mir wohl gemerkt.

Sagr. Sie sollten uns dieselben nicht vorenthalten, sondern gelegentlich mitteilen, selbst wenn wir in diesem Interesse eine besondere Zusammenkunft vereinbaren müssten.

Unser Gespräch wieder aufnehmend, will mir scheinen, dass wir bis jetzt die Definition der gleichförmig beschleunigten Bewegung festgestellt haben, auf welche die folgenden Untersuchungen sich beziehen, nämlich: Die gleichförmig oder einförmig beschleunigte Bewegung ist eine solche, bei welcher in gleichen Zeiten gleiche Geschwindigkeitsmomente hinzukommen.

Salv. Nach Feststellung dieser Definition stellt unser Autor eine Voraussetzung als wahr auf, nämlich:

Die Geschwindigkeitswerte, welche ein und derselbe Körper bei verschiedenen Neigungen einer Ebene erlangt, sind einander gleich, wenn die Höhen dieser Ebenen einander gleich sind.

Ende des dritten Tages

Johannes Kepler (1571–1630)

LEBEN UND WERK

Würde in der Geschichte unserer Art derjenige Mensch mit einem Preis geehrt, der in seiner Arbeit um größtmögliche Genauigkeit bemüht war, wäre es gut möglich, dass Johannes Kepler die Auszeichnung erhielte. Seine Leidenschaft für präzise Messungen veranlasste ihn sogar, auf die Minute genau zu berechnen, wie lange er im Mutterleib verweilt hatte – 224 Tage, neun Stunden, 53 Minuten (er war eine Frühgeburt). Entsprechend vertiefte er sich so sehr in seine astronomische Forschung, dass er die genauesten astronomischen Tabellen seiner Zeit schuf, die schließlich zur Anerkennung der sonnenzentrierten (heliozentrischen) Theorie des Planetensystems führten.

Wie Kopernikus, von dessen Arbeiten er sich inspirieren ließ, war auch Kepler ein zutiefst religiöser Mensch. Sein fortwährendes Studium der universellen Eigenschaften begriff er als Christenpflicht, als Erfüllung der frommen Aufgabe, das Universum zu verstehen, das Gott geschaffen hatte. Doch anders als Kopernikus führte Kepler ein Leben, das alles andere als friedlich und ereignisarm war. Da er ständig unter Geldmangel litt, veröffentlichte er häufig astrologische Kalender und Horoskope, die ihn kurioserweise zu einer Art lokaler Berühmtheit machten, da sich ihre Vorhersagen als recht zutreffend erwiesen. Außerdem hatte Kepler den frühen Tod mehrerer Kinder zu beklagen und musste sich der demütigenden Pflicht unterziehen, seine exzentrische Mutter Katharina vor Gericht zu verteidigen, die in dem Ruf stand, eine Hexe zu sein, und nur knapp dem Scheiterhaufen entging.

Kepler unterhielt eine Reihe komplizierter Beziehungen, vor allem zu dem bedeutenden astronomischen Beobachter Tycho Brahe. Jahre seines Lebens widmete Brahe der Auflistung und Vermessung von Himmelskörpern, doch ihm fehlten die mathematischen und analytischen Fertigkeiten, die erforderlich waren, um die Planetenbewegungen zu verstehen. Er war ein wohlha-

Der dänische Astronom Tycho Brahe, Keplers Arbeitgeber

bender Mann und stellte Kepler ein, damit er die Bahn des Mars erkläre, die Brahe beobachtet hatte und die ihm seit vielen Jahren Kopfzerbrechen bereitete. Sorgsam arbeitete Kepler aus Brahes Daten heraus, dass sich Mars auf einer Ellipse um die Sonne bewegt, und dieser Erfolg verlieh dem kopernikanischen Modell eines sonnenzentrierten Systems mathematische Glaubwürdigkeit. Keplers Entdeckung der elliptischen Bahnen trug zum Beginn eines neuen astronomischen Zeitalters bei. Von nun an ließen sich die Bewegungen der Planeten präzise vorhersagen.

Trotz dieser Leistungen gelang es Kepler nie, Reichtum oder Anerkennung in nennenswertem Umfang zu erwerben. Häufig sah er sich gezwungen, aus den Ländern zu fliehen, in denen er sich aufhielt, weil es dort zu religiösen Streitigkeiten oder politischen Unruhen kam. Als er 1630 im Alter von 59 Jahren starb (bei dem Versuch, überfällige Außenstände einzufordern), hatte Kepler drei Gesetze der Planetenbewegungen entdeckt, die noch im 21. Jahrhundert in Physikkursen gelehrt werden. Und nicht etwa ein Apfel, wie die Legende behauptet, sondern das dritte Keplersche Gesetz führte Isaac Newton zur Entdeckung des Gravitationsgesetzes.

Johannes Kepler wurde am 27. Dezember 1571 in Weil der Stadt in Württemberg geboren. Sein Vater Heinrich Kepler war nach Bekunden des Sohnes »ein sittenloser, grober und streitsüchtiger Soldat«, der seine Familie mehrfach im Stich ließ, um zusammen mit anderen Söldnern protestantische Aufstände in Holland zu bekämpfen. Man nimmt an, Heinrich Kepler sei irgendwo in den Niederlanden ums Leben gekommen. Der junge Johannes lebte mit seiner Mutter Katharina im Gasthaus seines Großvaters, wo er trotz seiner zarten Gesundheit schon als Kind beim Servieren helfen musste. Kepler litt unter Kurz- und Doppelsichtigkeit, ein Leiden, das auf eine fast tödliche Pockenerkrankung zurückgeführt wurde. Außerdem hatte er Unterleibsprobleme und »verkrüppelte« Finger, so dass für ihn nach Ansicht der Familie nur ein geistliches Amt in Frage kam.

»Übellaunig« und »geschwätzig« nannte Kepler seine Mutter, aber er war sich schon in jungen Jahren darüber im Klaren, dass dies mit seinem Vater zu tun hatte. Katharina war von einer Tante erzogen worden, welche die Hexenkunst praktiziert hatte und auf dem Scheiterhaufen verbrannt worden war. Daher überraschte es

Im kaiserlichen Weil der Stadt in Deutschland wurde Kepler geboren.

Kepler nicht sonderlich, als seine Mutter sich später wegen desselben Vorwurfs vor Gericht verantworten musste. 1577 zeigte Katharina ihrem Sohn den »großen Kometen«, der sich in jenem Jahr am Himmel zeigte. Später bekannte Kepler, dieser gemeinsame Augenblick mit seiner Mutter habe einen bleibenden Einfluss auf sein Leben gehabt. Mag seine Kindheit auch voller Leid und Angst gewesen sein, so war er doch offenkundig begabt und bekam ein Stipendium, das schwäbischen Knaben mit beschränkten Mitteln vorbehalten war. In Leonberg besuchte er den deutschen Lese- und Schreibunterricht, bevor er an eine Lateinschule kam und dort den lateinischen Schreibstil lernte, in dem er später seine Schriften verfassen sollte. Der schwächliche, aber lerneifrige Kepler wurde zur Zielscheibe für die Brutalitäten seiner Klassenkameraden, die ihn für einen Besserwisser hielten. Bald wurde die Religion für ihn zu einer Zuflucht vor diesen Drangsalierungen.

1589 wurde Kepler in das Tübinger Stift aufgenommen, wo er Theologie und Philosophie studierte. Daneben widmete er sich dem gründlichen Studium der Mathematik und Astronomie und entwickelte sich zu einem Fürsprecher der umstrittenen heliozentrischen Theorie. Der junge Kepler war so bekannt als Vertei-

Die Universität Tübingen. Kepler studierte hier und erlangte den Magistergrad in Theologie.

diger des kopernikanischen Weltbilds, dass er nicht selten an öffentlichen Debatten über das Thema teilnahm. Obwohl sein Hauptinteresse der Theologie galt, zeigte er sich zunehmend fasziniert vom mystischen Reiz des heliozentrischen Universums. Eigentlich hatte er vorgehabt, sein Studium 1591 abzuschließen und eine Stellung an der theologischen Fakultät Tübingens anzunehmen, doch dann wurde ihm auf eine Empfehlung hin ein Posten als Mathematikprofessor an der protestantischen Grazer Stiftsschule angeboten, ein Ruf, dem er nicht zu widerstehen vermochte. Mit 22 Jahren gab Kepler also die geistliche Laufbahn auf, um sich fortan der Wissenschaft zu widmen. Doch das tat seinem Glauben an die Rolle Gottes in der Schöpfung keinen Abbruch.

Im 16. Jahrhundert waren Astronomie und Astrologie noch nicht klar voneinander getrennt. Zu Keplers Pflichten als Mathematiker in Graz gehörte auch die Entwicklung eines astrologischen Kalenders mit Vorhersagen. Das war damals durchaus üblich, und der zusätzliche Verdienst verlockte Kepler sicher auch, doch dürfte er schwerlich vorausgesehen haben, wie die Öffentlichkeit auf das erste Erscheinen des Kalenders reagieren würde.

Graz, wo Kepler im Priesterseminar unterrichtete, nachdem er sein Studium abgeschlossen hatte

Er sagte einen außerordentlich kalten Winter und einen Türkeneinfall vorher, und als sich beide Ankündigungen erfüllten, wurde Kepler überschwänglich als Prophet gefeiert. Trotz des Beifalls nahm er die Arbeit an dem jährlichen Almanach nie sehr ernst. Er nannte die Astrologie »die törichte kleine Tochter der Astronomie«. Über das Interesse der Öffentlichkeit äußerte er sich ebenso abfällig wie über die Absichten der Astrologen. »Wann immer Astrologen einmal Recht haben«, schrieb er, »ist es dem Glück zuzuschreiben.« Trotzdem kam er immer wieder auf die Astrologie zurück, wenn das Geld knapp wurde – finanzielle Probleme zogen sich wie ein roter Faden durch sein ganzes Leben –, und er hegte immer die Hoffnung, er werde irgendwann einmal einen wissenschaftlichen Kern in der Astrologie entdecken.

Bei einer Geometrievorlesung in Graz wurde Kepler plötzlich eine Offenbarung zuteil, die ihn im Innersten ergriff und sein ganzes Leben verändern sollte. Sie war, wie er erkannte, der geheime Schlüssel zum Verständnis des Universums. Auf der Wandtafel vor der Klasse zeichnete er ein gleichseitiges Dreieck in einem Kreis und einen weiteren Kreis innerhalb des Dreiecks. Auf einmal wurde ihm klar, dass das Verhältnis der Kreise dem

Keplers Zeichnung seines Modells der fünf platonischen Körper

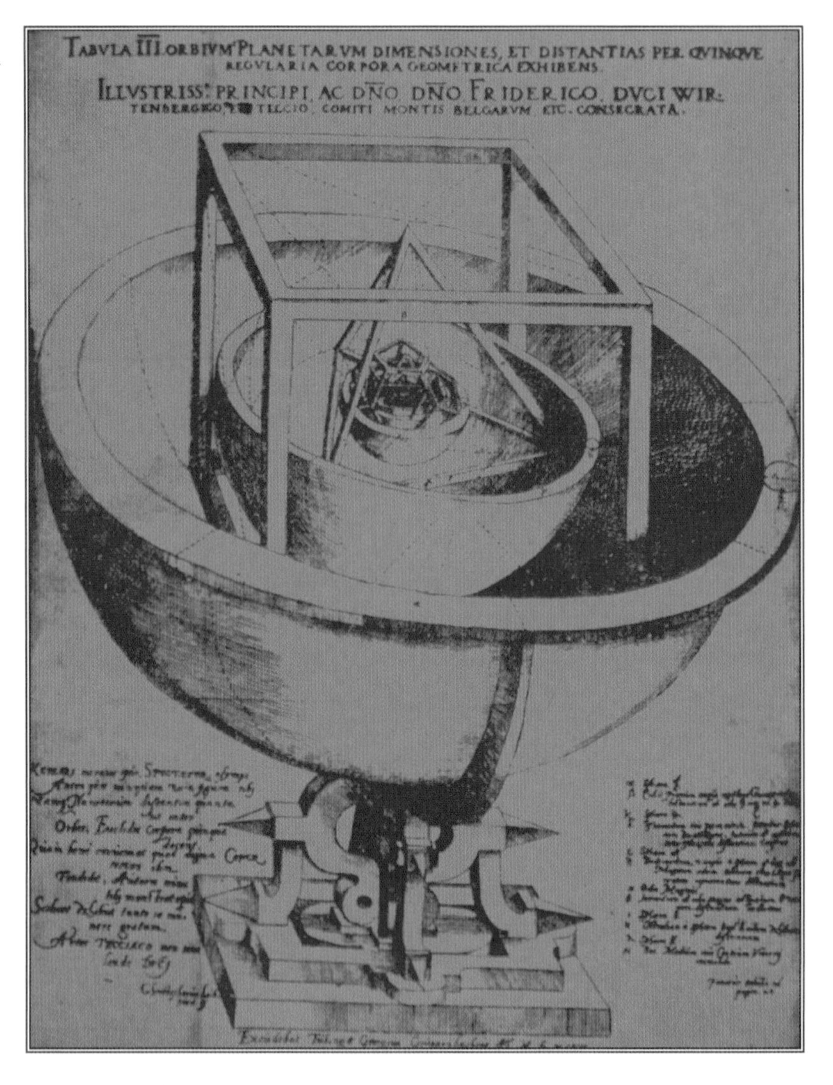

Verhältnis der Bahnen von Saturn und Jupiter entsprach. Unter dem Eindruck dieser Erkenntnis stellte er die These auf, alle sechs damals bekannten Planeten seien dergestalt um die Sonne angeordnet, dass regelmäßige geometrische Figuren genau zwischen ihnen Platz fänden. Zur Überprüfung dieser Hypothese verwendete er zunächst zweidimensionale Figuren wie Fünfeck, Quadrat und Dreieck – ohne Erfolg. Daraufhin versuchte er sein Glück mit den platonischen Körpern der alten Griechen, die entdeckt hatten, dass es nur fünf Möglichkeiten gibt, dreidimensionale Körper zu konstruieren, deren Oberfläche durch das lückenlose Zusammenfügen von gleichmäßigen Vielecken derselben Art gebildet wird. Für Kepler erklärte dies, warum es nur sechs Planeten

(Merkur, Venus, Erde, Mars, Jupiter und Saturn) mit fünf Räumen dazwischen geben konnte und warum die Abstände der Planetenbahnen ungleichmäßig variierten. Diese geometrische Theorie der Planetenbahnen und -entfernungen veranlasste Kepler zu der Schrift »Das Weltgeheimnis« (»Mysterium cosmographicum«), die 1597 erschien. Er brauchte ungefähr ein Jahr, um sie zu verfassen, und obwohl sein Schema die Größenverhältnisse im Sonnensystem nur näherungsweise beschreibt, schien er felsenfest davon überzeugt zu sein, dass sich seine Theorien am Ende bewahrheiten würden:

»Wie überwältigend meine Freude über diese Entdeckung war, lässt sich überhaupt nicht in Worte fassen. Nun bedauerte ich die vergeudete Zeit nicht mehr. Tag und Nacht nahmen mich die Rechnungen in Anspruch, weil ich sehen wollte, ob diese Idee mit den kopernikanischen Bahnen in Einklang stand oder ob meine Freude vom Wind verweht würde. Nach wenigen Tagen passte alles zusammen, und ich beobachtete, wie ein Körper nach dem anderen genau seinen Platz unter den Planeten einnahm.«

Den Rest seines Lebens verbrachte Kepler damit, die mathematischen Beweise und wissenschaftlichen Beobachtungen zusammenzutragen, die seine Theorien rechtfertigen sollten. Sein »Weltgeheimnis« war die erste eindeutig kopernikanische Arbeit, seit Kopernikus sein eigenes Werk »Über die Umläufe« veröffentlicht hatte. Als Theologe und Astronom war Kepler entschlossen zu verstehen, wie und warum Gott das Universum geschaffen hatte. Das Eintreten für ein heliozentrisches System hatte ernsthafte religiöse Konsequenzen, aber Kepler behauptete, die Zentralposition der Sonne sei von entscheidender Bedeutung für Gottes Plan, da sie dafür sorge, dass die Planeten an ihrem Platz und in Bewegung blieben. Insofern brach Kepler mit dem heliostatischen Modell des Kopernikus, nach dem sich die Sonne »in der Nähe« des Mittelpunktes befindet, und verlegte die Sonne direkt ins Zentrum des Systems.

Heute erscheinen Keplers Polyeder unbrauchbar. Doch obwohl die Prämisse im »Weltgeheimnis« falsch ist, erscheinen Keplers Schlussfolgerungen auch heute noch erstaunlich genau und bahnbrechend – sie haben den Verlauf der modernen Naturwissenschaften entscheidend geprägt. Als das Buch erschien, schickte Kepler ein Exemplar an Galilei und drängte ihn, »daran zu glauben und auf dem Weg weiterzugehen«, doch der italienische Astronom lehnte das Werk wegen seiner offenkundigen Spekulationen ab. Tycho Brahe dagegen war sogleich fasziniert. Er sah in Keplers Arbeit einen neuen und interessanten Ansatz und schrieb eine ausführliche, lobende Kritik. Die Reaktionen auf »Das Weltgeheimnis«, schrieb Kepler später, hätten seinem ganzen Leben eine neue Richtung gewiesen.

1597 hatte ein weiteres Ereignis entscheidenden Einfluss auf Keplers Leben – er verliebte sich in Barbara Müller, die älteste Tochter eines wohlhabenden Mühlenbesitzers. Am 27. April desselben Jahren heirateten sie, unter einer ungünstigen Konstellation, wie Kepler später in seinem Tagebuch notieren sollte. Wieder zeigte sich sein prophetisches Wesen, denn die Beziehung und die Ehe zerrütteten zusehends. Ihre ersten beiden Kinder starben sehr jung, und Kepler war verzweifelt. Er vertiefte sich in die Arbeit, um sich von seiner Trauer abzulenken, aber seine Frau verstand die Dinge nicht, denen er seine Zeit widmete. Als »fett, verwirrt und einfältig« beschrieb er sie in seinem Tagebuch, trotzdem dauerte die Ehe vierzehn Jahre, bis Barbara 1611 an Typhus starb.

Im Zuge der Gegenreformation in der Steiermark wurden Kepler und andere Lutheraner in Graz 1598 aufgefordert, die Stadt zu verlassen. Nach einem Besuch auf Tycho Brahes Schloss Benatek bei Prag schlug ihm der wohlhabende dänische Astronom vor, dort zu verweilen und ihm bei seiner Arbeit zu helfen. Kepler hatte gewisse Vorbehalte gegen Brahe, schon vor seinem Besuch. »Meine Ansicht über Tycho: Er ist über die Maßen reich, aber er weiß keinen rechten Gebrauch davon zu machen, wie es bei den meisten reichen Leuten der Fall ist«, schrieb er. »Daher muss man versuchen, ihm seine Reichtümer zu entlocken.«

Keplers erste Frau Barbara, die er 1597 heiratete

Wenn die Beziehung zu seiner Frau nicht sehr vielschichtig war, so wurde Kepler dafür reichlich entschädigt, als er in die Dienste des aristokratischen Brahe trat. Zunächst behandelte Brahe den jungen Kepler als Assistenten und erteilte ihm sparsame, exakte Anweisungen, ohne ihn in Einzelheiten seiner Beob-

Kepler in jungen Jahren

achtungsdaten einzuweihen. Kepler wollte unbedingt als Gleichgestellter behandelt werden und eine gewisse Selbstständigkeit genießen, doch der zur Geheimniskrämerei neigende Brahe wollte mit Keplers Hilfe sein eigenes Modell des Sonnensystems beweisen – ein nichtkopernikanisches Modell, von dem Kepler nichts hielt.

Kepler war maßlos enttäuscht. Brahe verfügte über eine Fülle von Daten, aber nicht über die mathematischen Werkzeuge, um sie vollständig zu verstehen. Schließlich betraute Brahe seinen Assistenten doch mit einer Aufgabe, vielleicht um den ungeduldigen Kepler ruhigzustellen: Er sollte die Umlaufbahn des Mars untersuchen, die den dänischen Astronomen schon seit einiger Zeit verwirrte, weil sie offenbar am weitesten von der vollkommenen Kreisform abwich. Ursprünglich glaubte Kepler, er könne das Problem in acht Tagen lösen, tatsächlich kostete es ihn acht Jahre seines Lebens. Mochte die Untersuchung sich auch als schwierig erweisen, so bescherte sie doch Kepler reiche Früchte, denn sie führte ihn zu der Entdeckung, dass der Mars auf seiner Bahn exakt eine Ellipse beschreibt, und von dort zur Formulierung

Kepler und Brahe, Abbildung in einem deutschen Atlas aus dem 18. Jahrhundert

dessen, was heute als die ersten beiden Keplerschen Gesetze bekannt ist, veröffentlicht 1609 in der Schrift »Die neuen Astronomie«.

Nach anderthalb Jahren ihrer Zusammenarbeit erkrankte der dänische Astronom 1601 schwer und starb wenige Tage später an einer Blasenentzündung. Kepler übernahm den Posten des Kaiserlichen Mathematikers und Hofastronoms und konnte sich nun ungehindert den Studien zu seiner Planetentheorie widmen, ohne sich unter dem wachsamen Auge Tycho Brahes Zwang antun zu müssen. Seine Chance erkennend, eignete sich Kepler Brahes Daten an, bevor Brahes Erben darauf Anspruch erheben konnten. Später schrieb Kepler: »Ich bekenne, dass ich mir bei Tychos Tod rasch die Abwesenheit oder mangelnde Umsicht der Erben zunutze machte, indem ich seine Beobachtungen unter meine Obhut nahm oder mich ihrer vielleicht auch bemächtigte.« Das Ergebnis waren Keplers »Rudolfinische Tafeln«, von ihm so benannt zu Ehren von Kaiser Rudolf II., eine Zusammenstellung der Daten, die Brahe in dreißigjähriger Beobachtung zusammengetragen hatte. Um gerecht zu sein: Brahe hatte Kepler auf dem Totenbett gedrängt, die Tafeln zu vollenden. Doch Kepler legte der Arbeit nicht das Brahesche Modell des Planetensystems zugrunde, wie dieser gehofft hatte, sondern nahm an den Daten von ihm selbst entwickelte logarithmische Berechnungen vor, um die Planetenpositionen vorherzusagen. Er konnte angeben, wann Merkur und Venus das nächste Mal vor der Sonnenscheibe vorbeiziehen würden, wenn er auch nicht lange genug lebte, um das Ereignis selbst zu beobachten. Allerdings veröffentlichte Kepler die Rudolfinischen Tafeln erst 1627, weil ihn die Daten, auf die er stieß, ständig in neue Richtungen lockten.

Nach Brahes Tod entdeckte Kepler eine Nova, die später als »Keplersche Supernova« bezeichnet wurde. Außerdem experimentierte er mit optischen Effekten. Zwar schätzen Physiker und Historiker Keplers Arbeiten auf diesem Gebiet im Vergleich zu seinen Leistungen in der Astronomie und der Mathematik geringer ein, dennoch beeinflusste die Veröffentlichung seines Buches »Dioptrice« die Entwicklung der Optik maßgeblich.

1605 gab Kepler sein erstes Gesetz bekannt, nach dem sich die Planeten auf elliptischen Bahnen bewegen, in deren einem Brennpunkt die Sonne steht. Die Erde komme auf ihrer Bahnellipse, so Kepler, der Sonne im Januar am nächsten und sei im Juli am weitesten von ihr entfernt. Sein zweites Gesetz, der so genannte Flächensatz, besagt, dass die Verbindungslinie eines Planeten mit der Sonne bei seiner Bewegung in gleichen Zeitintervallen gleiche Flächen überstreicht. Beide Gesetze veröffentlichte er 1609 in seinem Buch »Neue Astronomie« (»Astronomia nova«).

Doch trotz seiner Stellung als kaiserlicher Mathematiker und namhafter Wissenschaftler, von dem Galilei seine neuen teleskopischen Entdeckungen begutachten ließ, war Kepler nicht in der Lage, sich eine sorgenfreie Existenz zu sichern. Religiöse Unruhen in Prag gefährdeten seine neue Wirkungsstätte, und 1611 starben seine Frau und sein Lieblingssohn. Ausnahmsweise wurde Kepler gestattet, eine vierundzwanzigjährige Waise, die ihm sieben Kinder gebar, von denen allerdings nur zwei das Erwachsenenalter erreichten. Um diese Zeit wurde seine Mutter der Hexerei angeklagt, sodass er sich ungeachtet der eigenen Probleme gezwungen sah, sie zu verteidigen, um sie vor dem Scheiterhaufen zu bewahren. Katharina wurde verhaftet und gefoltert, aber ihr Sohn erwirkte einen Freispruch.

Aufgrund all dieser Ablenkungen folgte auf Keplers Übersiedlung nach Linz zunächst keine produktive Schaffenszeit. In seiner Verzweiflung wandte er sich von den Tafeln ab und begann seine Arbeit an der »Weltharmonik« (»Harmonices mundi«), ein leidenschaftliches Werk, das Max Caspar in seiner Kepler-Biographie beschreibt als »eine große kosmische Vision, die aus Wissenschaft, Poesie, Philosophie, Theologie und Mystizismus geknüpft ist«. Am 27. Mai 1618 beendete Kepler die Arbeit an dem Werk. In

dessen fünf Büchern entwickelte er eine Theorie der Harmonie, die er auf die Musik, Astrologie, Geometrie und Astronomie anwandte. Darin enthalten war auch, was heute als drittes Keplersches Gesetz bekannt ist, nämlich der Satz, dass die dritte Potenz der mittleren Entfernung eines Planeten von der Sonne proportional zum Quadrat seiner Umlaufzeit ist. Es war dieses Gesetz, das Isaac Newton rund sechzig Jahre später zur Entwicklung seines Gravitationsgesetzes anregen sollte.

Kepler glaubte, er habe die von Gott beim Entwurf des Universums zugrunde gelegte Logik entdeckt, und vermochte mit seinem Überschwang nicht hinterm Berg zu halten:

»Ich wage offen zu bekennen, dass ich die goldenen Gefäße der Ägypter gestohlen habe, um fern des ägyptischen Landes ein Tabernakel für meinen Gott zu errichten. Wenn ihr mir das verzeiht, werde ich frohlocken; wenn ihr es mir zum Vorwurf macht, werde ich es ertragen. Die Würfel sind gefallen, und ich schreibe das Buch, um entweder jetzt oder von der Nachwelt gelesen zu werden, das spielt keine Rolle. Ich kann ein Jahrhundert auf einen Leser warten, wie Gott selbst sechstausend Jahre auf einen Zeugen gewartet hat.«

Der Dreißigjährige Krieg, der 1618 begann und halb Europa verwüstete, zwang Kepler 1626, Linz zu verlassen. Schließlich ließ er sich in der schlesischen Stadt Sagan nieder. Dort versuchte er ein Werk zu beenden, das sich vielleicht am besten als Science-fiction-Roman beschreiben lässt, ein Projekt, mit dem er sich schon seit Jahren befasst hatte, was seiner Mutter während ihres Hexenprozesses nicht gerade zugute gekommen war. »Traum oder Astronomie des Mondes« (»Somnium seu astronomia lunari«), ein Gespräch mit einem »Dämon«, der erklärt, wie der Protagonist zum Mond reisen könnte, wurde während Katharinas Prozess entdeckt und als Beweis vorgelegt. Kepler musste viel Überzeugungskraft aufwenden, um darzulegen, dass das Werk pure Fiktion und der Dämon ein rein literarisches Kunstgriff war.

1630, im Alter von 58 Jahren, befand sich Kepler wieder einmal in finanziellen Schwierigkeiten. Er reiste nach Regensburg, wo er Zinsen auf einige Schuldverschreibungen und Außenstände einfordern wollte. Doch wenige Tage nach seiner Ankunft bekam er Fieber und starb am 15. November. Obwohl er nie den

Dieser Globus aus der Bibliothek Uraniborg wurde 1570 in Augsburg begonnen und zehn Jahre später fertig gestellt.

Bekanntheitsgrad von Galilei erreichte, hinterließ Kepler ein Werk, das sich für professionelle Astronomen wie Newton als außerordentlich nützlich erwies. Johannes Kepler war ein Mensch, der ästhetische Harmonie und Ordnung über alles liebte, und alles, was er entdeckte, war unauflöslich verknüpft mit seiner Vorstellung von Gott. Seine von ihm selbst verfasste Grabinschrift lautete:

»Habe die Himmel erforscht,
jetzt irdische Schatten erforsch ich;
Himmelsgeschenk war der Geist,
schattenhaft liegt nun der Leib.«

WELTHARMONIK

Buch V

Die vollkommenste Harmonie in den himmlischen Bewegungen und die daher rührende Entstehung der Exzentrizitäten, Bahnhalbmesser und Umlaufszeiten

Nach dem Stand der heutigen, vollkommen verbesserten astronomischen Wissenschaft und in Übereinstimmung mit den Hypothesen des Kopernikus, aber auch des Tycho Brahe, von denen die einen oder die anderen heutzutage nach Veraltung der ptolemäischen Hypothesen als wahr allgemein angenommen werden.

GALENUS, Vom Gebrauch der *Leibesglieder*, Buch III:
Eine heilige Rede, einen Hymnus aus aufrichtigem Herzen auf Gott unseren Schöpfer will ich verfassen, da ich glaube, dass das wahre Frömmigkeit ist, nicht wenn ich zahlreiche Hekatomben von Stieren opfere und dazu Wohlgerüche und Räucherwerk in großer Menge darbringe, sondern wenn ich zuerst selber erkenne und dann den anderen verkünde, wie groß Er ist an Weisheit, wie groß an Macht, wie reich an Güte. Denn den Willen besessen zu haben, alles so schön wie möglich zu schmücken und niemandem das Gute vorzuenthalten, das stelle ich als Zeichen vollkommenster Güte auf. Wird Er deswegen von uns als der Gütige gepriesen, so ist es ein Zeichen höchster Weisheit, wie Er alles so ausgedacht hat, wie es am schönsten geschmückt würde, und ein Zeichen unüberwindlicher Macht, wenn Er auch alles ausgeführt hat, was in seinem Plane lag.

LINKE SEITE
Harmonien im Universum. Die Struktur des Universums wird hier als eine Abfolge ineinander geschachtelter Einheiten gesehen, die die fünf platonischen Körper umfassen. Die Halbkugel enthält den Würfel, der Würfel die Halbkugel, die Halbkugel das Tetraeder, das Tetraeder die Halbkugel, die Halbkugel das Oktaeder, das Oktaeder wieder eine Halbkugel, die das Dodekaeder enthält, dieses wiederum eine Halbkugel und diese das Icosaeder.

Vorrede

Was ich vor 25 Jahren vorausgeahnt habe, ehe ich noch die fünf regulären Körper zwischen den Himmelsbahnen entdeckt hatte, was in meiner Überzeugung feststand, ehe ich die harmonische Schrift des Ptolemäus gelesen hatte, was ich durch die Wahl des Titels zu diesem Buch meinen Freunden versprochen habe, ehe ich über die Sache selber ganz im Klaren war, was ich vor 16 Jahren in einer Veröffentlichung als Ziel der Forschung aufgestellt habe, was mich veranlasst hat, den besten Teil meines Lebens astronomischen Studien zu widmen, Tycho Brahe aufzusuchen und Prag als Wohnsitz zu wählen, das habe ich mit Gottes Hilfe, der meine Begeisterung entzündet und ein unbändiges Verlangen in mir geweckt hatte, der mein Leben und meine Geisteskraft frisch erhielt und mir auch die übrigen Mittel durch die Freigebigkeit zweier Kaiser und der Stände meines Landes Österreich ob der Enns verschaffte – das habe ich also nach Erledigung meiner astronomischen Aufgabe, bis es genug war, endlich ans Licht gebracht.

In einem höheren Maße, als ich je hoffen konnte, habe ich als durchaus wahr und richtig erkannt, dass sich die ganze Welt der Harmonik, so groß sie ist, mit allen ihren im III. Buch auseinandergesetzten Teilen bei den himmlischen Bewegungen findet, zwar nicht in der Art, wie ich mir vorgestellt hatte (und das ist nicht der letzte Teil meiner Freude), sondern in eine ganz anderen, zugleich höchst ausgezeichneten und vollkommenen Weise.

In der Zwischenzeit, in der mich die höchst mühsame Verbesserung der Theorie der Himmelsbewegungen in Spannung hielt, kam zu besonderer Steigerung meines leidenschaftlichen Wissensverlangens und zum Ansporn meines Vorsatzes die Lektüre der harmonischen Schrift des Ptolemäus hinzu, von der mir ein ausgezeichneter Mann, ein geborener Förderer der Wissenschaft und jeglicher Art von Bildung, der bayerische Kanzler Johann Georg Herwart, eine Handschrift geschickt hat. Darin fand ich wider Erwarten und zu meiner höchsten Verwunderung, dass sich fast das ganze III. Buch schon vor 1500 Jahren mit einer gleichen Betrachtung der himmlischen Harmonie beschäftigte.

Allein, es fehlte zu jener Zeit der Astronomie noch vieles. Daher konnte Ptolemäus, der die Sache erfolglos angefasst hatte, ihre Aussichtslosigkeit anderen vorhalten; machte er doch den Eindruck, als würde er eher mit dem Scipio bei Cicero einen lieblichen pythagoreischen Traum vortragen, als die philosophische Erkenntnis fördern. Mich jedoch hat in der nachdrücklichen Verfolgung meines Vorhabens nicht nur der niedere Stand der alten Astronomie gewaltig bestärkt, sondern auch die auffallend genaue Übereinstimmung unserer fünfzehn Jahrhunderte auseinander liegenden Betrachtungen. Denn wozu bedarf es vieler Worte? Die Natur selber wollte sich den Menschen offenbaren durch den Mund von Männern, die sich zu ganz verschiedenen Jahrhunderten an ihre Deutung machten.

Es liegt ein Fingerzeig Gottes darin, um mit den Hebräern zu reden, dass im Geist von zwei Männern, die sich ganz der

Betrachtung der Natur hingegeben hatten, der gleiche Gedanke an die harmonische Gestaltung der Welt auftauchte; denn keine war Führer des andern beim Beschreiten dieses Weges.

Jetzt, nachdem vor achtzehn Monaten das erste Morgenlicht, vor drei Monaten der helle Tag, vor ganz wenigen Tagen aber die volle Sonne einer höchst wunderbaren Schau aufgegangen ist, hält mich nichts zurück. Jawohl, ich überlasse mich heiliger Raserei. Ich trotze höhnend den Sterblichen mit dem offenen Bekenntnis: Ich habe die goldenen Gefäße der Ägypter geraubt, um meinem Gott daraus eine heilige Hütte einzurichten weitab von den Grenzen Ägyptens.

Tycho Brahes Quadrant, den er in seinem Obervatorium Uraniborg benutzte

Verzeiht ihr mir, so freue ich mich. Zürnt ihr mir, so ertrage ich es. Wohlan, ich werfe den Würfel und schreibe ein Buch für die Gegenwart oder die Nachwelt. Mir ist es gleich. Es mag hundert Jahre seines Lesers harren, hat doch auch Gott sechstausend Jahre auf den Beschauer gewartet.

Die Kapitel dieses Buches sind folgende:

I. Über die fünf regulären Körper.

II. Über die Verwandtschaft der harmonischen Proportionen mit diesen.

III. Die bei der Betrachtung der himmlischen Harmonien notwendigen Hauptsätze der Astronomie.

IV. Worin bei den Bewegungen der Planeten die einfachen Harmonien ausgedrückt sind und dass alle Harmonien, die in der Musik auftreten, sich am Himmel finden.

V. Dass die Töne der Tonleiter oder die Stufen des Systems sowie die Tongeschlechter Dur und Moll von bestimmten Bewegungen ausgedrückt werden.

VI. Dass die Tonarten oder die musikalischen Modi je in gewisser Weise von den einzelnen Planeten ausgedrückt werden.
VII. Dass es Kontrapunkte oder Gesamtharmonien aller Planeten geben kann, und zwar verschiedene, indem eine aus der anderen folgt.
VIII. Dass in den Planeten die Natur der vier Stimmen Diskant, Alt, Tenor, Bass ausgedrückt ist.
IX. Beweis, dass zur Erzielung dieser harmonischen Anordnung die Exzentrizitäten der Planeten gerade so, wie sie ein jeder von ihnen besitzt, und nicht anders gemacht werden dürfen.
X. Epilog über die Sonne, aus gedrängten mutmaßlichen Annahmen.

Im Begriff, meine Aufgabe zu beginnen, möchte ich den Lesern die so fromme Mahnung des Timaios, eines heidnischen Philosophen, zu Beginn seiner Untersuchungen über denselben Gegenstand einschärfen, eine Mahnung, die die Christen mit höchster Bewunderung und, wenn sie es ihm nicht gleichtun, mit Beschämung vernehmen müssen.

Sie lautet also: »Nun, Sokrates, alle, die auch nur ein ganz klein wenig gesunden Verstand haben, rufen immer Gott an, so oft sie eine Aufgabe, mag sie leicht oder schwierig sein, in Angriff nehmen. Wir aber haben die Absicht, über das Weltall zu sprechen. Wenn wir daher nicht ganz von der gesunden Vernunft abweichen wollen, ist es unsere zwingende Pflicht, zusammen die Götter und Göttinnen anzurufen und darum zu beten, dass wir solches sagen, was zuvörderst ihnen, hernach aber auch euch angenehm und willkommen ist.«

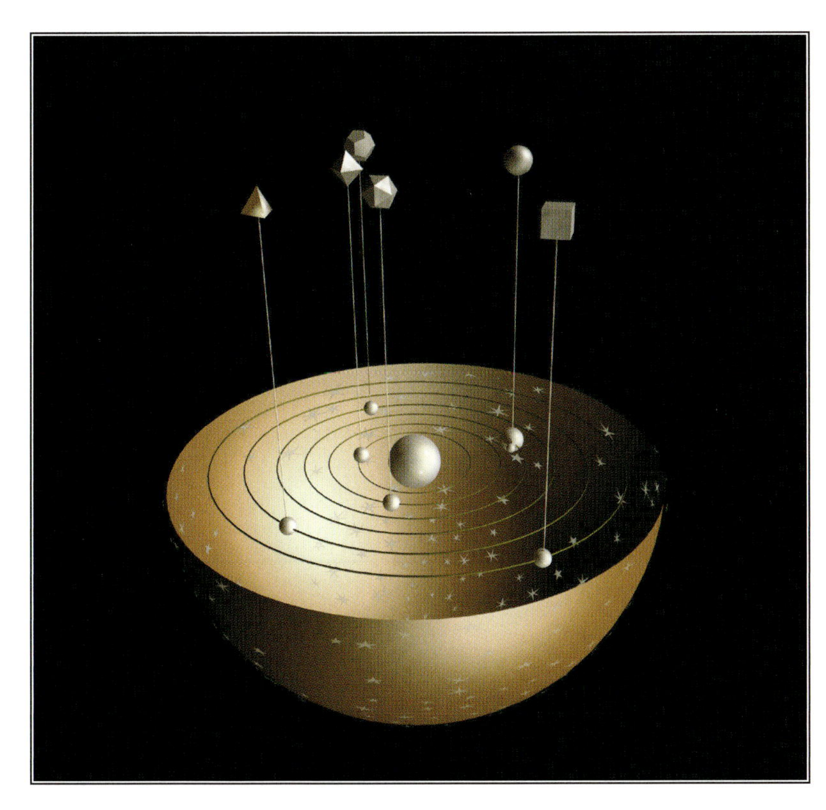

Keplers Sichtweise des Universums verband die Planeten mit den platonischen Körpern und ihrer jeweiligen kosmischen Geometrie: Mars als Dodekaeder, Venus als Ikosaeder, die Erde als Halbkugel, Jupiter als Tetraeder, Merkur als Oktaeder, Saturn als Würfel.

Kapitel I

Über die fünf regulären Körper

Wie sich die ebenen regulären Figuren zur Bildung räumlicher Figuren zusammenfügen, ist im II. Buch gesagt worden. Wir haben ja daselbst (unter anderen) von den fünf Körpern im Hinblick auf ihre Seitenflächen gesprochen. Ihre Fünfzahl ist jedoch dort bereits nachgewiesen worden; auch haben wir erklärt, warum sie von den Platonikern kosmische Körper genannt worden sind und mit welchem Element jeder einzelne von ihnen verglichen wird und wegen welcher Eigenschaft. Nun müssen wir zu Anfang dieses Buches nochmals von diesen Figuren handeln, wegen ihrer selbst, nicht wegen ihrer Seitenflächen, soweit es für die Harmonien des Himmels erforderlich ist. Alles übrige findet der Leser im II. Teil meiner *Epitome Astronomiae Copernicanae,* Buch IV.

Aus meinem *Mysterium Cosmographicum* erwähne ich hier in Kürze die Anordnung der fünf Körper in der Welt, von denen drei primär, zwei sekundär sind. Der Würfel 1 ist der äußerste und größte, da er nach der Form seiner Entstehung der erste Körper ist und ein Ganzes darstellt. Darauf folgt das Tetraeder 2 als Teil, der durch Beschneidung eines Würfels gebildet wird; es ist jedoch ebenfalls primär wegen seiner dreikantigen Ecke, wie der Würfel. Nach dem Tetraeder kommt das Dodekaeder 3, der letzte der primären Körper, der gleichsam eine Zusammensetzung ist aus tetraederähnlichen Würfelteilen, d. h. unregelmäßigen Tetraedern, die den inneren Würfel bedecken. Darauf folgt das Ikosaeder 4 wegen seiner Gestaltähnlichkeit, der letzte der sekundären Körper, deren Ecke mehrkantig ist. Der innerste Körper ist das Oktaeder 5, das dem Würfel ähnlich ist, der erste sekundäre Körper; da er dem Würfel einbeschreibbar ist, gebührt ihm von innen aus der erste Platz, wie dem umbeschreibbaren Würfel der erste Platz von außen an.

Es treten nun unter den Figuren zwei bemerkenswerte Pärchen auf, die je aus verschiedenen Klassen zusammengestellt sind. Die Männchen sind der Würfel und das Dodekaeder aus der Klasse der primären Körper, die Weibchen sind das Oktaeder und das Ikosaeder, die sekundären Körper. Dazu kommt gleichsam ein Einzelgänger oder Zwitter, das Tetraeder, da es sich selber einbeschreiben lässt, wie jene Weibchen den Männchen einbeschrieben werden können, gleichsam unter ihnen liegen und den männlichen entgegengesetzte weibliche Geschlechtsmerkmale besitzen, d. h. Ecken gegenüber Seitenflächen. Wie ferner das Tetraeder Element, Eingeweide und gleichsam eine Rippe des Männchens Würfel ist, so ist in anderer Weise das Weibchen Oktaeder Element und Teil des Tetraeders. Dieses steht also mitten zwischen diesem Pärchen.

Der Hauptunterschied bei diesen Verbindungen besteht darin, dass bei der Würfelfamilie das Verhältnis aussprechbar ist. Denn das Tetraeder ist ein Drittel des Würfelkörpers, das Oktaeder die Hälfte des Tetraederkörpers oder also ein Sechstel des Würfels. Bei der Dodekaederfamilie dagegen ist das Verhältnis zwar unaussprechbar [irrational], aber göttlich. Bei der Verbindung dieser beiden Wörter muss sich der Leser in Acht nehmen bezüglich ihrer Bedeutung. Denn das Wort »unaussprechbar« enthält hier an sich nicht eine Auszeichnung, wie sonst in der Theologie und in den Aussagen über das Göttliche; es bezeichnet vielmehr eine mindere Eigenschaft. Denn es gibt in der Geometrie, wie im ersten Buch gesagt worden ist, vieles, was unaussprechbar ist, aber deswegen doch nicht an der göttlichen Proportion teilhat. Was man aber unter göttlicher Proportion (man sollte sie eher »sectoria« nennen) versteht, kann man im ersten Buch erfahren. Während die anderen Proportionen ihre vier Glieder, die stetigen drei haben, erfordert die göttliche Proportion außer der Proportionalität noch eine besondere Eigenschaft der Glieder, dass nämlich die beiden kleineren Glieder als Teile das große Glied, das Ganze, ausmachen. So groß nun also die Einbuße ist, die die Dodekaederfamilie erleidet, da die zugehörige Proportion unaussprechbar ist, so groß ist andererseits wieder ihr Gewinn, da sie die unaussprechbare Proportion zur göttlichen erhebt. Diese Familie enthält auch einen räumlichen Stern, der aus der Erweiterung von je fünf Seitenflächen des Dodekaeders bis zum Schnitt in einem einzigen Punkt entsteht. Näheres über seine Entstehung findet man im zweiten Buch.

Schließlich soll noch das Verhältnis der umbeschriebenen zu den einbeschriebenen Kugeln vermerkt werden. Dieses ist beim Tetraeder aussprechbar [rational], nämlich 100000 zu 33333 oder 3 zu 1; beim Würfelpärchen unaussprechbar, es ist jedoch der Halbmesser der einbeschriebenen Kugel in Potenz aussprechbar, nämlich gleich der Wurzel aus dem dritten Teil des Quadrats des Durchmessers; das Verhältnis ist also 100000 zu 57735. Beim Dodekaederpärchen ist das Verhältnis ganz unaussprechbar, nämlich gleich 100000 zu 79465; beim Stern ist es gleich 100000 zu 52573, d.h. gleich der Hälfte der Seite des Ikosaeders oder des Abstandes zweier Ecken des Sterns.

Kapitel II
Über die Verwandtschaft der harmonischen Proportionen mit den fünf regulären Körpern

Diese Verwandtschaft ist mehrfacher verschiedener Art. Man kann jedoch hauptsächlich vier Grade unterscheiden. Entweder entnimmt man das Merkmal der Verwandtschaft nur der äußeren Form, die die Körper haben; oder es treten bei der Konstruktion der Seite Proportionen auf, die zugleich auch harmonisch sind; oder solche Proportionen ergeben sich aus den bereits konstruierten Körpern, wobei diese einzeln oder zusammen genommen werden können; oder schließlich diese Proportionen sind gleich oder annähernd gleich den Proportionen der Kugeln der Körper.

Nach dem *ersten* Grad stehen Proportionen, deren Kennziffer oder größeres Glied 3 ist, in Verwandtschaft zur dreieckigen Seitenfläche des Tetraeders, Oktaeders und Ikosaeders; die mit dem größeren Glied 4 zur quadratischen Seitenfläche des Würfels und die mit dem größeren Glied 5 zur fünfeckigen Seitenfläche des Dodekaeders.

Man kann dies Analogie der Seitenfläche auch auf das kleinere Glied der Proportion ausdehnen. Danach mag man jede Proportion, bei der die Zahl 3 neben einer Potenz von 2 steht, für verwandt mit den drei erstgenannten Körpern halten, wie 1/3, 2/3, 4/3, 8/3 usw.; die Proportionen mit der Zahl 5 mag man ganz für die Dodekaederfamilie beanspruchen, wie 2/5, 4/5, 8/5,

Die fünf platonischen Körper, aus denen Kepler die Bausteine des Universums ableitete. Die Kugel (repräsentiert durch die spiegelnde Kristallkugel) enthält sie alle.

ebenso 3/5, 6/5, 12/5, 24/5. Weniger annehmbar wird die Verwandtschaft sein, wenn die Summe der Glieder diese Analogie ausdrückt, wie wenn z. B. die Proportion 2/3, bei der die Summe der Glieder 5 ist, deswegen mit dem Dodekaeder verwandt sein soll.

Von ähnlicher Art ist die Verwandtschaft auf Grund der äußerlichen Gestalt der Körperecke, die bei den primären Körpern dreikantig, beim Oktaeder vierkantig, beim Ikosaeder fünfkantig ist. Wenn also das eine Glied der Proportion an der Dreizahl teilhat, so wird die Proportion mit den primären Körpern verwandt sein, wenn an der Vierzahl, mit dem Oktaeder, und wenn an der Fünfzahl, mit dem Ikosaeder. Bei den Weibchen ist diese Verwandtschaft aber schöner, da der Gestalt der Ecke auch die charakteristische Figur in ihrem Innern entspricht, beim Oktaeder das Viereck, beim Ikosaeder das Fünfecke. Nimmt man daher beide Gründe zusammen, so wäre die Proportion 3/5 der Ikosaedersippe zuzurechnen.

Der *zweite* Grad der Verwandtschaft, der in der Entstehung der Körper begründet ist, ist folgendermaßen zu denken. Zunächst sind gewisse harmonische Proportionen von Zahlen verwandt mit der einen Familie, nämlich die vollkommenen Proportionen mit der Würfelfamilie. Andererseits gibt es eine Proportion, die sich niemals durch ganze Zahlen ausdrücken lässt und nur durch eine lange Reihe von Zahlen, die sich ihr mehr und mehr nähern, dargestellt werden kann. Diese Proportion wird die göttliche genannt, insofern sie vollkommen ist. Sie herrscht auf verschiedene Weise in der Dodekaederfamilie. Sie wird nun nach und nach näherungsweise ausgedrückt durch die harmonischen Proportionen 1/2, 2/3, 3/5 und 5/8. Am unvollkommensten steckt sie in 1/2, am vollkommensten in 5/8; sie würde noch vollkommener erscheinen, wenn man über die Summe von 5 und 8, d.i. 13, die Zahl 8 [als Zähler] setzen würde; nur ist dieses Verhältnis nicht mehr harmonisch.

Weiter muss man bei der Konstruktion der Körperkante den Durchmesser der umbeschriebenen Kugel teilen, und zwar erheischt das Oktaeder eine Teilung in 2, der Würfel und das Tetraeder in 3, die Dodekaederfamilie in 5 Teile. Danach verteilen sich die Proportionen auf die Körper entsprechend diesen Zahlen, die jene Proportionen ausdrücken. Zur Teilung gelangt aber auch das Quadrat des Durchmessers, d.h. das Quadrat der Körperkante ergibt sich als ein bestimmter Teil dieses Quadrats. Man vergleicht dabei die Quadrate der Kanten mit dem Quadrat des Durchmessers und erhält folgende Proportionen, beim Würfel 1/3, beim Tetraeder 2/3, beim Oktaeder 1/2, aus Würfel und Tetraeder ebenfalls 1/2, aus Würfel und Oktaeder 2/3 und aus Oktaeder und Tetraeder 3/4. Die Kanten bei der Dodekaederfamilie sind unaussprechbar.

Drittens, der Arten, nach denen harmonische Proportionen den fertig vorliegenden Körpern entsprechen, gibt es verschiedene. So kann man die Zahl der Seiten in einer Seitenfläche mit der Zahl der Kanten des ganzen Körpers vergleichen. Es ergeben sich dabei folgende Proportionen: beim Würfel 4/12 oder 1/3, beim Tetraeder 3/6 oder 1/2, beim Oktaeder 3/12 oder 1/4, beim Dodekaeder 5/30 oder 1/6, beim Ikosaeder 3/30 oder 1/10. Oder man vergleicht die Zahl der Seiten in einer Seitenfläche mit der Zahl der Seitenflächen; dann ergibt der Würfel die Proportion 4/6 oder 2/3, das Tetraeder 3/4, das Oktaeder 3/8, das Dodekaeder 5/12, das Ikosaeder 3/20. Oder man vergleicht die Zahl der Seiten oder Ecken in einer Seitenfläche mit der Zahl der Körperecken; hier ergibt der Würfel die Proportion 4/8 oder 1/2, das Etraeder 3/4, das Oktaeder 3/6 oder 1/2, das Dodekaeder mit seinem Gespons 5/20 und 3/12, d. i. 1/4. Oder man vergleicht die Zahl der Seitenflächen mit der Zahl der Körperecken; man erhält dann bei der Würfelfamilie 6/8 oder 3/4, beim Tetraeder die Proportion der Gleichheit, bei der Dodekaederfamilie 12/20 oder 3/5. Oder man vergleicht die Zahl aller Kanten mit der Zahl der Körperecken und erhält beim Würfel 8/12 oder 2/3, beim Tetraeder 4/6 oder 2/3, beim Oktaeder 6/12 oder 1/2, beim Dodekaeder 20/30 oder 2/3, beim Ikosaeder 12/30 oder 2/5.

Man kann aber auch die Körper unter sich vergleichen, wenn das Tetraeder in den Würfel und das Oktaeder in das Tetraeder und den Würfel auf geometrische Weise einbeschrieben ist. Hier ist das Tetraeder 1/3 vom Würfel, das Oktaeder die Hälfte des Tetraeders und 1/6 des Würfels, wie auch das Oktaeder, das einer Kugel einbeschrieben ist, 1/6 von dem Würfel ist, der dieser Kugel umbeschrieben ist. Die Inhalte der übrigen Körper sind unaussprechbar.

Der *vierte* Grad der Verwandtschaft kommt für unser Werk mehr in Betracht. Hierbei werden die Verhältnisse der den Körpern einbeschriebenen Kugeln zu den ihnen umbeschriebenen ermittelt und untersucht, welche harmonischen Proportionen diesen am nächsten kommen. Denn nur beim Tetraeder ist der Durchmesser der einbeschriebenen Kugel aussprechbar, nämlich der dritte Teil des Durchmessers der umbeschriebenen Kugel. Bei der Würfelfamilie ist dieses Verhältnis ein und dasselbe, aber Strecken ähnlich, die nur in Potenz aussprechbar sind. Denn der Durchmesser der einbeschriebenen Kugel verhält sich zum Durchmesser der umbeschriebenen Kugel wie 1 zu Wurzel aus 3. Vergleicht man die Proportionen selber miteinander, so ist das Verhältnis der Tetraederkugeln das Quadrat des Verhältnisses der

RECHTE SEITE
Die Modelle von Ptolemäus, Kopernikus und Tycho Brahe

Würfelkugeln. In der Dodekaederfamilie ist das Verhältnis der Kugeln ebenfalls das Gleiche, aber unaussprechbar, etwas größer als 4/5. So kommen also dem Verhältnis der Kugeln bei Würfel und Oktaeder von den harmonischen Proportionen am nächsten die Proportion 1/2 als nächstgrößere und 3/5 als nächstkleinere. Dem Dodekaederverhältnis nähern sich die harmonischen Proportionen 4/5 und 5/6 als nächstkleinere und 3/4 und 5/8 als nächstgrößere.

Wenn man aus gewissen Ursachen für den Würfel die Proportionen 1/2 und 1/3 beansprucht, so gilt, falls man diese Analogie anwenden will, der Satz: wie sich das Verhältnis der Würfelkugeln zu dem Verhältnis der Tetraederkugeln verhält, so verhalten sich die dem Würfel zugeordneten Harmonien 1/2 und 1/3 zu den dem Tetraeder zuzuordnenden 1/4 und 1/9; denn auch diese letzteren Proportionen sind die Quadrate der ersten Harmonien. Und da 1/9 keine harmonische Proportion ist, so wird an ihre Stelle für das Tetraeder die ihr am nächsten kommende harmonische Proportion 1/8 treten. Auf die Dodekaederfamilie wird nach dieser Analogie nahezu 4/5 und 3/4 kommen. Denn wie die Proportion der Würfelkugeln nahezu die 3. Potenz der Proportion der Dodekaederkugeln ist, so sind auch die Würfelharmonien 1/2 und 1/3 nahezu die 3. Potenzen der Harmonien 4/5 und 3/4. Denn erhebt man 4/5 in die 3. Potenz, so erhält man 64/125; 1/2 aber ist gleich 64/128. Ebenso ist die 3. Potenz von 3/4 gleich 27/64; 1/3 aber ist 27/81.[1]

Kapitel III
Die bei der Betrachtung der himmlischen Harmonien notwendigen Hauptsätze der Astronomie

Zum Eingang mögen die Leser wissen, dass die alten astronomischen Hypothesen des Ptolemäus, wie sie in den *Theoricae* des Peurbach und bei den anderen Verfassern von Lehrbüchern auseinander gesetzt werden, durchaus von unserer Betrachtung auszuschließen und ganz aus dem Sinn zu schlagen sind. Denn sie stellen weder die Anordnung der Weltkörper noch das Getriebe der Bewegungen richtig dar.

Nun kann ich zwar nicht anders, als dass ich einzig und allein die Lehre des *Kopernikus* über die Welt an ihre Stelle setze und, wenn es möglich wäre, allen Menschen einrede. Allein da es sich

dabei für die Masse der Bildungssuchenden noch immer um etwas Neues handelt und es für die Ohren der meisten vollkommen töricht klingt, wenn man lehrt, die Erde sei einer der Planeten und bewege sich unter den Gestirnen um die unbewegliche Sonne, so mögen alle, die an der Neuheit dieser Lehre Anstoß nehmen, wissen, dass die folgenden harmonischen Spekulationen auch für die Hypothesen von *Tycho Brahe* Geltung haben. Denn dieser Meister hat alles, was die Anordnung der Himmelskörper und die Erklärung der Bewegungen anlangt, mit Kopernikus gemein, nur dass er die jährliche Erdbewegung des Kopernikus auf das ganze System der Planetenbahnen und auf die Sonne überträgt, die nach der übereinstimmenden Ansicht beider Meister dessen Mitte einnimmt. Aus dieser Übertragung der Bewegung folgt ja nichtsdestoweniger, dass die Erde, wenn auch nicht in dem ungeheuer weiten Fixsternraum, so doch in dem System der Planetenwelt jederzeit bei Brahe denselben Ort einnimmt, den ihr Kopernikus zuweist. Es ist so, wie wenn einer, der auf einem Papier einen Kreis beschreibt, den Schreibstift des Zirkels herumbewegt, ein anderer aber, der das Papier oder die Tafel auf einer Drehscheibe befestigt, den Stift oder Griffel des Zirkels festhält und den gleichen Kreis auf der rotierenden Tafel beschreibt. In gleicher Weise beschreibt nach Kopernikus die Erde infolge der wirklichen Bewegung ihres Körpers einen Kreis mitten zwischen der Marsbahn außen und der Venusbahn innen. Nach Tycho Brahe aber wird das ganze Planetensystem (zu dem u. a. auch die Bahnen von Mars und Venus gehören) herumbewegt wie die Tafel auf der Drehscheibe, wobei der Zwischenraum zwischen der Mars- und der Venusbahn an die unbewegliche Erde wie an ein Drechseleisen gelegt wird. Bei dieser Bewegung des Systems beschreibt die unbeweglich bleibende Erde in ihm denselben Kreis um die Sonne zwischen Mars und Venus, den sie nach Kopernikus durch die wirkliche Bewegung ihres Körpers bei ruhendem System beschreibt. Da nun die harmonische Betrachtung die exzentrischen Bewegungen der Planeten ansieht, so wie sie von der Sonne aus erscheinen, ist es ein leichtes, einzusehen, dass es für einen Beobachter auf der beweglich angenommenen Sonne, falls es einen solchen gäbe, nichtsdestoweniger so aussähe, als würde die ruhende Erde (wenn man Brahe dieses Zugeständnis machen will) eine jährliche Bahn mitten zwischen den Planeten und auch in einem mittleren Zeitraum durchlaufen. Mag einer daher auch so schwachgläubig sein, dass er die Bewegung der Erde unter den Gestirnen nicht fassen kann, so wird er sich trotzdem an der so herrlichen Betrachtung dieser wahrhaft göttlichen Einrichtung erfreuen können, wenn er alles, was er über die täglichen Bewegungen der Erde auf ihrem Exzenter hört, so deutet, als handle es sich dabei um scheinbare Bewegungen von der Sonne aus betrachtet; ein solches Bewegungsbild lässt auch Tycho Brahe bei ruhender Erde erkennen.

Die wahren Freunde der samischen Philosophie haben jedoch keinen gerechten Grund, es diesen Leuten zu missgönnen, dass sie an dieser so köstlichen Betrachtung Anteil haben; wird doch ihre eigene Freude um vieles vollkommener sein entsprechend der Vollkommenheit, zu der sich ihre Betrachtung erhebt, wenn sie

Die Zeichnung von Thomas Digges (16. Jahrhundert) zeigt das kopernikanische System.

an die Unbeweglichkeit der Sonne und die Bewegung der Erde glauben. Fürs *Erste* mögen es sich also die Leser gesagt sein lassen, dass es bei den Astronomen heutzutage eine ausgemachte Sache ist, dass alle Planeten um die Sonne kreisen, ausgenommen der Mond, der allein die Erde zum Mittelpunkt hat. Seine Bahn ist jedoch nicht so groß, dass sie in der Figur unten im Verhältnis zu den übrigen Bahnen in richtigem Maßstab gezeichnet werden könnte. Es kommt also zu den übrigen fünf Planeten als sechster die Erde, die entweder bei ruhender Sonne durch ihre eigene Bewegung oder, falls man sie als unbeweglich annimmt, durch die Umdrehung des ganzen Planetensystems einen sechsten Kreis um die Sonne beschreibt.

Zweitens ist es eine feststehende Tatsache, dass alle Planeten exzentrisch werden, d.h. ihre Abstände von der Sonne ändern, so dass sie an einem Ort ihrer Bahn von der Sonne am weitesten entfernt sind und ihr am entgegengesetzten Ort am nächsten kommen. In der beigegebenen Figur sind für die einzelnen Planeten je drei Kreise gemacht worden, von denen keiner den exzentrischen Weg des Planeten selber angibt, der mittlere aber, z.B. beim Mars der Kreis *BE,* der Größe nach gleich der exzentrischen Bahn ist, was deren längeren Durchmesser anlangt. Die Bahn selber aber, z.B. *AD*, berührt den äußeren der drei Kreise *AF* auf der einen Seite in *A*, den inneren *CD* auf der entgegengesetzten in *D*. Der punktierte Kreis *GH* durch den Mittelpunkt der Sonne gibt den Weg der Sonne nach Tycho Brahe an. Wird diese auf diesem Weg bewegt, so machen alle Punkte des ganzen Planetensystems, wie es hier dargestellt ist, einen gleichen Weg mit, und zwar jeder seinen besonderen. Steht ein bestimmter

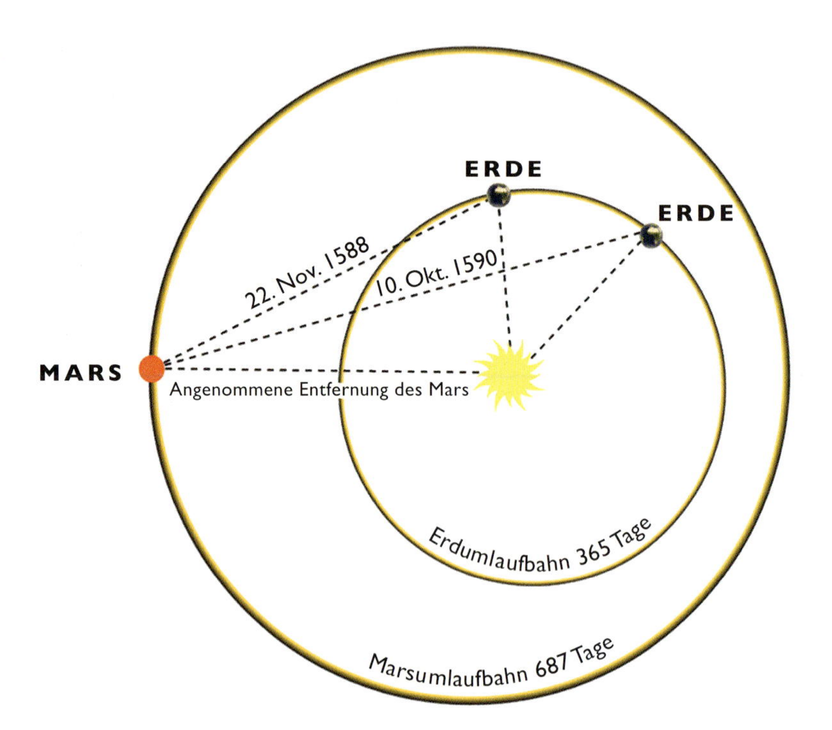

Keplers Berechnung der wahren Marsumlaufbahn, von verschiedenen Positionen auf der Erde aus gesehen.

Punkt, etwa der Sonnenmittelpunkt, an einer bestimmten Stelle seines Kreises, in unserer Figur an der untersten, so werden gleichzeitig alle Punkte des Systems auch an der untersten Stelle je ihrer Kreise stehen. Bei Venus sind die drei Kreise wegen der Enge des Raums unabsichtlich zusammengelaufen.

Zum *dritten* möge der Leser in meinem *Mysterium Cosmographicum,* das ich vor 22 Jahren herausgegeben habe, nachlesen, dass die Zahl der Planeten oder der Bahnen um die Sonne von dem allweisen Begründer der Welt den fünf regulären Körpern entnommen worden ist, über die Euklid bereits vor vielen Jahrhunderten ein Buch geschrieben hat, das »Elemente« heißt, weil es aus eine fortlaufenden Reihe von Lehrsätzen besteht. Dass es aber nicht mehr reguläre Körper geben kann, d.h. dass die ebenen regulären Figuren gerade nur fünfmal eine räumliche Kongruenz bilden können, das ist im zweiten Buch unseres Werkes dargelegt worden.

Viertens, was das Verhältnis der Planetenbahnen anlangt, so ist dieses zwischen je zwei benachbarten Bahnen immer so groß, dass man leicht findet, dass jedes einzelne dieser Verhältnisse nahe kommt dem Verhältnis der Kugeln bei einem der fünf Körper, d.h. der umbeschriebenen Kugel zur einbeschriebenen. Es besteht jedoch nicht vollkommene Gleichheit, wie ich einstmals kühn geglaubt hatte, dass eine vollkommene Astronomie sie würde nachweisen können. Denn nach einer endgültigen Untersuchung der Intervalle auf Grund der Beobachtungen Brahes habe ich folgendes Ergebnis festgestellt: Wenn man die Ecken des Würfels an den innersten Saturnkreis anlegt, so berühren die Mittelpunkte der Seitenflächen so ziemlich den mittleren Jupiterkreis. Wenn die Ecken des Tetraeders auf dem innersten Jupiterkreis liegen, so berühren die Mittelpunkte der Seitenflächen des Tetraeders so ziemlich den mittleren Jupiterkreis. Wenn die Ecken des Tetraeders auf dem innersten Jupiterkreis liegen, so berühren die Mittelpunkte der Seitenflächen des Tetraeders so ziemlich den äußersten Marskreis. Wenn die Ecken des Oktaeders auf irgendeinem der Venuskreise liegen (es sind ja alle drei auf einen sehr engen Raum zusammengedrängt), so durchdringen die Mittelpunkte der Oktaederseitenflächen den äußersten Merkurkreis und gehen weiter herab als dieser, ohne aber bis zum mittleren Merkurkreis zu reichen. Schließlich kommen den unter sich gleichen Verhältnissen der Dodekaeder- und der Ikosaederkugeln am allernächsten die Verhältnisse oder Intervalle zwischen den Mars- und Erdekreisen und zwischen den Erde- und Venuskreisen, die auch unter sich gleich sind, wenn wir vom innersten Marskreis bis zum mittleren Erdekreis und vom mittleren Erdekreis bis zum mittleren Venuskreis rechnen; denn das mittlere Intervall der Erde ist mittlere Proportionale zum kleinsten Mars- und mittleren Venusintervall. Jedoch sind diese beiden Verhältnisse zwischen den Planetenkreisen noch größer als die Verhältnisse der Kugeln bei jenen beiden Körpern, sodass weder die Mittelpunkte der Seitenflächen des Dodekaeders den äußersten Erdekreis, noch die Mittelpunkte der Seitenflächen des Ikosaeders den äußersten Venuskreis berühren. Diese Kluft wird auch nicht ausgefüllt, wenn man den Halbmesser der Mondbahn oben dem größten Intervall der Erde hinzufügt und unten vom kleinsten wegnimmt. Ich finde jedoch eine gewisse andere figürliche Proportion; wenn nämlich das erweiterte Dodekaeder, dem ich den Namen Igel gegeben habe (es wird aus zwölf Fünfecksternen gebildet und steht daher den fünf regulären Körpern am nächsten), seine zwölf Spitzen auf den innersten Marskreis setzt, dann berühren die Seiten der Fünfecke, die die Grundflächen der einzelnen Zacken oder Spitzen bilden, den mittleren Venuskreis. Kurz, das Paar Würfel und Oktaeder dringt um ein wenig über die zugehörigen Planetenbahnen hinaus, das Paar Dodekaeder und Ikosaeder erreicht die seinigen nicht ganz, das Tetraeder sitzt auf beiden Seiten genau; der erste Fall weist ein Zuwenig, das letzte ein Zuviel, der mittlere Gleichheit bei den Intervallen der Planeten auf.

Daraus geht klar hervor, dass die Verhältnisse der Planetenintervalle von der Sonne aus nicht genau von den regulären Körpern allein hergenommen sind. Denn der Schöpfer, der eigentliche Urquell der Geometrie, der, wie Plato sagt, ewige Geometrie treibt, weicht von dem Urbild nicht ab. Dasselbe hätte man schon daraus schließen können, dass alle Planeten in periodischen Zeiträumen ihre Intervalle ändern und zwar so, dass jeder zwei ausgezeichnete Intervalle von der Sonne aus besitzt, ein größtes und ein kleinstes. Dadurch ergibt sich, dass die Vergleichung der Intervalle zweier Planeten auf vierfache Weise möglich ist, indem man entweder die größten oder die kleinsten oder die am wenigsten auseinander liegenden oder die einander am nächsten liegenden heranzieht. Daher ist die Anzahl der Vergleichsmöglichkeiten zwischen allen Planetenpaaren gleich 20, während dagegen die Zahl der Körper nur 5 beträgt. Allein die Vernunft erfordert die Annahme, dass der Schöpfer, der für das Verhältnis der Bahnen im allgemeinen Sorge getragen hat, auch für das Verhältnis Sorge getragen hat, das zwischen den veränderlichen Intervallen der einzelnen Planeten im Besonderen besteht; diese Vorsorge muss beiderseits dieselbe, die eine muss mit der anderen verbunden sein. Diese Überlegung führt uns auch zu der Einsicht, dass zu der Begründung der Bahndurchmesser und Exzentrizitäten zusammen mehr Prinzipien erforderlich sind als nur die fünf regulären Körper.

Fünftens, um zu den Bewegungen zu gelangen, zwischen denen Harmonien bestehen, so möchte ich den Leser nachdrücklich darauf hinweisen, dass ich in meinem Marswerk aus den höchst zuverlässigen Beobachtungen Tycho Brahes den Nachweis geführt habe, dass gleiche Bögen, die etwa einem Tag entsprechen, auf ein und demselben Exzenter nicht mit gleicher Geschwindigkeit durchlaufen werden, dass vielmehr die verschiedenen Wegzeiten für gleiche Teile des Exzenters proportional sind ihren Abständen von der Sonne, der Quelle der Bewegung, und umgekehrt, dass in gleichen Zeiten, z.B. in einem natürlichen Tag, die entsprechenden wahren Bögen einer exzentrischen Bahn umgekehrt proportional sind ihren Abständen von der Sonne. Des Weiteren habe ich bewiesen, dass die Bahn eines Planeten elliptisch ist und dass die Sonne, die Quelle der Bewegung, in dem einen Brennpunkt dieser Ellipse steht, woraus folgt, dass der Planet seinen mittleren Abstand von der Sonne zwischen seinem größten im Aphel und seinem kleinsten im Perihel dann einnimmt, wenn er vom Aphel an den vierten Teil seiner ganzen Bahn durchlaufen hat. Aus diesen beiden Axiomen folgt aber, dass die mittlere tägliche Bewegung eines Planeten gleich ist dem wahren Tagesbogen seines Exzenters in den Zeitpunkten, in denen der Planet am Ende eines vom Aphel aus gerechneten Quadranten des Exzenters steht, wenn auch dieser wahre Quadrant für den Augenschein kleiner ist als ein voller Quadrant. Des Weiteren folgt, dass zwei beliebige wahre Tagesbögen des Exzenters, von denen der eine ebenso weit vom Aphel entfernt ist wie der andere vom Perihel, zusammen gleich zwei mittleren Tagesbögen sind; und ferner folgt, da das Verhältnis von Kreisen gleich ist dem ihrer Durchmesser, dass das Verhältnis eines einzelnen mittleren Tagesbogens zur Summe aller mittleren unter sich gleichen Tagesbögen, so viele es deren auf dem ganzen Umlauf gibt, das Gleiche ist wie das Verhältnis eines mittleren Tagesbogens zur Summe aller wahren Bögen des Exzenters, deren Anzahl die Gleiche ist, die aber unter sich verschieden sind. Dies muss man über die wahren Tagesbögen des Exzenters und die wahren Bewegungen im Voraus wissen, um daraus die scheinbaren Bewegungen von der Sonne aus gesehen verstehen zu können.

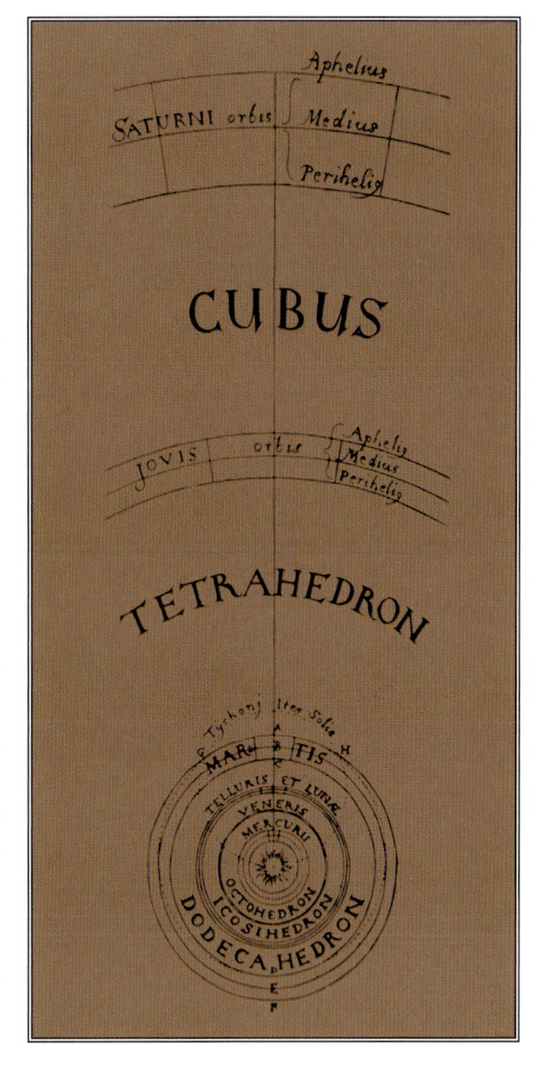

Das Weltsystem, bestimmt durch die Geometrie der regelmäßigen Körper (aus Keplers Weltharmonik, Linz 1619)

Sechstens, was nun die scheinbaren Bögen von der Sonne aus anlangt, so ist auch aus der alten Astronomie bekannt, dass von gleichen wahren Bögen der, welcher vom Weltmittelpunkt weiter entfernt ist (z. B. ein solcher im Aphel), einem Beobachter in diesem Mittelpunkt kleiner, und der, welcher näher liegt (z. B. im Perihel), größer erscheint. Nun sind jedoch außerdem die wahren Tagesbögen, die einen kleineren Abstand haben, wegen der schnelleren Bewegung größer, die Tagesbögen aber in dem weiter entfernten Aphel wegen der langsameren Bewegung kleiner. Daraus habe ich in meinem Marswerk bewiesen, dass sich die scheinbaren Tagesbögen auf ein und demselben Exzenter hinlänglich genau umgekehrt verhalten wie die Quadrate ihrer Abstände von der Sonne.

Wenn also z. B. der Planet an einem bestimmten Tage im Aphel um 10 Einheiten nach irgendeinem Maß von der Sonne entfernt ist, an dem entgegengesetzten Tag aber im Perihel um 9 gleiche Einheiten, so verhält sich sicherlich seine scheinbare Weiterbewegung im Aphel von der Sonne aus gesehen zu der scheinbaren Bewegung im Perihel wie 81 zu 100.

Diese Aussagen gelten jedoch nur unter folgenden Vorbehalten. Erstens darf der Bogen des Exzenters nicht groß sein, damit seine Abstände nicht sehr verschieden sind, d. h. damit die Abstände seiner Endpunkte von den Apsiden keinen merklichen Unterschied aufweisen. Sodann darf die Exzentrizität nicht sehr groß sein. Denn je größer die Exzentrizität ist, d. h. je größer der Bogen wird, desto mehr nimmt seine scheinbare Größe über das Maß seiner Annäherung an die Sonne hinaus zu, nach Satz 8 der Optik des Euklid. Bei kleinen Bögen und großen Abständen macht das nichts aus, wie ich in meiner Optik, Kapitel 11, erwähnt habe. Es ist aber noch ein anderer Grund da, warum ich hierauf hinweise. Die Bögen des Exzenters bieten sich nämlich in den mittleren Anomalien von dem Sonnenmittelpunkt aus schief dar, wodurch ihre scheinbare Größe verringert wird, während sich dagegen die Bögen in der Nähe der Apsiden einem Beobachter auf der Sonne senkrecht darbieten. Wenn also die Exzentrizität sehr groß ist, dann wird das Verhältnis der Bewegungen merklich gefälscht, wenn man die mittlere tägliche Bewegung ohne Verkürzung zum mittleren Abstand in Beziehung setzt, wie wenn sie sich aus dem mittleren Abstand in der Größe ergäbe, die sie besitzt; dies wird sich später beim Merkur zeigen. All das wird ausführlicher im fünften Buch meiner *Epitome Astronomiae Coper-*

nicanae dargelegt; es musste aber auch hier erwähnt werden, weil es direkt die je für sich betrachteten Bezugsglieder der himmlischen Harmonien betrifft.

Siebtens, wenn jemand vielleicht an die täglichen Bewegungen denkt, wie sie nicht von der Sonne, sondern von der Erde aus erscheinen, von denen das sechste Buch der *Epitome Astronomiae Copernicanae* handelt, so möge er wissen, dass diese bei unserer gegenwärtigen Aufgabe nicht in Betracht kommen. Dies darf auch nicht sein, da die Erde nicht die Quelle dieser Bewegungen ist, und es kann nicht sein, da diese Bewegungen nicht nur in volle Ruhe oder in scheinbaren Stillstand, sondern sogar in Rückläufigkeit für den trügerischen Augenschein ausarten, sodass in dieser Hinsicht allen Planeten zumal mit Recht eine unendliche Anzahl von Proportionen zugeteilt wird. Um also sicher zu sein, welche eigenen Proportionen die täglichen Bewegungen der einzelnen [von der Erde aus gesehen] wahren exzentrischen Bahnen bilden (mögen diese Bewegungen auch scheinbar sein, gleichsam für einen Beobachter auf der Sonne, der Quelle der Bewegung), so muss zuerst von diesen eigenen Bewegungen die ihnen fremde, allen fünf Planeten gemeinsame, nur eingebildete jährliche Bewegung abgeschieden werden, mag diese nach Kopernikus von der Bewegung der Erde selber oder nach Tycho Brahe von der jährlichen Bewegung des ganzen Systems herrühren. Erst diese so herausgeschälten, jedem Planeten eigenen Bewegungen können der Betrachtung unterliegen.

Achtens. Bisher haben wir von den verschiedenen Wegzeiten oder Bögen eines und desselben Planeten gesprochen. Nun müssen wir die Beziehung zwischen den Bewegungen je zweier Planeten untersuchen. Hierbei ist die Definition der Begriffe, die wir später brauchen, zu vermerken. Als »nächste Apsiden« zweier Planeten werden wir das Perihel des oberen und das Aphel des unteren bezeichnen, wobei es nichts ausmacht, wenn beide nicht in derselben Weltrichtung, sondern in verschiedenen, sogar entgegengesetzten Richtungen liegen. Unter extremen Bewegungen verstehen wir die langsamste und die schnellste des ganzen Planetenumlaufs. Konvergente oder einander zugekehrte Bewegungen sind solche, die in nächsten Apsiden, d. h. im Perihel des oberen und im Aphel des unteren Planeten, stattfinden; divergente oder voneinander abgekehrte solche, die in den entgegengesetzten Ap-

RECHTE SEITE
Tycho Brahes Observatorium Uraniborg

siden, d.h. im Perihel des oberen und im Aphel des unteren Planeten, stattfinden; divergente oder voneinander abgekehrte solche, die in den entgegengesetzten Apsiden, d.h. im Aphel des oberen und im Perihel des unteren, stattfinden. Hier muss nun wiederum eine Frage aus meinem *Mysterium cosmographicum* erledigt und eingeschaltet werden, die ich vor 22 Jahren offen ließ, weil die Sache noch nicht klar war. Nachdem ich in unablässiger Arbeit eine sehr lange Zeit die wahren Intervalle der Bahnen mit Hilfe der Beobachtungen Brahes ermittelt hatte, zeigte sich mir endlich, endlich die wahre Proportion der Umlaufszeiten in ihrer Beziehung zu der Proportion der Bahnen:

»– spät zwar schaute sie nach dem Erschlafften,
doch sie schaute nach ihm, und lange hernach kam sie selbst.«

Am 8. März dieses Jahres 1618, wenn man die genauen Zeitangaben wünscht, ist sie in meinem Kopf aufgetaucht. Ich hatte aber keine glückliche Hand, als ich sie der Rechnung unterzog, und verwarf sie als falsch. Schließlich kam sie am 15. Mai wieder und besiegte in einem neuen Anlauf die Finsternis meines Geistes, wobei sich zwischen meiner siebzehnjährigen Arbeit an den Tychonischen Beobachtungen und meiner gegenwärtigen Überlegung eine so treffliche Übereinstimmung ergab, dass ich zuerst glaubte, ich hätte geträumt und das Gesuchte in den Beweisunterlagen vorausgesetzt. Allein, es ist ganz sicher und stimmt vollkommen, *dass die Proportion, die zwischen den Umlaufszeiten irgend zweier Planeten besteht, genau das anderthalbfache der Proportion der mittleren Abstände, d.h. der Bahnen selber, ist*[2], wobei man jedoch beachten muss, dass das arithmetische mittel zwischen den beiden Durchmessern der Bahnellipse etwas kleiner ist als der längere Durchmesser. Wenn man also von der Umlaufszeit z.B. der Erde, die ein Jahr beträgt, und von der Umlaufszeit des Saturn, die 30 Jahre beträgt, den dritten Teil der Proportion, d.h. die Kubikwurzeln, nimmt und von dieser Proportion das Doppelte bildet, indem man jene Wurzeln ins Quadrat erhebt, so erhält man in den sich ergebenden Zahlen die vollkommen richtige Proportion der mittleren Abstände der Erde und des Saturn von der Sonne. Denn die Kubikwurzel aus 1 ist 1, das Quadrat hiervon 1. Die Kubikwurzel aus 30 ist etwas größer als 3, das Quadrat hiervon also etwas größer als 9. Und Saturn ist in seinem mittleren

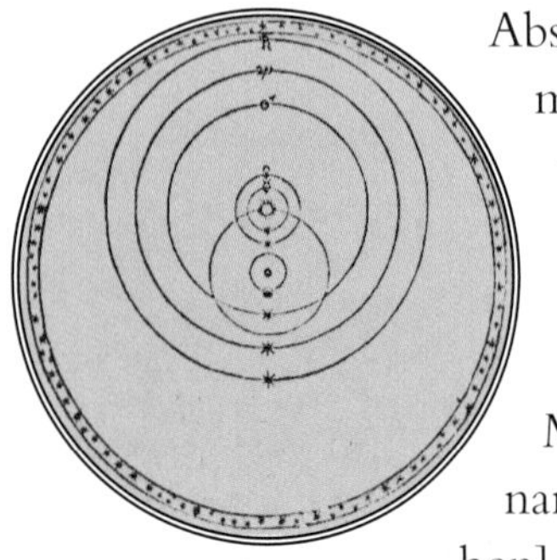

Tycho Brahes Modell

Abstand von der Sonne ein wenig höher als das Neunfache des mittleren Abstandes der Erde von der Sonne. Wir werden unten im 9. Kapitel diesen Satz brauchen bei dem Nachweis der Exzentrizitäten.

Neuntens. Will man nun die eigentlichen täglichen Wege der Planeten in dem Ätherraum gleichsam mit der gleichen Messlatte ausmessen, so muss man zwei Proportionen miteinander verbinden, die Proportion der [von der Erde aus gesehen] wahren (nicht der scheinbaren) Tagesbögen des Exzenters und die Proportion der mittleren Abstände von der Sonne, weil diese die Gleiche ist auch bei dem Umfang der Bahnen; d. h., man muss für jeden Planeten den wahren Tagesbogen mit dem Halbmesser seiner Bahn multiplizieren. Damit erhält man Zahlen, die geeignet sind zur Prüfung, ob jene Wege harmonische Proportionen bilden.

Zehntens. Um aber die scheinbare Größe dieser täglichen Wege für einen Beobachter auf der Sonne zu erhalten, so kann man diese zwar unmittelbar astronomisch bestimmen; sie ergibt sich aber auch, wenn man zu der Proportion der Wege die umgekehrte Proportion der wahren, nicht der mittleren Abstände für jeden Ort des Exzenters hinzufügt, d. h., wenn man den Weg des oberen Planeten mit dem Abstand des unteren von der Sonne und umgekehrt den Weg des unteren mit dem Abstand des oberen von der Sonne multipliziert.

Elftens. Ebenso kann man auch aus den scheinbaren Bewegungen des einen Planeten im Aphel und des anderen im Perihel (oder umgekehrt) die Proportion des Aphelabstandes des einen zum Perihelabstand des anderen gewinnen. Dabei müssen aber die mittleren Bewegungen zuvor bekannt sein, d. h. die umgekehrte Proportion der Umlaufszeiten, aus denen nach der vorausgehenden Nr. 8 das Verhältnis der Bahnen ermittelt wird. Bestimmt man dann die mittlere Proportionale zwischen der scheinbaren und der mittleren Bewegung je eines der zwei Planeten, so verhält sich diese mittlere Proportionale zum bereits bekannten Halbmesser der Bahn wie die mittlere Bewegung zu dem gesuchten Abstand. Es seien die Umlaufszeiten zweier Planeten 27 und 8; die mittleren täglichen Bewegungen verhalten sich also wie 8:27, die Halbmesser der Bahnen daher wie 9:4. Denn die Kubikwurzel aus 27 ist 3, aus 8 ist sie 2. Die Quadrate dieser Wurzeln 3 und 2 sind 9 und 4. Es seien nun die scheinbaren Bewegungen des einen Planeten im Aphel 2, des anderen im Perihel 331/3. Die mittleren Proportionalen zwischen den mittleren Bewegungen 8 und 27 und diesen scheinbaren sind 4 und 30. Wenn nun das Mittel 4 den mittleren Abstand des Planeten gleich 9 ergibt, dann ergibt die mittlere Bewegung 8 den der scheinbaren Bewegung 2 entsprechenden Aphelabstand 18. Und wenn das andere Mittel 30 den mittleren Abstand des zweiten Planeten gleich 4 ergibt, dann ergibt seine mittlere Bewegung 27 seinen Perihelabstand gleich 33/5. Ich behaupte also, der Aphelabstand des einen Planeten verhält sich zum Perihelabstand des anderen wie 18 zu 33/5. Daraus geht hervor, dass sich die extremen Abstände sowie die mittleren, also auch die Exzentrizitäten, mit Notwendigkeit ergeben, wenn die Harmonien zwischen den extremen Bewegungen zweier Planeten angeordnet sind und diesen ihre Umlaufszeiten vorgeschrieben werden.

Zwölftens. Aus den verschiedenen extremen Bewegungen eines und desselben Planeten lässt sich auch seine mittlere Bewegung finden. Diese ist nämlich nicht genau das arithmetische Mittel zwischen den extremen Bewegungen, auch nicht genau das geometrische Mittel, sondern um so viel kleiner als das geometrische Mittel, wie dieses kleiner ist als das Mittel zwischen beiden Mitteln. Die beiden extremen Bewegungen seien 8 und 10, die mittlere Bewegung wird dann kleiner sein als 9, auch kleiner als die Wurzel aus 80, und zwar um die Hälfte von dem, was zwischen den beiden Werten 9 und der Wurzel aus 80 liegt. Ebenso ist für die Aphelbewegung 20 und die Perihelbewegung 24 die mittlere Bewegung kleiner als 22, auch kleiner als die Wurzel aus 480, und zwar um die Hälfte von dem, was zwischen dieser Wurzel und 22 liegt. Dieser Satz wird im folgenden Anwendung finden.

Dreizehntens. Aus den vorausgehenden Sätzen lässt sich der folgende Satz beweisen, der uns sehr nötig sein wird. Wie die Proportion der mittleren Bewegungen bei je zwei Planeten gleich der anderthalben umgekehrten Proportion der Bahnen ist, so ist die Proportion der beiden scheinbaren konvergenten extremen Bewegungen immer kleiner als die anderthalb Proportion der den extremen Bewegungen entsprechenden Abstände. Insoweit aber die beiden Proportionen dieser Abstände zu den beiden mittleren Abständen oder den Halbmessern der beiden Bahnen

RECHTE SEITE
Die Harmonie der Sphären; Kepler glaubte, dass alle Planeten unseres Sonnensystems sich in Harmonie zueinander bewegen, wie in dieser Bildmontage gezeigt wird.

zusammen weniger ausmachen als die halbe Proportion der Bahnen, ist die Proportion der beiden konvergenten extremen Bewegungen größer als die Proportion der entsprechenden Abstände; wenn jedoch jene Summe die halbe Proportion der Bahnen überschreiten würde, dann wäre die Proportion der konvergenten Bewegungen kleiner als die Proportion ihrer Abstände.

Kapitel IV
Worin bei den Bewegungen der Planeten vom Schöpfer die harmonischen Proportionen ausgedrückt sind und in welcher Weise dies geschieht

Wenn man nun also von den nur in der Einbildung existierenden rückläufigen Bewegungen und Stillständen absieht und die eigenen Bewegungen der Planeten in ihren wahren exzentrischen Bahnen herausstellt, so bleiben bei ihnen noch folgende Punkte zu unterscheiden: 1. Die Abstände von der Sonne. 2. Die Umlaufszeiten. 3. Die Tagesbögen auf dem Exzenter. 4. Die Aufenthaltsdauern auf diesen Bögen für einen Tag. 5. Die Winkel an der Sonne oder die scheinbaren Tagesbögen gleichsam für einen Beobachter auf der Sonne. Alle diese Dinge (abgesehen von den Umlaufszeiten) sind wieder auf dem ganzen Umlauf veränderlich, und zwar am stärksten in den mittleren Längen, am schwächsten in den extremen Lagen, wenn der Planet sich von einer solchen wegwendet und zu der entgegengesetzten übergeht. Wenn also z. B. der Planet sehr niedrig steht und der Sonne am nächsten kommt und daher in einem Grad des Exzenters seine kürzeste Zeit verweilt oder umgekehrt an einem Tag den größten Tagesbogen auf dem Exzenter zurücklegt und von der Sonne aus am schnellsten erscheint, dann bleibt diese seine Bewegung eine Zeit lang in Kraft ohne merkliche Veränderung, bis der Planet das Perihel überschritten hat und sich sein geradliniger Abstand von der Sonne allmählich immer mehr vergrößert. Er wird dann auch in den Graden des Exzenters länger verweilen oder, wenn man die Bewegung eines einzigen Tages ins Auge fasst, an jedem folgenden Tag um ein kleineres Stück weiterrücken und auch von der Sonne aus viel langsamer erscheinen, bis er sich der obersten Apside genähert hat und den größten Abstand von der Sonne erreicht. Hier verweilt er am allerlängsten in einem Grad des Exzenters oder umgekehrt, er legt hier in einem Tag den kleinsten

Der Satellit Mariner 10 zieht am Merkur vorbei.

Bogen zurück und besitzt auch eine viel kleinere scheinbare Bewegung, die kleinste auf seinem ganzen Umlauf.

All das kann man entweder in seinem zeitlichen Ablauf bei einem einzelnen Planeten oder bei verschiedenen Planeten betrachten. So können unter der Voraussetzung eines unendlichen Zeitablaufs alle Erscheinungen bei einem Umlauf eines beliebigen Planeten mit allen Erscheinungen bei einem Umlauf eines anderen im gleichen Zeitpunkt zusammentreffen und miteinander verglichen werden. Hierbei weisen die ganzen exzentrischen

Bahnen, wenn man sie miteinander vergleichen will, dieselbe Proportion auf wie ihre Halbmesser oder mittleren Abstände. Die Bögen zweier Exzenter aber haben, auch wenn sie gleiche Beträge aufweisen, d. h. durch ein und dieselbe Zahl ausgedrückt werden, doch ungleiche wahre Längen im Verhältnis der ganzen Bahnen. So ist z. B. ein Grad der Saturnbahn fast doppelt so groß wie ein Grad der Jupiterbahn. Und umgekehrt geben die Tagesbögen der Exzenter, in astronomischen Zahlen ausgedrückt, nicht die Proportion der wahren Wege an, die die Planetenkugeln in einem Tag im Himmelsäther zurücklegen, da die einzelnen Einheiten auf der größeren Bahn des oberen Planeten ein größeres Wegstück, auf der engeren Bahn des unteren dagegen ein kleineres bezeichnen.

Kapitel VII
Dass es Gesamtharmonien aller sechs Planeten gleichsam als gemeinsame vierfache Kontrapunkte gibt

Nun muss es lauter schallen, Urania, indem ich über die harmonische Leiter der himmlischen Bewegungen in größere Höhen aufsteige, dorthin, wo das wahre Urbild des Weltenbaus verborgen und verwahrt ist. Folgt mir, ihr Musiker von heute, und bildet euch selber ein Urteil nach euren Kunstregeln, die dem Altertum noch nicht bekannt waren. Euch hat als die Ersten, in denen sich das Weltall wahrhaft spiegelt, die allzeit verschwenderische Natur nach zweitausendjährigem Brüten endlich in den letzten Jahrhunderten hervorgebracht. Durch eure mehrstimmigen Melodien, durch Vermittlung eurer Ohren hat sie dem menschlichen Geist, dem Lieblingskind des göttlichen Schöpfers, ihr innerstes Wesen zugeraunt. (Ist es unverschämt von mir, wenn ich von den einzelnen Komponisten unserer Zeit eine kunstgerechte Motette für meinen Lobpreis forderte? Einen geeigneten Text könnten der königliche Psalmist oder die übrigen hl. Bücher liefern. Doch merkt wohl, dass am Himmel nicht mehr als sechs Stimmen zusammenklingen. Denn der Mond summt für sich seine einstimmige Weise, bei der Erde wie an einer Wiege sitzend. Liefert eure Beiträge; dass die Partitur sechsstimmig wird, darüber verspreche ich eifriger Wächter zu sein. Wer die in meinem Werk dargestellte Himmelsmusik am besten ausdrückt, dem stellt Klio ein Blu-

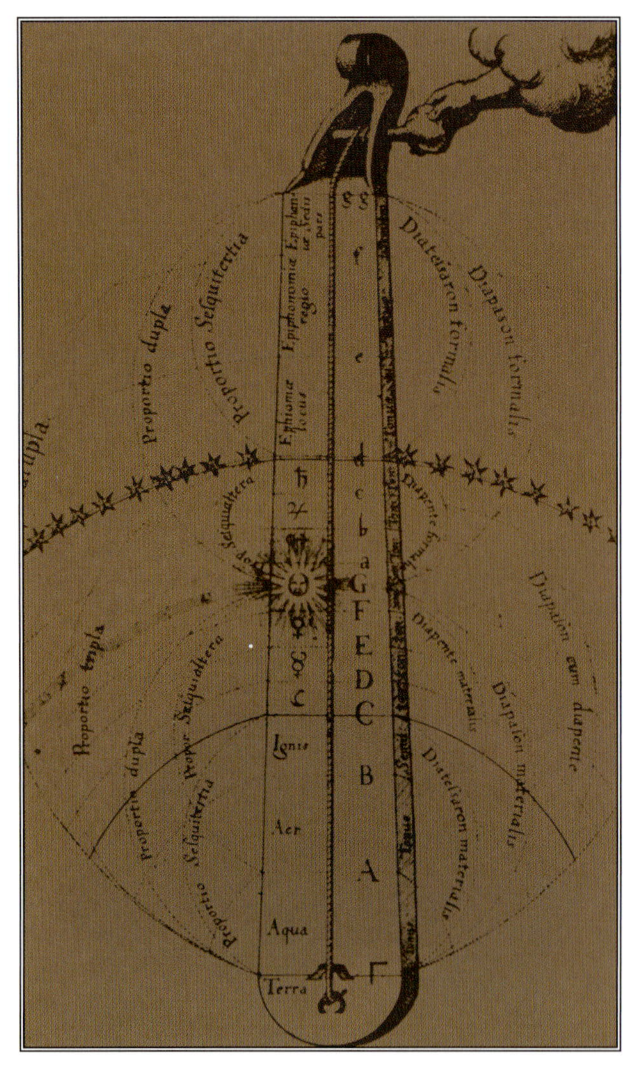

Die Zeichnung von Robert Fludd (17. Jahrhundert) zeigt das Universum als Monochord. Viele Wissenschaftler teilten Keplers Sichtweise eines harmonischen Universums.

mengewinde in Aussicht, und Urania verheißt ihm die Venus als Braut.)

Die harmonischen Proportionen, die zwischen den extremen Bewegungen zweier benachbarter Planeten bestehen, habe ich oben dargestellt. Es kommt jedoch sehr selten vor, dassgleichzeitig zwei Planeten, zumal wenn es sehr langsame sind, ihre extremen Intervalle erreichen. So liegen die Apsiden von Saturn und Jupiter ungefähr 81° auseinander. Bis dieser ihr Abstand in bestimmten Sprüngen von je 20 Jahren den ganzen Tierkreis durchmißt, verstreichen 800 Jahre, und doch trifft der Sprung, der das 8. Jahrhundert beschließt, nicht genau auf die Apsiden. Wenn er etwas weiter abweicht, so muss man noch einmal 800 Jahre zusehen, ob sich ein günstigerer Sprung durch die Berechnung finden läßt. Das ist so oft zu wiederholen, wie das Maß der Abweichung in der Länge eines halben Sprungs enthalten ist. Derartige Perioden treten auch bei den einzelnen übrigen Planetenpaaren auf, freilich nicht so lange. In der Zwischenzeit treten aber auch andere Harmonien bei zwei Planeten auf zwischen Bewegungen, die nicht beide extrem sind, von denen vielmehr eine oder beide Zwischenwerte besitzen, und zwar sozusagen in verschiedenen Spannweiten. Denn da Saturn von *G* bis *h* und etwas darüber steigt, Jupiter von *h* bis *d* und noch etwas weiter, so können zwischen Saturn und Jupiter auch die beiden Terzen und die Quart (je um eine Oktave höher) auftreten, und zwar von den beiden Terzen jede über eine Spannweite hin, die gleich dem Umfang der anderen ist, die Quart aber über die Spannweite eines großen Ganztones hin. Denn eine

Quart besteht nicht nur zwischen dem *G* des Saturn und dem *cc* des Jupiter, sondern auch zwischen dem *A* des Saturn und dem *dd* des Jupiter sowie über alle Zwischenlagen hin zwischen dem *G-A* des ersteren und dem *cc-dd* des letzteren Planeten. Die Oktav aber und die Quint treten nur in den Apsiden auf. Mars, dem ein größeres Eigenintervall zukommt, besitzt die Eigenschaft, dass er mit den oberen Planeten innerhalb einer gewissen Spannweite eine Oktav bilden kann. Merkur hat ein so großes Intervall bekommen, dass er meistens alle Harmonien mit allen Planeten bildet innerhalb einer einzigen Periode, die nicht länger dauert als drei Monate. Die Erde dagegen und noch viel mehr die Venus schränken bei der Enge ihrer Eigenintervalle ihre Harmonien nicht nur mit den übrigen Planeten, sondern besonders auch untereinander auf eine auffallend geringe Anzahl ein. Was nun die gleichzeitige Harmonie dreier Planeten anlangt, so muss man viele Wechsellagen abwarten. Doch gibt es eine große Zahl von Harmonien; solche treten um so eher auf, als immer die nächstfolgende sich eng an die benachbarte anschließt. Auch hat es den Anschein, dass zwischen Mars, Erde und Merkur dreifache Harmonien etwas häufiger auftreten. Die Harmonien von vier Planeten verteilen sich bereits über Jahrhunderte hin, die von fünf Planeten über Myriaden von Jahren. Die Fälle, in denen alle sechs Planeten zusammenklingen, sind durch ewig lange Zeiträume voneinander geschieden; ich weiß nicht, ob es überhaupt möglich ist, dass in dem ganzen Ablauf der Welt zwei solche Fälle auftreten, und ob nicht vielmehr eine solche Harmonie den Anfang

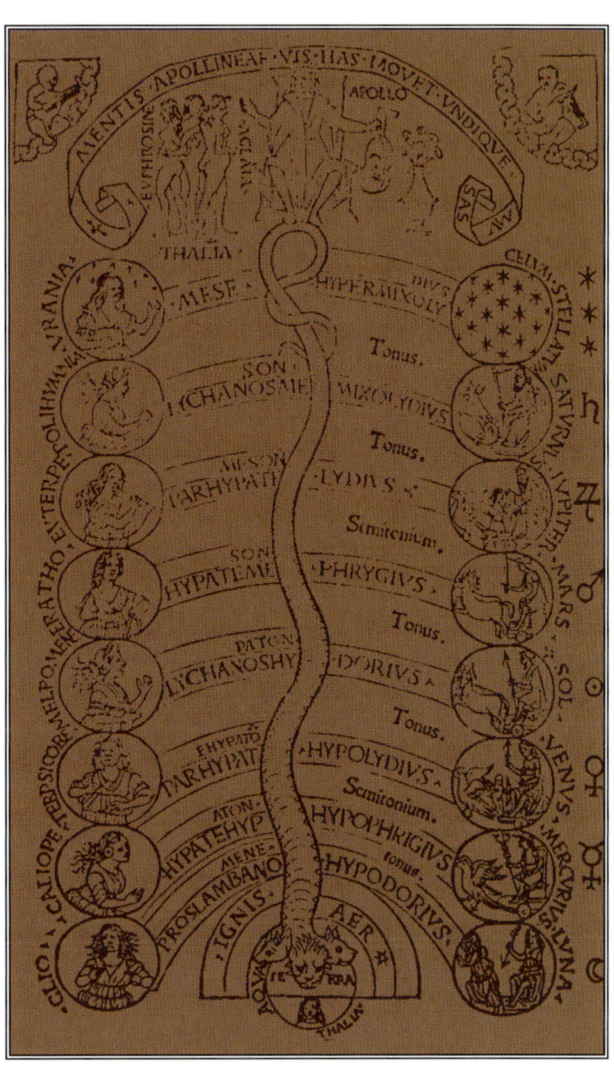

Deckblatt von Franchino Gafaris »Practica Musicae« (Mailand 1496)

Diapaſon Ditonus, Diapaſon cum Tono, Diapaſon, Heptachordon, Hexachordon, Diapente, Diateſſaron, Ditonus, Tonus

Enneachordon I	Enneach. II	Enneach. III	Enneach. IV
Mundus Archetyp. DEVS	Mundus Sidereus Cœl.Emp.	Mundus Mineralis	Lapides
Seraphim	Firmamentum	Salia, ſtellę Minerales.	Aſtrite
Cherubim	♄ Nete	Plumbum	Topazi
Troni	♃ Paranete	Æs	Ameth ſtus
Dominationes	♂ Parameſ.	Ferrum	Adam
Virtutes	☼ Meſe	Aurum	Pyrop
Poteſtates	♀ Lichanos	Stannum	Beryll
Principatus	☿ Parhypa.	Argentum Viuum	Acha Iaſp
Archangeli	☽ Hypate	Argentum	Selen Cryſta
Angeli	Ter. c ũ Ele. Proslamb.	Sulphur	Mag

der Zeit bezeichnet, von dem aus sich das Alter der Welt herleitet.

Wenn es nun nur eine einzige sechsfache Harmonie oder unter mehreren eine besonders ausgezeichnete gäbe, so könnte man in dieser zweifellos die Konstellation bei der Erschaffung der Welt erblicken. Es erhebt sich also die Frage, ob und auf wie vielerlei Weisen sich die Bewegung aller sechs Planeten zu einer einzigen Gesamtharmonie zusammenstimmen lassen. Die Untersuchung dieser Frage nimmt ihren Ausgang von Erde und Venus, da diese beiden miteinander nur zwei Konsonanzen bilden, und zwar (was die Ursache hierfür ist) nur über ganz geringe Anschwellungen der Bewegungen hin.

ch:	Enneach. VI	Enneach. VII	Enneach. VIII	Enneach. IX	Enneach. X
a	Arbores	Aquatilia	Volucria	Quadrupe-pedia	Colores varij
e & ell.	Frutices Bacciferę	Piſces ſtellares	Gallina Pharaonis	Pardus	Diuerſi Colores
oo-	Cypreſſus	Tynnus	Bubo	Aſinus, Vrſus	Fuſcus
ica	Citrus	Acipenſer	Aquila	Elephas	Roſcus
thiū	Quercus	Pſyphias	Falco Accipiter	Lupus	Flammeu
trop	Lotus, Laurus	Delphinus	Gallus	Leo	Aureus
um	Myrtus	Truta	Cygnus Columba	Ceruus	Viridis
nia	Maluſpunica	Caſtor	Pſittacus	Canis	Cæruleus
aria	Colutea	Oſtrea	Anates Anſeres	Ælurus	Candidus
ina	Frutices	Anguilla	Struthio camelus	Inſecta	Niger

Das Universum als harmonisches Arrangement, auf der Grundlage von Athanasius Kirchers »Musurgia Universalis« (Rom 1650)

Nun wohlan, legen wir von vornherein gleichsam zwei Harmonieskelette fest, von denen jedes durch zwei extreme Zahlenwerte (die die Grenzwerte der Geschwindigkeiten bezeichnen) gebildet wird, und untersuchen wir, welche Bewegungen innerhalb des jedem Planeten eingeräumten Umfangs damit übereinstimmen.

Isaac Newton (1643–1727)

LEBEN UND WERK

Am 5. Februar 1676 schrieb Newton einen Brief an seinen Erzfeind Robert Hooke, der unter anderem den Satz enthielt: »Wenn ich weiter gesehen habe, dann deshalb, weil ich auf den Schultern von Riesen stand.« Häufig als Newtons Verbeugung vor den wissenschaftlichen Entdeckungen von Kopernikus, Galilei und Kepler verstanden, wurde er zu einem berühmten Zitat der Wissenschaftsgeschichte. Tatsächlich hat Newton die Beiträge dieser Männer durchaus anerkannt, doch in seinem Brief an Hooke bezog er sich auf optische Theorien, speziell auf die Untersuchung der Farberscheinungen dünner Plättchen, ein Forschungsfeld, auf dem Hooke und René Descartes wichtige Beiträge geleistet hatten.

Einige Historiker haben den Satz als kaum verhüllte Beleidigung an Hookes Adresse gedeutet, dessen krumme Haltung und Kleinwüchsigkeit schwerlich an einen Riesen denken ließen. Doch trotz ihrer Fehden scheint Newton die bemerkenswerten optischen Forschungsarbeiten von Hooke wie Descartes in aller Fairness anerkannt zu haben und schlug gegen Ende des Briefes einen versöhnlichen Ton an.

Isaac Newton gilt als der Begründer der Infinitesimalrechnung und der Theorie von Licht und Farbe. Doch seinen Platz in der Geschichte sicherte er sich durch die Formulierung der Gravitationskraft und durch die Definition der Bewegungsgesetze in seinem wegweisenden Werk »Philosophiae naturalis principia mathematica« (»Die mathematischen Prinzipien der Physik«, allgemein als »Principia« bekannt. Darin verschmolz Newton die wissenschaftlichen Beiträge von Kopernikus, Galilei, Kepler und anderen zu einer dynamischen neuen Symphonie. »Principia«, das erste Buch über theoretische Physik, gilt generell als das wichtigste Werk in der Geschichte der Wissenschaft und als die wissenschaftliche Grundlage des modernen Weltbildes.

RECHTE SEITE
Deckblatt eines Buches des italienischen Jesuiten Giovanni-Battista Riccioli, das die kopernikanische Theorie nach dem Prozess des Galileo zu widerlegen suchte. Die Astronomie wiegt die Modelle von Kopernikus und Riccioli und befindet Ricciolis Modell als das bessere. Diese Sichtweise war zum Zeitpunkt von Newtons Geburt noch die vorherrschende.

Newton schrieb die drei Bücher der »Principia« in nur achtzehn Monaten, und das trotz mehrerer schwerer Nervenzusammenbrüche, deren Heftigkeit sich wohl auf seine Rivalität mit Hooke zurückführen lässt. Seine Rachsucht erfüllte ihn so sehr, dass er alle Hinweise auf Hookes Arbeit aus dem Buch entfernte; andererseits war der Hass auf den wissenschaftlichen Kollegen möglicherweise ein erheblicher Antrieb für die Entstehung der »Principia«.

Die geringste Kritik an seinem Werk, selbst wenn sie in überschwängliches Lob gekleidet war, konnte Newton über Monate in finsterem Brüten versinken lassen. Dieser Charakterzug zeigte sich schon sehr früh in seinem Leben und hat einige Zeitgenossen und Biographen zu der Frage veranlasst, was Newton wohl noch alles entdeckt hätte, wenn er nicht so besessen von dem Wunsch gewesen wäre, persönliche Rechnungen zu begleichen. Andere dagegen haben die Vermutung geäußert, Newtons wissenschaftliche Entdeckungen und Leistungen seien das Ergebnis seiner zwanghaften Rachsucht und wären ihm ohne diesen Charakterzug vielleicht gar nicht möglich gewesen.

Bereits als kleiner Junge stellte sich Isaac Newton die Fragen, die die Menschheit schon lange beschäftigten und von denen er später viele beantworten sollte. Es war der Beginn eines Lebens voller Entdeckungen, trotz beklommener erster Schritte. Am 4. Januar 1643, also fast genau ein Jahr nach Galileis Tod, wurde Newton in der englischen Industriestadt Woolsthorpe, Lincolnshire, geboren. Seine Mutter gab ihm keine große Überlebenschance, da er eine Frühgeburt war. Später sagte er von sich, er sei bei seiner Geburt so klein gewesen, dass er in einen Einliterkrug gepasst habe. Newtons Vater, ein Landwirt, ebenfalls auf den Namen Isaac getauft, war drei Monate zuvor gestorben. Als Newton zwei Jahre alt war, heiratete seine Mutter Hannah Ayscough in zweiter Ehe Barnabas Smith, einen reichen Geistlichen aus North Witham.

Anscheinend war in der neuen Smith-Familie kein Platz für den kleinen Isaac, daher wurde er bei seiner Großmutter Margery Ayscough in Pflege gegeben. Dieses Gespenst der Erfahrung, abgeschoben zu werden, in Verbindung mit der Tragödie, dass er seinen Vater nie kennen gerlernt hatte, verfolgte Newton sein Leben lang. Den Stiefvater verachtete er. Als er in seinen Tage-

Numerus
Mensura
Pondus
Videbo Cælos tuos, opera digitorum tuor
Ponderibus
librata suis

Newton im Alter von 12 Jahren

bucheintragungen des Jahres 1662 seine Sünden Revue passieren lässt, schreibt er: »Vater und Mutter Smith gedroht, das Haus über ihnen anzustecken und sie zu verbrennen.«

Wie in seinem Erwachsenendasein häufen sich auch schon in der Kindheit Episoden scharfer, rachsüchtiger Angriffe, nicht nur gegen vermeintliche Feinde, sondern auch gegen Freunde und Angehörige. Außerdem zeigte er von früh an jene Art von Neugier, die für alle späteren Leistungen maßgeblich sein sollte und die sich damals vor allem in seinem Interesse für mechanische Modelle und architektonische Zeichnungen äußerte. Endlose Stunden verbrachte er mit dem Bau von Uhren, Laternen tragenden Drachen, Sonnenuhren, einer (durch eine Maus angetriebenen) Miniaturmühle und der Anfertigung detaillierter Skizzen von Tieren und Schiffen. Mit fünf Jahren besuchte er Schulen in Skillington und Stoke, galt aber als einer der schlechtesten Schüler und wurde von den Lehrern mit Beurteilungen wie »unaufmerksam« und »faul« bedacht. Trotz seines Wissensdurstes und Lerneifers vermochte er sich nicht auf die schulischen Aufgaben zu konzentrieren.

Als Newton zehn Jahre alt war, starb Barnabas Smith und hinterließ seiner Frau ein beträchtliches Vermögen. Fortan lebten Isaac und seine Großmutter bei Hannah, einem Halbbruder und zwei Halbschwestern. Angesichts der mäßigen Schulleistungen Isaacs kam die Mutter auf die Idee, er eigne sich vielleicht besser dazu, sich um die Landwirtschaft und den Besitz zu kümmern, und nahm ihn aus der Free Grammar School in Grantham, doch schon bald musste sie betrübt einsehen, dass ihr Ältester an der Verwaltung des Familienbesitzes noch weniger Interesse zeigte als am Unterricht. Ihr Bruder William, ein Geistlicher, entschied, dass es dem Wohl der Familie am dienlichsten sei, wenn der geistesabwesende Isaac in die Schule zurückkehre, um seine Ausbildung abzuschließen.

Diesmal wohnte Newton bei John Stokes, dem Direktor der Free Grammar School, und dort scheint sich ein entscheidender Wandel in seiner Einstellung zur Schule vollzogen zu haben. Mit neu erwachtem geistigen Vermögen und Interesse begann sich Newton auf die Fortsetzung seiner Studien an der Universität vorzubereiten. Er beschloss, das Trinity College zu besuchen, die Alma mater seines Onkels William an der Cambridge University.

Karikatur zu der Geschichte, dass Newton die Schwerkraft entdeckte, als ihm ein Apfel auf den Kopf fiel.

Am Trinity College wurde Newton »subsizar«, das heißt, er musste sich das Studium durch die Erfüllung von Haushaltspflichten verdienen – etwa bei Tisch bedienen oder die Zimmer der Dozenten reinigen. Doch 1664 wurde er »scholar« mit einem Vollstipendium und war damit von allen niederen Tätigkeiten befreit. Als die Universität 1665 wegen der Beulenpest den Lehrbetrieb einstellte, widmete er sich der Mechanik und Mathematik und begann sich auf Optik und Gravitation zu konzentrieren. Das »annus mirabilis« (Jahr der Wunder), wie Newton es nannte, war eine der produktivsten und fruchtbarsten Perioden seines Lebens. Eine hartnäckige Legende besagt, dass ihm etwa um diese Zeit

Newton führt in seinem Zimmer am Trinity College Experimente mit einem Prisma durch.

ein Apfel auf den Kopf gefallen sei und ihn unsanft aus dem Schlummer unter einem Baum gerissen habe – dies sei der Impuls zur Entwicklung der Gravitationsgesetze gewesen.

Mag die Geschichte auch erfunden sein, Newton selbst hat jedenfalls geschrieben, ein fallender Apfel habe ihn »veranlasst«, sich mit den Problemen der Gravitation auseinander zu setzen. Außerdem nimmt man an, dass er damals auch seine Pendelexperimente durchgeführt hat. »Ich war auf der Höhe meiner Erfindungskraft«, erinnerte sich Newton später, »und empfand ein stärkeres Interesse an der Mathematik und Philosophie als jemals danach.«

Nach Cambridge zurückgekehrt, studierte Newton die Philosophie des Aristoteles und Descartes sowie die naturkundlichen Schriften von Thomas Hobbes und Robert Boyle. Ihn faszinierte Kopernikus' Mechanik, Galileis Astronomie und Keplers Optik. Etwa zu dieser Zeit begann er mit seinen Prismenexperimenten, um Phänomene der Lichtbrechung und -streuung zu untersuchen. Ein Ereignis an der Universität wirkte sich nachhaltig auf Newtons Zukunft aus: die Ankunft von Isaac Barrow, der zum Lukasischen Professor der Mathematik berufen worden war. Barrow erkannte Newtons außergewöhnliche mathematische Begabung, und als er 1669 den Lehrstuhl aufgab, um sich fortan der Theologie zu widmen, empfahl er den siebenundzwanzigjährigen Newton als seinen Nachfolger.

Als Lukasischer Professor – einem nach seinem Gründer und Förderer benannten Lehrstuhl – befasste er sich zunächst mit der Optik. Er schickte sich an zu beweisen, dass weißes Licht eine Mischung verschiedener Lichtarten darstellt, von denen jede für eine der Farben des Spektrums verantwortlich ist, in das ein Prisma das weiße Licht zerlegt. Durch die komplizierten Experimente, mit denen er beweisen wollte, dass Licht aus winzigen Teilchen besteht, zog er sich den Zorn von Wissenschaftlern wie Hooke zu, die behaupteten, das Licht breite sich in Form von Wellen aus. Hooke forderte Newton heraus, weitere Beweise für seine exzentrischen optischen Theorien zu liefern. Newton reagierte in einer Weise, die er auch in reiferem Alter nicht überwand. Er zog sich zurück, versuchte, Hooke bei jeder sich bietenden Gelegenheit zu demütigen, und weigerte sich bis zu dessen Tod im Jahr 1703, die »Optik« zu veröffentlichen.

Schon früh in seiner Zeit als Lukasischer Professor machte Newton entscheidende Fortschritte in seinen Studien auf dem Gebiet der reinen Mathematik, teilte seine Erkenntnisse aber nur sehr wenigen Kollegen mit. Bereits 1666 hatte er allgemeine Methoden zur Untersuchung der Krümmung von Kurven entwickelt - »Theorie der Fluxionen und inversiven Fluxionen«, wie er sie nannte. Die Entdeckung löste eine spektakuläre Auseinandersetzung mit den Anhängen des deutschen Mathematikers und Philosophen Gottfried Wilhelm Leibniz aus, der mehr als zehn Jahre später seine Ergebnisse zur Differential- und Integralrechnung veröffentlichte. Beide Männer gelangten in etwa zu den gleichen mathematischen Prinzipien, doch Leibniz veröffentlichte seine Arbeit vor Newton. Dessen Fürsprecher behaupteten nun aber, Leibniz habe die Papiere des Lukasischen Professors Jahre

William Blakes Farbdruck von Newton (1795)

zuvor zu Gesicht bekommen, woraufhin ein heftiger Streit zwischen den beiden Lagern entbrannte, der unter der Bezeichnung Prioritätsstreit über die Entdeckung der Infinitesimalrechnung in die Geschichte einging und erst mit Leibniz' Tod im Jahr 1716 endete. Newtons wütende Attacken, die den Disput auf Fragen zu Gott und dem Universum ausweiteten, und sein Plagiatsvorwurf trugen dazu bei, dass Leibniz verarmt und in Ungnade gefallen starb.

Heute vertreten die meisten Wissenschaftshistoriker die Ansicht, die beiden Männer seien unabhängig voneinander zu ihren Erkenntnissen gelangt, daher sei ihr Streit letztendlich grundlos gewesen. Newtons bösartige Angriffe gegen Leibniz zogen auch ihn selbst körperlich und seelisch in Mitleidenschaft. Bald sah er sich in die nächste Auseinandersetzung verstrickt, diesmal mit den englischen Jesuiten über seine Farbtheorie, und er litt 1678 einen schweren Nervenzusammenbruch. Im folgenden Jahr starb seine Mutter Hannah, woraufhin sich Newton zunehmend von allen Menschen zurückzog. Heimlich begann er, sich mit der Alchemie zu beschäftigen, einem Gebiet, das schon damals als wissenschaftliche Sackgasse galt. Viele Newton-Forscher betrachteten diesen Abschnitt im Leben des großen Wissenschaftlers als peinliche Verirrung. Erst lange nach Newtons Tod zeigte sich, dass sein Interesse an chemischen Experimenten mit seinen späteren Untersuchungen der Himmelsmechanik und Gravitation zu tun hatte.

Newton hatte bereits 1666 erste Bewegungstheorien entworfen, sah sich aber noch außerstande, die Mechanik der Kreisbewegung angemessen zu erklären. Rund fünfzig Jahre zuvor hatte der deutsche Mathematiker und Astronom Johannes Kepler drei Gesetze der Planetenbewegung vorgeschlagen, die genau beschrieben, wie sich die Planeten relativ zur Sonne bewegen, aber nicht erklären konnten, warum sie sich so und nicht anders bewegen. Zum Verständnis der beteiligten Kräfte vermochte Kepler lediglich die Aussage beizusteuern, dass sich Sonne und Planeten in einer »magnetischen« Beziehung befänden.

Newton machte sich nun daran, die Ursache für die elliptischen Bahnen der Planeten zu erforschen. Indem er sein eigenes Gesetz der Fliehkraft mit dem dritten Keplerschen Gesetz verband, leitete er ein Kernstück seines späteren Gravitationsgesetzes ab, den Umstand, dass die Gravitationskraft zwischen zwei beliebigen Objekten umgekehrt proportional zum Quadrat ihrer Entfernung ist – ein und dieselbe Kraft veranlasst einen Apfel, zu Boden zu fallen, und den Mond, die Erde zu umkreisen. Anschließend begann er, die neu gefundene Beziehung anhand bekannter Daten zu überprüfen. Er akzeptierte Galileis Schätzung, dass der Mond sechzig Erdradien von der Erde entfernt sei, doch da er selbst den Erdradius nur sehr unvollkommen ermessen konnte, war ihm eine zufrieden stellende Prüfung nicht möglich. Ausgerechnet ein Briefwechsel mit seinem alten Widersacher Hooke führte 1679 dazu, dass sein Interesse an diesem Problem erneut erwachte. Diesmal richtete er seine Aufmerksamkeit auf das zweite Keplersche Gesetz, den Flächensatz, und kam dabei zu einem wichtigen Ergebnis: Die Gültigkeit dieses Gesetzes, so konnte er zeigen, folgt aus dem Umstand, dass die anziehende Kraft immer auf den Zentralkörper, die Sonne, hin gerichtet ist. Auch Hooke versuchte, die Planetenbahnen zu erklären, und einige seiner Briefe zu dieser Frage waren für Newton von besonderem Interesse.

Die Göttin Artemis mit einem Bildnis von Newton

Newtons »Principia«

Auf eine berühmt-berüchtigten Versammlung des Jahres 1684 gerieten drei Mitglieder der Royal Society – Robert Hooke, der Astronom Edmond Halley und Christopher Wren, der bekannte Architekt der Saint Paul's Cathedral – in eine hitzige Debatte über die zum Kehrwert des Abstandsquadrates proportionale Kraft, die die Planetenbewegung bestimmt. Die Zusammenkunft war im Grunde genommen die Geburt der »Principia«. Hooke erklärte, er habe aus dem Keplerschen Ellipsengesetz den Beweis abgeleitet, dass es sich bei der Gravitation um eine von der Sonne ausgehende Kraft handle, gedenke aber nicht, ihn Halley und Wren mitzuteilen, bevor er ihn veröffentlicht habe. Wütend begab sich Halley nach Cambridge, berichtete Newton von Hookes Behauptung und legte ihm das folgende Problem vor: Welche Form hätte die Bahn eines Planeten um die Sonne, wenn er zu dieser mit einer Kraft gezogen würde, die zum Kehrwert des Abstandsquadrates proportional wäre? Newtons Antwort war verblüffend. »Sie wäre eine Ellipse«, erwiderte er umgehend und teilte Halley mit, er habe das Problem schon vor vier Jahren gelöst, den Beweis aber in seinem Büro verlegt.

Auf Halleys Bitte verbrachte Newton drei Monate damit, den Beweis zu rekonstruieren und zu verbessern. Dann geriet er in einen Schaffensrausch, der achtzehn Monate anhielt und ihn so tief in die Arbeit stürzte, dass er oft das Essen vergaß. In dieser

Zeit entwickelte er die Ideen weiter, bis sie drei Bände füllten. Als Titel wählte Newton »Philosophiae naturalis principia mathematica«, in bewusstem Gegensatz zu Descartes' »Principia Philosophiae«. Die drei Bücher der Newtonschen »Principia« stellten die Verbindung zwischen Keplers Gesetzen und der physikalischen Welt her. Halley reagierte auf Newtons Entdeckungen mit »Entzücken und Staunen«. Er war davon überzeugt, dass der Lukasische Professor Erfolg erzielt hatte, wo alle anderen gescheitert waren, und er finanzierte die Veröffentlichung des Meisterwerks als Geschenk an die Menschheit aus eigener Tasche.

Während Galilei gezeigt hatte, dass Gegenstände zum Mittelpunkt der Erde »gezogen« werden, konnte Newton beweisen, dass dieselbe Kraft, die Schwerkraft oder Gravitation, die Umlaufbahnen der Planeten bestimmt. Newton kannte auch Galileis Arbeit über die Wurfbewegung, und er wies nach, dass die Bahn des Mondes um die Erde denselben Prinzipien folgt. Mittels der Gravitation konnte er sowohl die Bewegungen des Mondes als auch das Steigen und Fallen der Gezeiten auf der Erde erklären und vorhersagen. Buch eins der »Principia« umfasst Newtons drei Bewegungsgesetze:

1. Jeder Körper verharrt in seinem Zustand der Ruhe oder eine gleichförmigen, geradlinigen Bewegung, insofern er nicht von Kräften, die auf ihn einwirken, gezwungen wird, jenen Zustand zu verändern.

2. Die Veränderung der Bewegung (die Beschleunigung) ist proportional zu der (auf einen Körper) einwirkenden treibenden Kraft und vollzieht sich entlang einer geraden Linie, auf der jene Kraft wirkt.

3. Zu einer Kraft gibt es immer eine entgegen gerichtete und gleich große Gegenkraft. Mit anderen Worten: Die Kräfte, die zwei Körper aufeinander ausüben, sind stets gleich groß und in ihrer Richtung entgegengesetzt.

Buch zwei begann für Newton gewissermaßen als nachträglicher Einfall zu Buch eins; in dem ursprünglichen Entwurf war es nicht vorgesehen. Im Wesentlichen ist es eine Abhandlung über Strö-

H
G
F
D
B
C

mungsmechanik und gibt Newton Gelegenheit, seinen mathematischen Fähigkeiten freien Lauf zu lassen. Gegen Ende des Buches gelangt er zu dem Schluss, dass die Hypothese der Wirbel, auf die Descartes sich beruft, um die Planetenbewegungen zu erklären, einer näheren Prüfung nicht standhält. Die Körper würden ihre Bewegungen stattdessen ohne die Anwesenheit von Wirbeln im freien Raum ausführen. Wie dies vonstatten gehe, lasse sich anhand des ersten Buches verstehen, und im zweiten Buch wolle er es nun ausführlicher behandeln.

LINKE SEITE
Eine Karikatur aus dem 18. Jahrhundert nimmt Newtons Theorien über die Schwerkraft aufs Korn.

In Buch drei »System der Welt«, wendet Newton die Bewegungsgesetze aus Buch eins auf die physikalische Welt an und gelangt zu dem Schluss, dass es eine alle Körper erfassende Gravitationskraft gebe, die proportional zu den einzelnen Materiemengen sei, die sie enthielten. In den vorangehenden Abschnitten wies er nach, dass sein Gravitationsgesetz die Bewegungen der sechs bekannten Planeten ebenso erklärt wie die der Monde und Kometen und darüber hinaus die Verschiebung der Äquinoktien und die Gezeiten. Nach diesem Gesetz zieht sich alle Materie gegenseitig an, und zwar mit einer Kraft, die direkt proportional zum Produkt der Massen und umgekehrt proportional zum Quadrat des Abstands zwischen zwei Körpern ist. Durch ein einziges System von Gesetzen war es Newton gelungen, die Erde mit allem zu verbinden, was am Himmel zu sehen war.

In den ersten beiden »Denkregeln« aus Buch drei schreibt Newton, es sollten nur noch solche Ursachen natürlicher Dinge anerkannt werden, die sowohl wahr als auch hinreichend seien, um deren Erscheinungen zu erklären. Daher müssten wir, soweit möglich, gleichen natürlichen Wirkungen gleiche Ursachen zuschreiben.

Die Vereinigung von Himmel und Erde kommt durch die zweite Regel zustande. Ein Aristoteliker hätte behauptet, himmlische Bewegungen und irdische Bewegungen seien offenkundig nicht die gleichen natürlichen Wirkungen, und Newtons zweite Regel könne deshalb keine Anwendung finden. Das sah Newton anders.

»Principia« wurde bei der Veröffentlichung im Jahr 1687 mit gemäßigtem Lob bedacht, allerdings beschränkte sich der Verkauf der ersten Ausgabe auf rund fünfhundert Exemplare. Doch Robert Hooke drohte jede Anerkennung zunichte zu machen, auf die Newton hoffen konnte. Nach dem Erscheinen von Buch zwei erklärte er öffentlich, die Briefe, die er 1679 geschrieben habe, hätten wissenschaftliche Ideen enthalten, die für Newtons Entdeckungen von entscheidender Bedeutung gewesen seien.

Diese Behauptung, die nicht ganz unberechtigt war, empfand Newton als so empörend, dass er schwor, die Veröffentlichung von Buch drei hinauszuschieben oder sogar ganz aufzugeben. Schließlich aber hatte er doch ein Einsehen und publizierte auch das letzte Buch der »Principia«, allerdings erst, nachdem er sorgfältig jede Erwähnung von Hookes Namen daraus entfernt hatte.

Noch auf Jahre hin verzehrte sich Newton in seinem Hass auf Hooke. 1693 erlitt er einen weiteren Nervenzusammenbruch und gab seine Forschungstätigkeit auf. Bis zu Hookes Tod im Jahr 1703 zog er sich aus der Royal Society zurück, dann wurde er zu ihrem Präsidenten ernannt und jedes Jahr wiedergewählt. Er zögerte auch die Veröffentlichung von »Opticks«, seiner bedeutenden Untersuchung über Licht und Farben, hinaus, bis Hooke gestorben war. Das Werk sollte sein meistgelesenes Buch werden.

Anfang des 18. Jahrhunderts übernahm Newton ein Regierungsamt: Er wurde königlicher Münzmeister, eine Funktion, in der er seine alchimistischen Erfahrungen und Kenntnisse nutzte, um die Reinheit der englischen Währung wiederherzustellen. Als Präsident der Royal Society fuhr er damit fort, vermeintliche Gegner mit unerbittlicher Härte zu bekämpfen, vor allem Leibniz, mit dem er wegen der Priorität in Sachen Infinitesimalrechnung in langjährigem Streit lag. 1705 wurde er von Königin Anna Stuart geadelt und erlebte noch die zweite und dritte Auflage der »Principia«.

Im März 1727 starb Isaac Newton nach schweren Gichtanfällen und eine Lungenentzündung. Wunschgemäß war er ohne Rivalen auf dem Feld der Naturwissenschaften. Dem Mann, der offenbar keine Liebesbeziehung zu Frauen unterhalten hatte (einige Historiker haben über mögliche Beziehungen zu Männern spekuliert, etwa zu dem Schweizer Naturforscher Nicolas Fatio de Duillier), ist nicht vorzuwerfen, es habe ihm an Leidenschaft für sein Werk gemangelt.

Am elegantesten hat der Dichter Alexander Pope, Newtons Zeitgenosse, zum Ausdruck gebracht, was die Menschheit diesem großen Denker zu verdanken hat:

Portrait Sir Isaac Newton in der National Gallery, London

»Nature and Nature's laws lay hid in night:
God said, ›Let Newton be! And all was light.‹«[*]

Trotz aller kleinlichen Streitereien und seines unbestreitbaren Hochmuts hat Isaac Newton seine Leistungen gegen Ende seines Lebens mit bemerkenswertem Freimut bewertet:

»Ich weiß nicht, was sich die Welt für ein Bild von mir macht, aber mir selbst will scheinen, ich sei nur ein Knabe gewesen, der am Strand spielte und sich damit begnügte, hin und wieder einen glatteren Kiesel oder eine schönere Muschel zu finden, während der große Ozean der Wahrheit unentdeckt vor mir lag.«

[*] Die Natur und ihre Gesetze lagen in tiefe Nacht gehüllt/
Da sprach Gott: »Es werde Newton! und es ward Licht.«

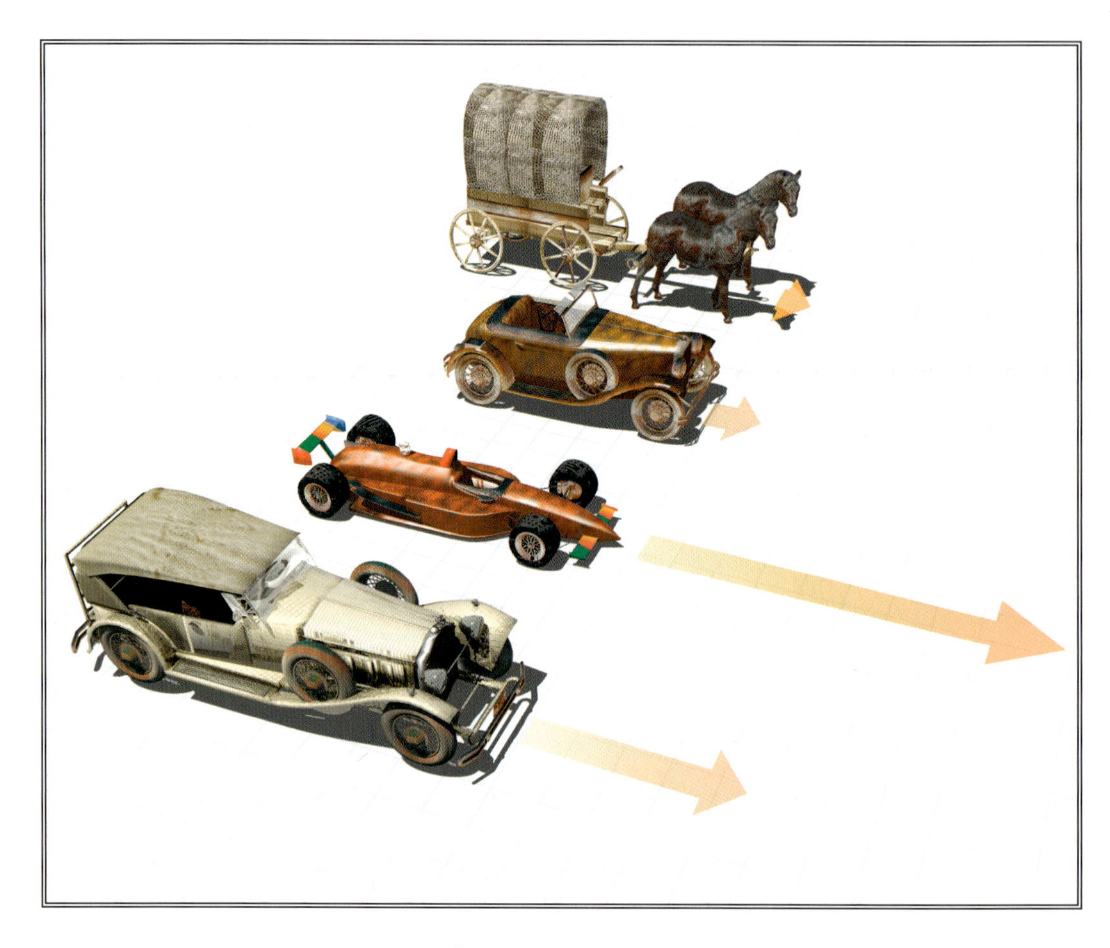

GRUNDSÄTZE ODER GESETZE DER BEWEGUNG

I. Gesetz

Jeder Körper beharrt in seinem Zustande der Ruhe oder der gleichförmigen geradlinigen Bewegung, wenn er nicht durch einwirkende Kräfte gezwungen wird, seinen Zustand zu ändern.

Geschosse verharren in ihrer Bewegung, insofern sie nicht durch den Widerstand der Luft verzögert und durch die Kraft der Schwere von ihrer Richtung abgelenkt werden.

Ein Kreisel, dessen Teile vermöge der Kohäsion sich beständig aus der geradlinigen Bewegung entfernen, hört nur insofern auf, sich zu drehen, als der Widerstand der Luft (und die Reibung) ihn verzögert.

Die großen Körper der Planeten und Kometen aber behalten ihre fortschreitende und kreisförmige Bewegung in weniger widerstehenden Mitteln längere Zeit bei.

2. Gesetz

Die Änderung der Bewegung ist der einwirkung der bewegenden Kraft proportional und geschieht nach der Richtung derjenigen geraden Linie, nach welcher jene Kraft wirkt.

Wenn irgendeine Kraft eine gewisse Bewegung hervorbringt, so wird die doppelte eine doppelte, die dreifache eine dreifache erzeugen, mögen diese Kräfte zugleich und auf einmal oder stufenweise aufeinander folgend einwirken.

Da diese Bewegung immer nach demselben Ziele als die erzeugende Kraft gerichtet ist, so wird sie, im Falle dass der Körper vorher in Bewegung war, entweder, wenn die Richtung übereinstimmt, hinzugefügt oder, wenn sie unter einem schiefen Winkel einwirkt, mit ihr nach den Richtungen beider zusammengesetzt.

LINKE SEITE
Newtons zweites Gesetz besagt, dass ein Körper seine Geschwindigkeit proportional zu seiner Kraft ändert bzw. beschleunigt. Die Beschleunigung ist umso kleiner, je größer die Masse des Körpers ist. Ein Wagen mit einer starken Maschine hat eine größere Beschleunigung als einer mit einer schwachen Maschine. Ein Wagen mit dem doppelten Gewicht wird halb so schnell beschleunigen wie der kleinere und leichtere.

3. Gesetz

Die Wirkung ist stets der Gegenwirkung gleich, oder die Wirkungen zweier Körper aufeinander sind stets gleich und von entgegengesetzter Richtung.

Jeder Gegenstand, welcher einen anderen drückt oder zieht, wird ebenso stark durch diesen gedrückt oder gezogen. Drückt jemand einen Stein mit dem Finger, so wird dieser vom Steine gedrückt. Zieht ein Pferd einen an ein Seil befestigten Stein fort, so wird das erstere gleich stark gegen den letzteren zurückgezogen, denn das nach beiden Seiten gespannte Seil wird durch dasselbe Bestreben, schlaff zu werden, das Pferd gegen den Stein und diesen gegen jenes drängen; es wird ebenso stark das Fortschreiten des einen verhindern als das Fortrücken des anderen befördern. Wenn irgendein Körper auf einen anderen stößt und die Bewegung des letzteren irgendwie verändert, so wird ersterer in seiner eigenen Bewegung dieselbe Änderung – nach entgegengesetzter Richtung – durch die Kraft des anderen (wegen der Gleichheit des wechselseitigen Druckes) erleiden. Diesen Wirkungen werden die Änderungen nicht der Geschwindigkeiten, sondern der Bewegungen nämlich bei Körpern, welche nicht anderweitig verhindert sind, gleich. Die Änderungen der Geschwindigkeiten – nach entgegengesetzten Richtungen – sind nämlich, weil die Bewegungen sich gleich ändern, den Körpern *umgekehrt* proportional. Es gilt dieses Gesetz auch bei den Anziehungen, wie in der nächsten Anmerkung gezeigt werden wird.

Zusatz 1
Ein Körper beschreibt in derselben Zeit durch Verbindung zweier Kräfte die Diagonale eines Parallelogrammes, in welcher er vermöge der einzelnen Kräfte die Seiten beschrieben haben würde.

Wird der Körper durch die Kraft M allein von A nach B und durch die Kraft N allein von A nach C gezogen, so vollende man das Parallelogramm ABDC, und es wird der Körper durch beide vereinten Kräfte in derselben Zeit von A nach D gezogen. Da nämlich die Kraft N längs der Linie AC parallel BD wirkt, so wird diese Kraft nach dem 2. Gesetz nichts an der Geschwindigkeit ändern, mit welcher sich der Körper vermöge der Kraft M jener Linie BD nähert. Der Körper wird daher in *derselben* Zeit zur Linie BD gelangen, die Kraft N mag einwirken oder nicht, und wird daher am Ende jener Zeit sich irgendwo auf BD befinden. Auf dieselbe Weise folgt, dass er am Ende jener Zeit sich irgendwo auf der Linie CD befinden wird; er muss sich also notwendig im Punkte D, wo beide Linien zusammentreffen, befinden. Nach dem 1. Gesetz wird er geradlinig von A nach D fortgehen.

Zusatz 2
Hieraus ergibt sich die Zusammensetzung der geradlinig wirkenden Kräfte AD aus irgendwelchen zwei schief wirkenden AB und BD und umgekehrt die Zerlegung eine geradlinigen Kraft AD in die beliebigen schiefen AB und BD. Diese Zusammensetzung und Zerlegung wird in der Mechanik vollständig bestätigt.

Gehen etwa vom Mittelpunkte O eines Rades ungleiche Radien OM und ON aus und tragen dieselben an den Fäden MA und NP die Gewichte A und P, so werden die Kräfte gesucht, welche diese Gewichte zur Bewegung des Rades hervorbringen. Durch den Mittelpunkt O ziehe man die gerade Linie KOL, welche in K und L auf die Richtung der Fäden perpendikulär ist. Aus O beschreibe man mit dem größeren der beiden Abstände OK und OL, hier OL, als Radius einen Kreis, welcher den Faden MA in D schneidet. Man ziehe OD, ferner AC parallel OD und DC perpendikulär auf DO. Da es gleichgültig ist, ob die Punkte K, L, D der Fäden an die Ebene des Rades befestigt sind oder nicht, so werden die Gewichte dasselbe bewirken, man mag sie an den Punkten K und L oder denen D und L anfügen. Die Kraft des Gewichtes A werde durch die Länge AD ausgedrückt und dieselbe in die beiden Seitenkräfte AC und CD zerlegt, von denen AC den Radius DO geradlinig vom Zentrum fortzieht und nichts zur Umdrehung des Rades beitragen kann, DC hingegen den Radius DO perpendikulär angreift und dasselbe bewirkt, als wenn sie perpendikulär auf $OL = OD$ wirkte. Ihre Wirkung wird daher derjenigen der Kraft P gleich sein, wenn

$$P : A = CD : DA$$

ist. Da nun

$$ADC - DOK,$$

haben wir

$$CD : DA = KO : OD = KO : OL.$$

Demnach werden die Gewichte A und P, welche sich *umgekehrt* wie die in gerader Linie liegenden Radien OK und OL verhalten, gleiche Intensität besitzen und so im Gleichgewicht stehen. (Dies ist die sehr bekannte Eigenschaft der Waage, des Hebels und der Winde). Ist eines von beiden Gewichten größer als diesem Verhältnis entsprechend, so wird seine Kraft, in Bezug auf Drehung des Rades, umso größer sein.

Hängt das Gewicht $p = P$ teils am Faden Np und liegt es teils auf der schiefen Ebene pG, so ziehe man pH senkrecht auf den Horizont und NH perpendikulär auf pG, und es kann alsdann die Kraft p, welche durch die Linie pH ausgedrückt wird, in die Seitenkräfte pN und HN zerlegt werden. Ist nun die Ebene pQ perpendikulär auf den Faden pN und scheidet sie die andere Ebene pG in einer dem Horizonte parallelen Linie, liegt ferner das Gewicht p bloß auf den Ebenen pQ und pG, so wird es gegen diese

respektive mit den Kräften pN und HN drücken. Entfernt man daher die Ebene pQ, damit das Gewicht den Faden anspanne, so wird dieser, welcher die Stelle der fortgenommenen Ebene vertritt, durch dieselbe Kraft pN angezogen, welche vorher gegen letztere drückt. Es verhält sich daher die Spannung dieses schiefen Fadens pN zu der es senkrechten PN wie

$$pN : pH.$$

Verhält sich also, wenn OB auf pN perpendikulär bezogen wird,

$$p:A = OK:OB$$

und ist zugleich

$$p:A = pH:pN,$$

so werden beide gleich viel zur Umdrehung des Rades beitragen und sich gegenseitig im Gleichgewicht halten, wie jeder leicht versuchen kann.

Das Gewicht p, welches auf jenen beiden schiefen Ebenen liegt, befindet sich in derselben Lage wie ein Keil zwischen den inneren Flächen eines gespaltenen Körpers, und es werden so die Kräfte des Keiles und Hammers bekannt. Nämlich die Kräfte, womit der erstere gegen die Flächen pQ und pG drückt, verhalten sich zu der senkrechten Kraft, mit welcher der Hammer wirkt, wie bezüglich

$$pN:pH$$
$$HN:pH;$$

also auch die Kräfte, durch welche pQ und pG gedrückt werden, wie

$$pN:HN.$$

Auch die Kraft der Schraube wird durch eine ähnliche Zerlegung der Kräfte bestimmt, weil sie (die Schraube) ein mittelst eines Hebels getriebener Keil ist.

Die vielseitige Anwendung dieses Zusatzes ist daher klar, und seine Wahrheit wird umso vielfältiger erwiesen, als die gesamte von den Schriftstellern auf verschiedenen Wegen dargestellte Mechanik von dem Gesagten abhängig ist. Hieraus werden nämlich auf leichte Weise die Kräfte der Maschinen abgeleitet, welche aus Rädern, Hebeln, beweglichen Rollen, Schrauben, gespannten Seilen, gerade oder schräg ansteigenden Gewichten und den übrigen mechanischen Potenzen zusammengesetzt zu werden pflegen. Ebenso verhält es sich mit den Kräften der Nerven, wodurch die Knochen der Tiere bewegt werden.

LINKE SEITE

Newtons Diagramm des reflektierenden Handteleskops, das er 1668 baute.

Zusatz 3

Die Größe der Bewegung, welche man erhält, indem man von der Summe der nach einer Richtung stattfindenden Bewegungen die Summe der nach entgegengesetzter Richtung stattfindenden subtrahiert, wird durch eine gegenseitige Wirkung der Körper aufeinander geändert.

Nach dem 3. Gesetz ist die Wirkung der Gegenwirkung gleich, und nach dem 2. Gesetz bringen beide in der Bewegung gleiche und entgegengesetzte Änderungen hervor. Findet daher die Bewegung nach derselben Richtung statt, so wird der Teil derselben, welcher dem vorangehenden Körper zugelegt wird, dem nachfolgenden genommen, sodass die Summe unverändert dieselbe bleibt. Begegnen sich die Körper, so verlieren beide gleich viel von ihrer Bewegung, und der Unterschied der nach entgegengesetzten Richtungen stattfindenden Bewegungen bleibt derselbe.

Ist etwa ein sphärischer Körper A 3mal so groß wie ein anderer B und hat ersterer eine Geschwindigkeit = 2, letzterer, in derselben Richtung nachfolgend, = 10, so verhält sich die Größe der Bewegung von A zu der von B wie

$$2 \times 3 : 1 \times 10 = 6 : 10,$$

und ihre Summe ist = 16. Wenn nun beim Zusammentreffen beider A 3, 4 oder 5 Teile gewinnt, so wird B ebenso viele verlieren, demnach A 9, 10 oder 11, B hingegen 7, 6 oder 5 Teile Bewegung besitzen und die Summe beider stets = 16 bleiben. Gewinnt A 9, 10, 11 oder 12 Teile und schreitet er daher nach dem Zusammentreffen in derselben Richtung mit der Größe der Bewegung von respektive 15, 16, 17, 18 Teilen fort, so verliert B hingegen ebenso viele Teile und schreitet nach dem Zusammentreffen respektive mit 1 Teil Bewegung in der früheren Richtung fort, er ruhet oder geht mit 1 Teil oder 2 Teilen Bewegung zurück, nachdem er seine 10 Teile Bewegung und sozusagen 1 oder 2 Teile mehr verloren hat. Die Summe der Bewegungen beider Körper bleibt dabei stets

$$15 + 1, 16 + 0, 17 - 1, 18 - 2,$$

also unverändert = 16, wie vor dem Zusammentreffen.

Ist aber die Größe der Bewegung bekannt, mit welcher die Körper nach ihrer Trennung fortschreiten, so erhält man die Geschwindigkeit eines jeden, indem man setzt, dass dieselbe vor und nach dem Zusammentreffen der Größe der Bewegung vor- und nachher proportional sei. Z. B. im letzten Falle war die

Bewegungsgröße des Körpers A *vor* dem Zusammentreffen = 6
Bewegungsgröße des Körpers A *nach* dem Zusammentreffen = 18
Bewegungsgröße des Körpers A *vor* dem Zusammentreffen = 6

Seine Geschwindigkeit *vor* dem Zusammentreffen = 2
Seine Geschwindigkeit *nach* dem Zusammentreffen = x
Daher 6:18 = 2:x, also x = 6.

Sind die Körper entweder *nicht* sphärisch gestaltet oder treffen sie, indem sie sich längs verschiedener gerader Linien bewegen, schief aufeinander, so muss man, um ihre Bewegung nach der Zurückwerfung zu finden, zuerst die Lage der Ebene bestimmen, welche die Körper im Punkte des Zusammentreffens berührt.

Hierauf hat man bei der Bewegung beider Körper (Zusatz 2) zwischen zweien zu unterscheiden: der einen auf diese Ebene perpendikulären, der anderen ihr parallelen.

Die letztere bleibt in beiden Körpern, weil diese nur längs der auf die Ebene perpendikulären Richtung aufeinander wirken, vor und nach dem Zusammentreffen dieselbe, den perpendikulären Bewegungen hingegen muss man gleiche und entgegengesetzte Änderungen beiliegen, sodass die Summe der nach gleichem Ziele und der Unterschied der nach entgegengesetzten Zielen gerichteten Bewegungen dieselbe wie vorher bleibt.

Aus Zurückwerfungen dieser Art pflegen auch die kreisförmigen Bewegungen der Körper um ihre Mittelpunkte hervorzugehen, aber diese Fälle betrachte ich im Folgenden nicht, und es würde zu weitläufig sein, alles Hierhergehörige zu beweisen.

Zusatz 4

Der gemeinschaftliche Schwerpunkt zweier oder mehrerer Körper ändert seinen Zustand der Ruhe oder Bewegung durch die Wirkung der Körper unter sich nicht, und ersterer wird daher (unter Ausschließung äußerer Wirkungen und Hindernisse) entweder ruhen oder sich gleichförmig in gerader Linie bewegen.

Wenn zwei Punkte nämlich mit gleichförmiger geradliniger Bewegung fortschreiten und ihr gegenseitiger Abstand in einem gegebenen Verhältnis geteilt wird, so wird der teilende Punkt entweder ruhen oder sich gleichförmig in gerader Linie fortbewegen. Dies wird später in § 58 und Zusatz für die Bewegungen in derselben Ebene bewiesen und kann auf dieselbe Weise für die Bewegung im Raume dargetan werden. Bewegen sich daher beliebig viele Körper gleichförmig in geraden Linien fort, so wird

RECHTE SEITE

Das Universum, wie Newton es sich vorstellte. Hier werden die Hauptprinzipien durch Gravitationskräfte bestimmt, die auf Körper unterschiedlicher Masse einwirken. Die Prinzipien hinter dem Modell des Sonnensystems gelten ebenso für andere Sternensysteme und Galaxien.

der gemeinschaftliche Schwerpunkt zweier beliebiger von ihnen entweder ruhen oder gleichförmig und geradlinig fortschreiten, weil die Linie, welche die Schwerpunkte dieser Körper verbindet, durch den gemeinschaftlichen Schwerpunkt in einem gegebenen Verhältnis geteilt wird. Auf dieselbe Weise wird der gemeinschaftliche Schwerpunkt dieser beiden und eines beliebigen dritten Körpers entweder ruhen oder sich gleichförmig und geradlinig fortbewegen, weil dieser Schwerpunkt die Verbindungslinie vom Schwerpunkte des dritten Körpers mit dem gemeinschaftlichen Schwerpunkte der beiden ersteren in einem gegebenen Verhältnisse teilt. Ebenso verhält es sich mit dem gemeinschaftlichen Schwerpunkte dieser drei Körper und eines vierten u.s.w. ins Unendliche.

In einem Systeme von Körpern, welche sowohl von allen gegenseitigen als auch von allen von außen her angebrachten Wirkungen frei sind und daher einzeln gleichförmig und geradlinig sich bewegen, wird der gemeinschaftliche Schwerpunkt entweder ruhen oder sich gleichförmig und geradlinig bewegen.

Da ferner in dem Systeme zweier Körper, welche aufeinander wirken, die Abstände der Schwerpunkte beider vom gemeinschaftlichen Schwerpunkte sich *indirekt* wie die Körper verhalten, so werden ihre relativen Bewegungen, womit sie sich dem gemeinschaftlichen Schwerpunkte nähern oder von ihm entfernen, einander gleich sein. Ebenso wird dieser Schwerpunkt durch gleiche und entgegengesetzte Änderungen in den Bewegungen, also durch die Wirkungen dieser Körper aufeinander, weder beschleunigt noch verzögert, noch erleidet er eine Änderung in seinem Zustande der Ruhe oder der Bewegung. In einem Systeme mehrerer Körper ändert der gemeinschaftliche Schwerpunkt aller niemals seinen Zustand der Ruhe oder der Bewegung, wenn je zwei Körper unter sich aufeinander wirken. Denn der gemeinschaftliche Schwerpunkt dieser beiden ändert infolge jener Wirkung keineswegs seinen Zustand, der Schwerpunkt der übrigen erleidet gar nichts von derselben, weil sie sich nicht auf sie erstreckt. Der Abstand dieser beiden besonderen Schwerpunkte wird nun aber durch den gemeinschaftlichen Schwerpunkt aller Körper in Stücke geteilt, welche den Summen der Körper, deren Schwerpunkte jene sind, indirekt proportional sind. Da nun jene beiden Schwerpunkte ihren Zustand der Ruhe oder der Bewe-

gung beibehalten, so ist dasselbe beim gemeinschaftlichen Schwerpunkte aller der Fall. In einem solchen Systeme sind aber alle Wirkungen entweder zwischen je zwei Körpern oder aus den Wirkungen zwischen je zweien zusammengesetzt, und sie werden daher niemals auf die Änderung des Zustandes der Ruhe oder der Bewegung, in welchem der gemeinschaftliche Schwerpunkt sich befindet, von Einfluss sein. Da der letztere, wenn jene Körper nicht aufeinander wirken, entweder ruhet oder längs irgendeiner geraden Linie gleichförmig fortschreitet, so wird er darin fortfahren, ohne dass die Wirkungen der Körper unter sich hinderlich sind, wenn er nicht durch von außen her angebrachte Kräfte aus seinem Zustande herausgebracht wird. Es findet daher für ein System von Körpern dasselbe Gesetz in Bezug auf das Verharren im Zustande der Ruhe oder der Bewegung statt, welches für einzelne Körper gilt. Die fortschreitende Bewegung sowohl eines einzelnen Körpers als auch eines Systemes mehrerer Körper muss nämlich nach der Bewegung des Schwerpunktes abgeschätzt werden.

Zusatz 5
Körper, welche in einem gegebenen Raum eingeschlossen sind, haben dieselbe Bewegung unter sich; dieser Raum mag ruhen oder sich gleichförmig und geradlinig, nicht aber im Kreise fortbewegen.

Die Unterschiede der Bewegungen nach derselben Seite und die Summe derer nach entgegengesetzter Richtung sind nämlich (der Annahme zufolge) anfangs in beiden Fällen dieselben, und aus diesen Unterschieden oder Summen entspringen Bewegungen und Stöße, durch welche die Körper aufeinander wirken. Es werden daher nach dem 2. Gesetz die Wirkungen des Zusammentreffens in beiden Fällen gleich sein und deshalb die Bewegungen unter sich in dem einen Falle gleich bleiben den Bewegungen unter sich im anderen Falle. Dasselbe kann durch einen Versuch deutlich erwiesen werden. Alle Bewegungen finden auf dieselbe Weise in einem Schiffe statt, mag dieses ruhen oder sich gleichförmig und geradlinig fortbewegen.

Zusatz 6
Wenn Körper sich untereinander auf irgendeine Weise bewegen und gleiche beschleunigende Kraft nach parallelen Richtungen auf sie einwirken, so fahren alle fort, sich auf dieselbe Weise untereinander zu bewegen, als wenn sie nicht durch jene Kräfte angetrieben würden.

Jene Kräfte werden nämlich, indem sie gleich stark (nach Verhältnis der Größe der zu bewegenden Körper) und nach parallelen Richtungen wirken, alle Körper (was die Geschwindigkeit betrifft) nach dem 2. Gesetz gleich fortbewegen und daher nie die Bewegung und Lage untereinander ändern.

Anmerkung

Bis jetzt habe ich die Prinzipien dargestellt, welche von den Mathematikern angenommen und durch vielfältige Versuche bestätigt worden sind. Durch die zwei ersten Gesetze und die zwei ersten Zusätze fand *Galilei*, dass der Fall schwerer Körper im doppelten Verhältnis der Zeit stehe und dass die Bewegung der geworfenen Körper in Parabeln erfolge – übereinstimmend mit der Erfahrung, insoweit jene Bewegungen nicht durch den Widerstand der Luft etwas verzögert werden. Von denselben Gesetzen und Zusätzen sind die Beweise abhängig, welche in Betreff der Dauer der Pendelschwingungen, unterstützt durch die tägliche Erfahrung an den Uhren, aufgestellt worden sind. Wenn ein Körper fällt, so flößt ihm die gleichförmige Schwere, indem sie in den einzelnen gleichen Zeitteilchen gleich stark wirkt, gleiche Kräfte ein und erzeugt gleiche Geschwindigkeiten. In der ganzen Zeit flößt sie die ganze Kraft ein und erzeugt die ganze Geschwindigkeit, beide der Zeit proportional. Die in proportionalen Zeiten beschriebenen Wege verhalten sich aber wie die Geschwindigkeiten und die Zeiten zusammengesetzt, d. h., sie stehen im doppelten Verhältnis der Zeiten. Wird ein Körper aufwärts geworfen, so flößt ihm die gleichförmige Schwere Kräfte ein und nimmt ihm den Zeiten proportionale Geschwindigkeiten. Die Zeit des Aufsteigens zur größten Höhe verhält sich wie die fortzunehmenden Geschwindigkeiten, und jene Höhen sind wie die Geschwindigkeiten und Zeiten zusammengesetzt, oder sie stehen im doppelten Verhältnis der Geschwindigkeiten. Die Bewegung eines längs einer geraden Linie geworfenen Körpers, welche aus dem Wurfe hervorgehen muss, wird mit der Bewegung zusammengesetzt, die aus der Schwere entspringt.

Könnte der Körper A vermöge der Wurfbewegung allein in einer gegebenen Zeit die gerade Linie AB beschreiben und vermöge der Fallbewegung allein in derselben Zeit die Höhe AC zurücklegen, so wird er sich, wenn man das Parallelogramm ABDC vollendet, bei zusammengesetzter Bewegung am Ende jener Zeit im Punkte D befinden. Die Kurve AED, welche er beschreibt, ist eine Parabel, welche AB in A berührt und deren Or-

dinate BD proportional AB^2 ist. Aus denselben Gesetzen und dem dritten haben *Christopher Wren, John Wallis* und *Christian Huygens,* die ersten Geometer unseres Jahrhunderts, die Regeln für den Zusammenstoß und die Zurückwerfung zweier Körper jeder für sich gefunden und fast zu derselben Zeit der Royal Society mitgeteilt, wobei sie (was die Gesetze betrifft) durchaus miteinander übereinstimmten. Zuerst machte *Wallis,* hierauf *Wren* und dann *Huygens* seine Erfindung bekannt, und der zweite zeigte der Society die Richtigkeit seiner Erfindung an einem Pendelversuche, den der berühmte *Mariotte* in seinem eigenen Werke auseinanderzusetzen für würdig erachtete. Damit dieser Versuch aufs Schärfste mit der Theorie übereinstimme, muss man sowohl auf den Widerstand der Luft als auch auf die Elastizität der zusammenstoßenden Körper Rücksicht nehmen.

Es hängen zwei Körper A und B an den parallelen und gleichen Fäden CA und DB von den Mittelpunkten C und D herab. Von diesen Mittelpunkten und mit diesen Halbmessern werden die Halbkreise EAF und GBH beschrieben, welche durch die Halbmesser CA und DB halbiert werden. Nun bringe man den Körper A nach dem beliebigen Punkte R des Bogens EAF und lasse ihn von dort, nachdem B fortgenommen ist, fallen; er möge nach Zurücklegung einer Schwingung zum Punkte V zurückkehren. Alsdann ist RV die durch den Widerstand der Luft bewirkte Verzögerung. Ist nun ST = 1/4 RV und in der Mitte von RV liegend, dergestalt, dass

$$Rs = TV \text{ und } RS:ST = 3:2,$$

so drückt dieser Bogen ST sehr nahe die Verzögerung aus, welche der Widerstand der Luft während des Herabfallens von S bis A hervorbringt. Hierauf bringe man den Körper B wieder an seine Stelle zurück. Fällt der Körper A jetzt von S herab, so wird seine Geschwindigkeit im Zurückwerfungspunkte A ohne merklichen Fehler ebenso groß sein, als wenn er im luftleeren Raume vom Punkte T herabgefallen wäre.

Diese Geschwindigkeit kann man durch die Sehne TA darstellen; denn es ist ein bekannter Satz der Geometrie, dass die Geschwindigkeit eines Pendels im tiefsten Punkte sich wie die Sehne des durchlaufenen Bogens verhält. Nachdem die Körper einander zurückgeworfen haben, gelange A nach s und B nach k, und während B fortgenommen wird, falle A von v herab und ge-

LINKE SEITE

Newtons Schwerkraft-Theorie kann auch dazu beitragen, unser Verständnis des Geschehens zu vertiefen, wenn ein Stern unter seinem eigenen Kräftefeld zusammenbricht. Normalerweise befinden sich bei einem Stern die Kernkräfte und die Schwerkraft im Gleichgewicht. Licht wird von der Oberfläche des Sterns abgestrahlt. Verliert der Stern jedoch seine Kernkräfte, verändert sich auch das Licht, das von ihm ausgeht. Sobald der Stern zusammenbricht, wird das Licht auf die Oberfläche zurückgezogen. Am Ende ist das Kräftefeld des zusammengebrochenen Sterns so groß, dass das Licht nicht mehr ausstrahlen kann. Es entsteht das, was wir ein schwarzes Loch nennen. Der ganze Vorgang ist bereits in Newtons Theorie angelegt, obwohl er erst lange nach seinem Tod formuliert wurde.

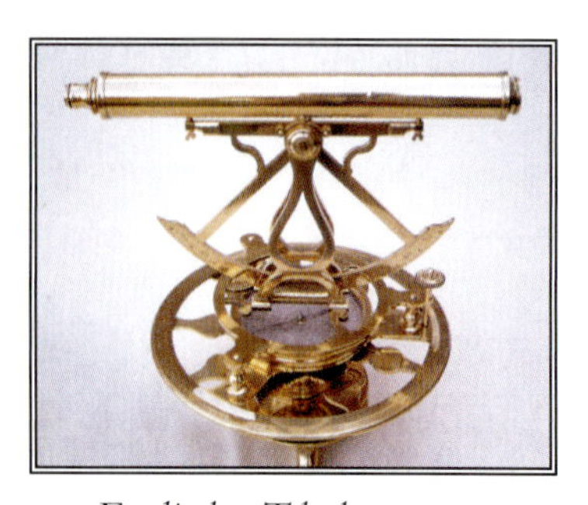

Englisches Teleskop und Kompass aus dem 18. Jahrhundert

lange nach Zurücklegung einer Schwingung bis 5 zurück. Ist dann

$$st = 1/4\ rv$$

und in der Mitte von rv gelegen, dergestalt, dass

$$rs = tv,$$

so stellt die Sehne sA sehr nahe die Geschwindigkeit dar, welche der Körper A nach der Zurückwerfung im Punkte A hatte, indem t jenen wahren und verbesserten Ort bezeichnet, zu welchem A ohne den Widerstand der Luft hätte gelangen müssen. Nach derselben Methode kann man den Ort k verbessern, zu welchem B aufsteigt, und den Ort l bestimmen, zu welchem er im leeren Raume aufgestiegen sein würde. Auf diese Weise kann man alle Versuche so anstellen, als ob wir uns im luftleeren Raume befänden. Endlich muss man den Körper A auf die Sehne TA, welche seine Geschwindigkeit darstellt, beziehen, um seine Bewegung im Punkte A unmittelbar *vor* dem Zusammentreffen, hierauf auf die Sehne tA, um dieselbe unmittelbar *nach* der Zurückwerfung zu bestimmen. Ebenso hat man den Körper B auf die Sehne lB zu beziehen, um seine Bewegung unmittelbar nach der Zurückwerfung zu erhalten.

Nach derselben Methode muss man, falls die Körper von verschiedenen Orten herabfallen, die Bewegung beider *vor* und *nach* der Zurückwerfung suchen und erst dann die Bewegung beider miteinander vergleichen, um die Wirkungen des Zusammentreffens zu erforschen.

Auf diese Weise habe ich mit Pendeln von 10' Länge Versuche angestellt, und zwar sowohl mit gleichen als auch mit ungleichen Körpern. Hierbei richtete ich es so ein, dass die Körper aus sehr weiten Entfernungen von 8', 12' oder 16' zusammentrafen, und fand, wenn die Körper sich gegenseitig direkt begegneten, stets ohne einen Fehler von 3", wie groß die Änderung der Bewegung beider Körper nach entgegengesetzten Richtungen war; ferner auch, dass die Wirkung der Gegenwirkung stets gleich war. Fiel A auf den ruhenden Körper B mit 9 Teilen Bewegung und ging er mit Verlust von 7 Teilen nach der Zurückwerfung mit 2 Teilen weiter, so sprang B mit jenen 7 Teilen zurück.

Begegneten beide einander, A mit 12, B mit 6 Teilen, und ging ersterer mit 2 Teilen zurück, so kehrte der letztere mit 8 um, indem beiderseits 14 Teile fortgenommen waren. Werden nämlich von der Bewegung de Körpers A 12 Teile fortgenommen, so bleibt gar keine übrig, und nimmt man noch 2 mehr fort, so erfolgt eine Bewegung von 2 Teilen in entgegengesetzter Richtung. Ebenso erhält B nach Fortnahme von 14 Teilen von seinen 6 Teilen Bewegung nach entgegengesetzter Richtung eine Bewegung von 8 Teilen.

Bewegten sich die Körper nach derselben Richtung, A geschwinder mit 14, B langsamer mit 5 Teilen, und bewegte sich ersterer nach dem Zusammentreffen mit 5 Teilen weiter, so hatte B eine Bewegung = 14, nachdem 9 Teile von A auf B übertragen waren u.s.w. Durch das Zusammentreffen und Stoßen beider Körper wurde die Größe der Bewegung niemals geändert, wie man aus der Summe der nach derselben Richtung und dem Unterschiede der nach entgegengesetzten Richtungen stattfindenden Bewegungen schloss; denn einen Fehler von 1 bis 2" möchte ich der Schwierigkeit, alles Einzelne hinreichend genau auszuführen, zuschreiben. Schwierig war es, sowohl die Pendel gleichzeitig loszulassen, damit die Körper sich im untersten Punkte AB berührten, als auch die Punkte s und k zu bezeichnen, zu denen die Körper nach dem Zusammentreffen aufstiegen. Aber auch in den Bällen selbst brachte ungleiche Dichte der Teile, und eine aus anderen Ursachen ungleiche Textur Fehler hervor.

Damit nun niemand den Einwurf mache, die Regel, zu deren Beweis dieser Versuch erdacht worden ist, setze entweder absolut harte oder wenigstens vollkommen elastische Körper voraus, welche man in der Natur nicht findet, so füge ich hinzu, dass die beschriebenen Versuche ebensosehr bei weichen als harten Körpern erfolgen und daher keineswegs von der Bedingung der Härte abhängen. Will man nämlich den Versuch mit nicht vollkommen harten Körpern anstellen, so hat man nur die Zurückwerfung in einem bestimmten Verhältnis, nach der Größe der elastischen Kraft, zu vermindern. In der Theorie von *Wren* und *Huygens* kehrten absolut harte Körper voneinander mit der Geschwindigkeit des Zusammentreffens zurück. Bestimmter wird dies bei vollkommen elastischen Körpern bestätigt. Bei unvollkommen elastischen Körpern ist die Geschwindigkeit der Rückkehr zugleich mit der elastischen Kraft zu vermindern, weil diese (außer wenn die Teile des Körpers beim Zusammentreffen verletzt werden oder irgendeine Ausdehnung, wie unter dem Hammer, erleiden) gewiß und bestimmt ist und bewirkt, dass die Körper voneinander mit einer relativen Geschwindigkeit zurückkehren, welche zu der relativen Geschwindigkeit des Zusammentreffens in einem gegebenen Verhältnis steht. Dies habe ich mit Bällen versucht, welche aus Wolle zusammengewickelt und fest zusammengedrückt waren.

Indem ich zuerst die Pendel losließ und die Größe der Zurückwerfung maß, fand ich die Größe der elastischen Kraft. Hierauf bestimmte ich durch diese Kraft die Größe der Zurückwerfung in anderen Fällen des Zusammentreffens, und die Versuche stimmten hiermit überein. Die Bälle kehrten voneinander mit einer relativen Geschwindigkeit zurück, welche sich zu der des Zusammentreffens ungefähr wie

$$5:9$$

verhielt. Fast dieselbe Geschwindigkeit fand bei Bällen von Stahl statt, während sie bei anderen von Kork ein wenig geringer war. Bei gläsernen war das Verhältnis ungefähr wie

$$15:16.$$

Auf diese Weise ist das 3. Gesetz, soweit es den Stoß und die Zurückwerfung betrifft, durch die Theorie bewiesen, und die Erfahrung stimmt damit vollkommen überein.

Bei den Anziehungen zeige ich die Sache folgendermaßen: Zwischen zwei Körpern A und B, welche sich gegenseitig anziehen, denke man sich ein Hindernis aufgestellt, wodurch ihr Zusammentreffen unmöglich wird. Wird A stärker gegen B als dieser gegen jenen gezogen, so wird das Hindernis stärker durch A als durch B gedrückt und daher nicht im Gleichgewicht bleiben. Der stärkere Druck wird überwiegend sein und bewirken, dass das aus beiden Körpern und dem Hindernis zusammengesetzte System sich geradlinig nach B hin bewegt und im freien Raume mit einer beschleunigten Bewegung ins Unendliche fortgeht. Dies ist *absurd* und widerspricht dem ersten Gesetze, nach welchem das System in seinem Zustande der Ruhe oder der gleichförmigen geradlinigen Bewegung verharren müsste. Die Körper werden daher gleich stark gegen das Hindernis drücken und gegeneinander gezogen werden. Ich habe dies mit einem Magneten und einem Eisenstabe versucht. Befinden sich beide in zwei besonderen Gefäßen, welche im ruhigen Wasser nebeneinander schwimmen, so stoßen sie einander nicht fort, sondern suchen durch die

Newtonsches Modell mit dem später entdeckten Asteroidengürtel

beiderseitige gleiche Anziehung fortwährend einander näher zu kommen und bleiben, wenn sie endlich in den Zustand des Gleichgewichts getreten sind, in Ruhe. So findet auch die Schwere zwischen der Erde und ihren Teilen wechselseitig statt. Man schneide die Erde FJ durch eine beliebige Ebene EG in die beiden Stücke EGF und EGJ; alsdann werden die wechselseitigen Gewichte derselben einander gleich sein. Wenn man nämlich durch eine andere Ebene

HK EG

das größere Stück EJG in die zwei Teile EGKH und HKJ zerlegt, von denen

HKJ = EGF ist,

so wird offenbar das mittlere Stück EGKH durch sein eigenes Gewicht nach keinem der beiden äußeren sich hinneigen, sondern zwischen ihnen sozusagen im Gleichgewicht schweben und ruhen. Der äußere Teil HKJ liegt aber mit seinem ganzen Gewichte auf dem mittleren und drängt diesen gegen den anderen äußeren EGF. Daher wird die Kraft, womit die Summe der Teile

HKJ + EGKH

oder der ganze Teil EGJ gegen den Teil EGF gezogen wird, gleich dem Gewicht von HKJ, d.h. gleich dem des Teiles EGF. Die wechselseitigen Gewichte beider Teile EGJ und EGF sind demnach einander gleich; wäre dies nicht der Fall, so müsste die im freien Äther schwimmende Erde dem größeren Gewichte nachgeben und vor ihm fliehend sich ins Unendliche entfernen.

So wie Körper, deren Geschwindigkeiten sich *indirekt* wie die ihnen innewohnenden Kräfte verhalten, beim Zusammenstoßen und bei der Zurückwerfung gleich vermögend sind, so vermögen in den mechanischen Instrumenten die bewegenden Kräfte dasselbe und halten bei entgegengesetzten Bestrebungen einander im Gleichgewicht, wenn die Geschwindigkeiten sich *indirekt* wie die Kräfte verhalten. So sind Gewichte gleich fähig, die Arme einer Waage zu bewegen, wenn sie beim Schwingen der letzteren sich *indirekt* wie ihre Geschwindigkeiten auf- und abwärts verhalten, d.h. Gewichte, welche geradlinig auf- und absteigen, sind gleichvermögend, wenn sie sich *indirekt* wie die Abstände ihrer Aufhängepunkte von der Achse verhalten. Steigen sie auf schiefen Ebenen oder anderen angebrachten Gegenständen schräg auf und ab, so sind sie gleichvermögend, wenn sie sich *indirekt* wie die *vertikalen* Auf- und Absteigungen verhalten, und zwar wie die vertikalen, weil diese die Richtung der Schwere angeben. Ebenso wird bei der Winde oder der Hebemaschine die Kraft der Hand, welche das Seil geradlinig anzieht, die Last im Gleichgewicht erhalten, wenn sie sich zu der gerade oder schräg ansteigenden Last *indirekt* verhält wie die Geschwindigkeit der Hand zur Geschwindigkeit der perpendikulär ansteigenden Last. Bei Uhren und ähnlichen Instrumenten, welche aus kleinen Rädern zusammengesetzt sind, halten die Kräfte zur Fortbewegung und Hemmung der Räder sich gegenseitig im Gleichgewicht, wenn sie sich *indirekt* wie die Geschwindigkeiten der Räder verhalten, an denen sie angebracht sind. Die Kraft der Schraube einer Presse verhält sich zur Kraft der Hand, welche die Mutter umdreht, wie die kreisförmige Bewegung der letzteren zur fortschreitenden Geschwindigkeit der Presse gegen den Körper. Die Kräfte, mit denen der Keil gegen beide Seiten eines gespaltenen Holzes drückt, verhalten sich zur Kraft des Hammers gegen den Keil wie die Geschwindigkeit des letzteren nach der Richtung, in welcher der Schlag des Hammers erfolgt, zu der Geschwindigkeit, mit welcher die Teile des Holzes senkrecht gegen die Seiten des Keils auseinanderweichen. Ebenso verhält es sich mit allen Maschinen. Die Wirkung und der Gebrauch derselben bestehen darin, dass wir durch Verminderung der Geschwindigkeit die Kraft vermehren und umgekehrt, wodurch in geeigneten Instrumenten jeder Art die Aufgabe gelöst wird: *eine gegebene Last durch eine gegebene Kraft zu bewegen* oder irgendeinen gegebenen Widerstand durch eine gegebene Kraft zu überwinden.

Werden die Maschinen so gebauet, dass die Geschwindigkeit des wirkenden und des widerstehenden Teiles sich *indirekt* wie die Kräfte verhalten, so wird die wirkende Kraft dem Widerstande das Gleichgewicht halten, und ist erstere größer, so wird sie den letzteren überwinden. Ist sie so bedeutend größer, dass auch aller derjenige Widerstand überwunden wird, welcher aus der Reibung der zusammenhängenden und übereinander gleitenden Körper, aus der Kohäsion der zusammenhängenden und voneinander zu trennenden Körper und endlich aus den zu erhebenden Gewichten zu entspringen pflegt, so wird nach Überwindung jedes Widerstandes die überflüssige Kraft eine ihr selbst proportionale Beschleunigung der Bewegung teils in den Teilen der Maschine, teils im widerstehenden Körper hervorbringen.

Übrigens ist es nicht unsere Absicht, die Mechanik hier zu behandeln; wir wollten nur zeigen, wie weit das dritte Gesetz sich erstreckt und mit welcher Bestimmtheit es stattfindet. Denn wenn die Wirkung nach der wirkenden Ursache, nach der Kraft und Geschwindigkeit vereint abgeschätzt wird und man die Gegenwirkung nach der Geschwindigkeit der einzelnen Teile und den aus der Reibung, Kohäsion, dem Gewicht und der Beschleunigung hervorgehenden widerstehenden Kräften bestimmt, so werden Wirkung und Gegenwirkung bei jedem Gebrauch von Instrumenten einander stets gleich sein. Wie weit auch die wirkende Ursache vermittelst des Instrumentes fortgepflanzt und zuletzt an jedem widerstehenden Körper angebracht werde: Nach der letzten Bestimmung wird sie immer der Gegenwirkung gleich sein.

REGELN ZUR ERFORSCHUNG DER NATUR

I. Regel. An Ursachen zur Erklärung natürlicher Dinge nicht mehr zuzulassen, als wahr sind und zur Erklärung jener Erscheinungen ausreichen.

Die *Physiker* sagen: Die Natur tut nichts vergebens, und vergeblich ist dasjenige, was durch vieles geschieht und durch weniger ausgeführt werden kann. Die Natur ist nämlich einfach und schwelgt nicht in überflüssigen Ursachen der Dinge.

2. Regel. Man muss daher, so weit es angeht, gleichartigen Wirkungen dieselben Ursachen zuschreiben.

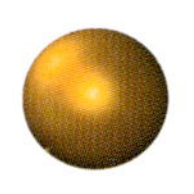

So dem Atmen der Menschen und der Tiere, dem Falle der Steine in Europa und Amerika, dem Lichte des Küchenfeuers und der Sonne, der Zurückwerfung des Lichtes auf der Erde und den Planeten.

3. Regel. Diejenigen Eigenschaften der Körper, welche weder verstärkt noch vermindert werden können und welche allen Körpern zukommen, an denen man Versuche anstellen kann, muss man für Eigenschaften aller Körper halten.

Die Eigenschaften der Körper werden nämlich nur durch Versuche bekannt, und man muss daher diejenigen für allgemein halten, welche im Allgemeinen mit den Versuchen übereinstimmen und die weder vermindert noch aufgehoben werden können. Offenbar kann man weder, dem Verlauf der Versuche zuwider, Träume ersinnen noch sich von der Analogie der Natur entfernen, da diese einfach und mit sich übereinstimmend zu sein pflegt.

Die *Ausdehnung* der Körper wird nur durch die Sinne erkannt und nicht bei allen wahrgenommen; weil man sie aber bei allen wahrnehmbaren Körpern antrifft, nimmt man sie bei allen an.

Dass mehrere Körper hart sind, erfahren wir durch Versuche. Die *Härte* des Ganzen entspringt aus der Härte der Teile, und hieraus schließen wir mit Recht, dass nicht nur die wahrnehmbaren Teile dieser Körper, sondern auch die unzerlegbaren Teilchen aller Körper hart sind.

Dass alle Körper *undurchdringlich* sind, leiten wir nicht aus der Vernunft, sondern aus Versuchen ab. Alles, was wir unter Händen haben, finden wir undurchdringlich, und daraus schließen wir, dass die *Undurchdringlichkeit* eine Eigenschaft aller Körper ist. Dass alle Körper *beweglich* sind und vermöge einer gewissen Kraft (welche wir die Kraft der Trägheit nennen) in der Bewegung oder Ruhe verharren, schließen wir daraus, dass wir diese Eigenschaften an allen betrachteten Körpern wahrgenommen haben. Die Ausdehnung, Härte, Undurchdringlichkeit, Beweglichkeit und Kraft der Trägheit des Ganzen entspringt aus denselben Ei-

LINKE SEITE
Die interplanetare Flugbahn des Raumschiffs Cassini. Raumschiffe benötigen komplexe mathematische Berechnungen, um Flugbahnen, Umlaufbahnen und Schleifen zu planen. Alle diese Berechnungen beruhen letztlich auf Newtons theoretischen Modellen, die mehr als dreihundert Jahre alt sind. Die Komplexität der berechneten Umlaufbahnen und die endgültige Berechnung des Mondes Titan sind bemerkenswerte Zeugnisse für Newtons Beitrag zur Naturwissenschaft.

genschaften der Teile; hieraus schließen wir, dass die kleinsten Teile der Körper ebenfalls ausgedehnt, hart, undurchdringlich, beweglich und mit der Kraft der Trägheit begabt sind.

Hierin besteht die Grundlage der gesamten Naturlehre. Ferner lernen wir aus den Erscheinungen, dass die sich wechselseitig berührenden Teile der Körper voneinander getrennt werden können. Dass man durch Rechnung die Teile noch in kleinere zerlegen könne, ist aus der Mathematik bekannt; ob man diese so zerlegt gedachten Teile durch Kräfte der Natur darstellen könne, ist ungewiss. Wenn es sich aber durch einen Versuch ergäbe, dass einige unzerlegte Teilchen, durch Zerbrechung eines harten und festen Körpers, eine Teilung vertrügen, so würden wir daraus nach dieser Regel schließen, dass nicht nur zerlegte Teile trennbar seien, sondern dass auch unzerlegte ins Unendliche geteilt werden können.

Sind endlich alle Körper in der Umgebung der Erde gegen diese schwer, und zwar im Verhältnis der Menge der Materie in jedem; ist der Mond gegen die Erde nach Verhältnis seiner Masse und umgekehrt unser Meer gegen den Mond schwer; hat man ferner durch Versuche und astronomische Beobachtungen erkannt, dass alle Planeten wechselseitig gegeneinander und die Kometen gegen die Sonne schwer sind; so muss man nach dieser Regel behaupten, dass alle Körper gegeneinander schwer seien. Stärker ist der Beweis in Bezug auf die allgemeine Schwere *(universal gravitation)* als auf die Undurchdringlichkeit der Körper, über welche letztere wir keinen Versuch und keine Beobachtung der Himmelskörper haben. Ich behaupte aber doch nicht, dass die Schwere den Körpern wesentlich zukomme. Unter der ihnen eigentümlichen Kraft begreife ich die Kraft der Trägheit, welche unveränderlich ist, wogegen die Schwerkraft mit der Entfernung von der Erde abnimmt.

4. Regel. In der Experimentalphysik muss man die aus den Erscheinungen durch Induktion geschlossenen Sätze, wenn nicht entgegengesetzte Voraussetzungen vorhanden sind, entweder genau oder sehr nahe für wahr halten, bis andere Erscheinungen eintreten, durch welche sie entweder größere Genauigkeit erlangen oder Ausnahmen unterworfen werden.

Dies muss geschehen, damit nicht das Argument der Induktion durch Hypothesen aufgehoben werde.

---

§ 36. Aufgabe. Man soll die mittlere jährlich Bewegung der Mondknoten finden.

Die mittlere jährliche Bewegung ist gleich der Summe aller mittleren stündlichen Bewegungen im Jahre. Man denke sich nun, dass der Knoten sich in N befinde und am Ende jeder Stunde an seinen ersten Ort zurückversetzt werde, sodass er, ungeachtet seiner eigenen Bewegung, immer dieselbe Lage in Bezug auf die Fixsterne beibehalte. Ferner setze man voraus, dass während dieser Zeit die Sonne S, vermöge der Bewegung der Erde, sich von diesem Knoten entferne und ihren jährlichen scheinbaren Umlauf gleichförmig vollende. Aa sei ein sehr kleiner gegebener Bogen, welchen die nach der Sonne gezogene Linie TS in einer gegebenen sehr kleinen Zeit auf dem Kreise NAn durchläuft. Die mittlere stündliche Bewegung wird alsdann nach dem, was wir oben gezeigt haben, AZ^2, d. h. weil AZ und ZY einander proportional sind, dem Rechteck $AZ \times ZY$ oder der Fläche AZY*a* proportional sein. Die Summe aller mittleren stündlichen Bewegungen vom Anfang an wird der Summe aller Flächen AZY*a*, d. h. der Fläche NAZ proportional sein. Nun ist die größte Fläche AZY*a* gleich dem Rechteck unter dem Bogen A*a* und dem Radius des Kreises, folglich wird sich die Summe aller Rechtecke im ganzen Kreise zur Summe ebenso vieler größter Rechtecke verhalten wie die Fläche des ganzen Kreises zum Rechteck unter der ganzen Peripherie und dem Radius, d. h. wie 1:2.

Die stündliche Bewegung, welche dem größten Rechteck entspricht, war aber = $16^{II}\ 16^{III}\ 37^{IV}\ 42^{V}$ gefunden worden, und ihre Summe für ein ganzes siderisches Jahr von 365d 6h 9m wird daher = 39°38'7"55'''. Die Hälfte der letzteren, oder 19°49'3"55''', ist die mittlere Bewegung der Knoten, welche dem ganzen Kreise entspricht. Ferner wird die Bewegung der Knoten, während die Sonne von N bis A fortschreitet, sich zu 19°49'3"55''' verhalten wie die Fläche NAZ zum ganzen Kreise.

Dies würde sich so unter der Voraussetzung verhalten, dass der Knoten nach jeder einzelnen Stunde an seinen früheren Ort zu-

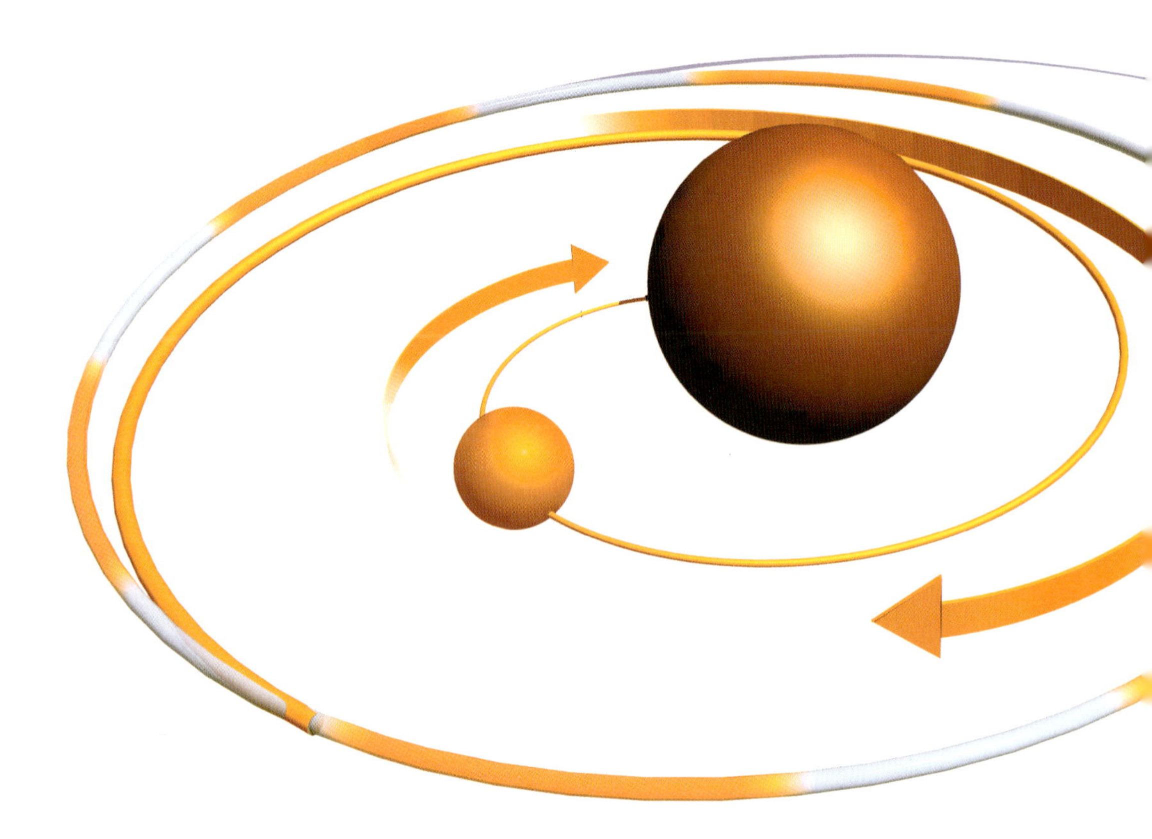

rückgebracht würde und dass die Sonne am Ende des Jahres zu demselben Knoten zurückkehrte, von welchem sie beim Anfange desselben ausgegangen war. Da aber die Bewegung des Knotens bewirkt, dass die Sonne früher zu ihm zurückkehrt, muss man berechnen, um wie viel die Zeit der Rückkehr hierdurch verkürzt wird.

Die Sonne legt im Jahr 360° und der Knoten mit seiner größten Geschwindigkeit in derselben Zeit 39°38'7"50"' = 39,6355° zurück; ferner verhält sich die mittlere Bewegung dieses Knotens in dem beliebigen Orte N zu seiner mittleren Bewegung in den Quadraturen wie $AZ^2 : AT^2$. Die Bewegung der Sonne wird sich daher zur Bewegung des Knotens im Orte N verhalten, wie

$$360 \times AT^2 : 39{,}6355\ AZ^2 = 9{,}0827667\ AT^2 : AZ^2.$$

Setzt man also voraus, dass die ganze Peripherie des Kreises NA*n* in kleine gleiche Teile Aa geteilt sei, so wird sich die Zeit, wäh-

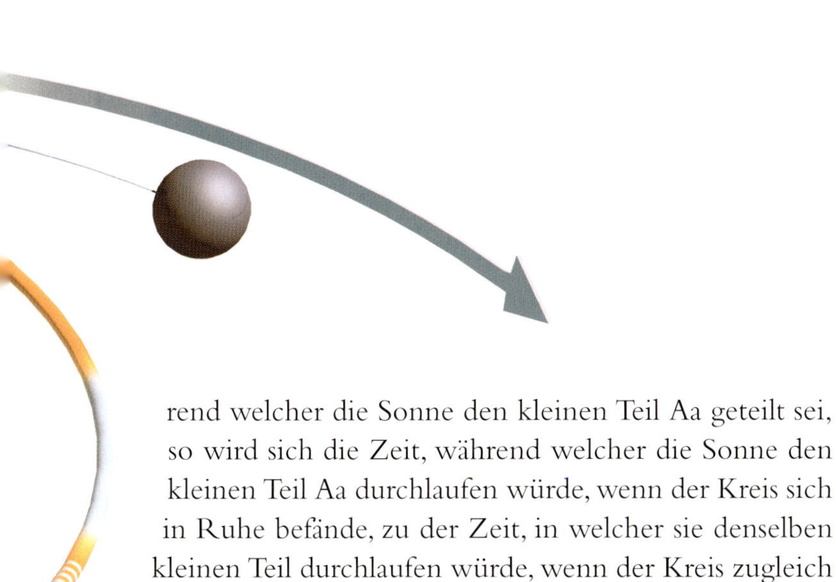

Wäre die Schwerkraft geringer oder würde sie mit zunehmender Entfernung schneller wachsen als Newtons Theorie besagt, dann wären die Umlaufbahnen der Planeten um die Sonne keine stabilen Ellipsen. Die Planeten würden sich dann entweder von der Sonne entfernen oder sich spiralförmig auf sie zubewegen.

rend welcher die Sonne den kleinen Teil Aa geteilt sei, so wird sich die Zeit, während welcher die Sonne den kleinen Teil Aa durchlaufen würde, wenn der Kreis sich in Ruhe befände, zu der Zeit, in welcher sie denselben kleinen Teil durchlaufen würde, wenn der Kreis zugleich mit den Knoten sich um den Mittelpunkt T bewegte, umgekehrt (reciprocally) verhalten wie

$$9{,}0827667 \times AT^2 : 9{,}0827667 \times AT^2 + AZ^2.$$

Die Zeit verhält sich nämlich umgekehrt wie die Geschwindigkeit, mit welcher dieser kleine Teil durchlaufen wird, und diese Geschwindigkeit ist der Summe der Geschwindigkeiten von Sonne und Knoten gleich. Es werde daher die Zeit, in welcher die Sonne, ohne die Bewegung des Knotens, den Bogen NA durchlaufen würde, durch den Sektor NTA dargestellt. Ferner stelle der kleine Teil A*ta* dieses Sektors den kurzen Moment dar, in dem der sehr kleine Bogen A*a* durchlaufen werden würde. Man fälle *a*Y perpendikulär auf N*n* und nehme *d*Z auf A*z* so groß an, dass

$$dZ \times ZY : Ata = AZ^2 : \alpha AT^2 + AZ^2 \; (\alpha = 9{,}0827667)$$

d.h. $$dZ : 1/2\, AZ = AT^2 : \alpha \times AT^2 + AZ^2$$

alsdann wird das Rechteck *d*Z × ZY das Dekrement der Zeit darstellen, welches die Bewegung des Knotens während der ganzen Zeit, in der der Bogen A*a* durchlaufen wird, hervorbringt. Ist ferner die Kurve N*d*G*n* der Ort der Punkte *d*, so stellt die gekrümmte Fläche N*d*Z das ganze Dekrement während der Zeit, welche zum Durchlaufen des Bogens NA gebraucht wird, dar.

Endlich ist der Überschuss des Sektors NAT über die Fläche N*d*Z diese ganze Zeit. Da nun die Bewegung des Knotens während einer kürzeren Zeit im Verhältnis der letzteren kleiner ist, muss die Fläche A*a*YZ in demselben Verhältnis verkleinert werden. Dies wird geschehen, indem man auf AZ die Linie EZ so annimmt, dass

$$eZ : AZ = AZ^2 : \alpha\ AT^2 + AZ^2$$

Hiernach wird das Rechteck *e*Z × ZY sich zur Fläche AZY*a* verhalten wie das Dekrement der Zeit, welches zum Durchlaufen des Bogens A*a* erforderlich war, zu der ganzen Zeit, in welcher er bei ruhendem Knoten würde durchlaufen worden sein. Folglich wird dieses Rechteck dem Dekrement der Bewegung des Knotens entsprechen. Ist nun die Kurve N*e*F*n* der Ort der Punkte *e*, so wird die ganze Fläche N*e*Z, welche der Summe aller Dekremente gleich ist, dem ganzen Dekrement während der zum Durchlaufen des Bogens NA erforderlichen Zeit entsprechen. Die übrigbleibende Fläche NA*e* wird der übrigbleibenden Bewegung entsprechen, welche die wahre Bewegung des Knotens während der Zeit ist, in welcher der ganze Bogen NA durch die vereinigten Bewegungen der Sonne und der Knoten beschrieben wird.

Wendet man nun die Methode der unendlichen Reihen an, so findet man, dass der Flächeninhalt des Halbkreises sich zu dem Inhalt der gesuchten Figur N*e*F*n* annähernd verhält wie 793 : 60.

Da nun die dem ganzen Kreise entsprechende Bewegung = 19°49'3"55''' war, so wird die dem Doppelten der Figur N*e*F*n* entsprechende Bewegung = 1°29'58"2'''. Subtrahiert man diese von der ersten Bewegung, so erhält man 18°19'5"53''' für die ganze Bewegung des Knotens in Bezug auf die Fixsterne und zwischen zweien seiner Konjunktionen mit der Sonne. Subtrahiert man hierauf diese Bewegung von der jährlichen Bewegung der Sonne, welche = 360° ist, so ergibt sich die Bewegung der letzteren zwischen denselben beiden Konjunktionen = 341°40'54"7'''. Diese verhält sich zur jährlichen Bewegung von 360° wie die vorher = 18°19'5"53''' gefundene Bewegung des Knotens zur jährlichen Bewegung des letzteren. Diese wird folglich = 19°18'1"23''', und dies ist die mittlere Bewegung der Knoten in einem siderischen Jahre. Für dieselbe hat man nach den astronomischen Tafeln 19°21'21"50"', und der Unterschied, welcher wahrscheinlich von der Exzentrizität der Mondbahn und ihrer Neigung gegen die Ebene der Ekliptik herrührt, beträgt weniger als 1/300 der ganzen Bewegung.

Durch die Exzentrizität wird die Bewegung der Knoten etwas beschleunigt, durch die Neigung hingegen verzögert, wodurch sie sehr nahe auf die richtige Größe zurückkommt.

---

§41. Aufgabe. Man soll die Kraft finden, welche die Sonne auf die Bewegung des Meeres ausübt.

Wir haben in §29 des dritten Buches gesehen, dass die Kraft ML oder PT der Sonne, welche störend auf die Bewegung des Mondes einwirkt, sich in den Quadraturen des letzteren zur Kraft der Schwere auf der Erde verhält wie

1. $$1:638\,092{,}6$$

und dass die Kraft TM-ML oder 2PK in den Syzygien des Mondes doppelt so groß ist. Diese Kräfte würden nun, wenn man zur Oberfläche der Erde herabstiege, im Verhältnis der Abstände vom Mittelpunkte der letzteren, d.h. wie

2. $$60{,}5:1$$

abnehmen. An der Oberfläche der Erde verhält sich daher die erste dieser Kräfte zur Kraft der Schwere wie

3. $$1:38\,604\,600.$$

Durch diese Kraft wird das Meer an den Orten herabgedrückt, welche im Winkel um 90° von der Sonne abstehen. Die andere Kraft, welche doppelt so groß ist, erhebt das Meer in den unter der Sonne gelegenen und den ihr entgegengesetzten Gegenden.

Die Summe dieser Kräfte, oder 1 + 2 = 3, verhält sich also zur Schwere wie

RECHTE SEITE
Eine der größten Entdeckungen von Newton stammt aus dem Bereich der Optik. Er stellte fest, dass sich das Licht der Sonne, wenn es durch ein Prisma geleitet wird, in die Spektralfarben aufteilt, die den Farben des Regenbogens entsprechen.

4. $$3:38604600 = 1:12868200.$$

Da nun dieselbe Kraft dieselbe Bewegung hervorbringt, mag sie das Wasser in den um 90° von der Sonne entfernten Gegenden erniedrigen oder in den unter der Sonne und ihr gegenüberliegenden Gegenden erheben, wird diese Summe die ganze Kraft sein.

Damit setzt die Sonne die Gewässer des Meeres in Bewegung, und sie wird dieselbe Wirkung hervorbringen, wie wenn sie ganz dazu verwendet würde, das Meer in den unter der Sonne und ihr gegenüberliegenden Gegenden zu erhöhen und gar keine Wirkung in den unter 90° von der Sonne abstehenden Gegenden hervorbrächte.

Dies ist die Kraft, womit die Sonne das Meer an einem gegebenen Orte bewegt, wenn sie sich im Zenit desselben und in ihrem mittleren Abstande von der Erde befindet. Für eine andere Lage der Sonne ist diese Kraft dem Sinus versus ihrer doppelten Höhe über dem Horizont direkt und dem Kubus ihres Abstandes von der Erde umgekehrt proportional.

Zusatz. Die Zentrifugalkraft der Teile der Erde, welche durch die tägliche Umdrehung der letzteren hervorgebracht wird und sich zur Kraft der Schwere wie 1 : 289 verhält, verursacht aber, dass die Höhe des Wassers unter dem Äquator seine Höhe am Pole um 85 472 Pariser Fuß übertrifft, wie wir oben im § 23 dieses Buches gesehen haben.

Es ist daher klar, dass die Kraft der Sonne, wovon hier die Rede ist und welche sich zur Kraft der Schwere wie 1 : 12868200, also zur Zentrifugalkraft wie

5. $$289:12868200 = 1:44527$$

verhält, bewirken wird, dass die Höhe des Wassers in den unter der Sonne und ihr gegenüberliegenden Gegenden die Höhe in den um 90° von der Sonne abstehenden Gegenden um 1 Fuß 11 1/30 Zoll Par. Maß übertreffen wird, indem

6. 1. Fuß 111/30 Zoll : 85472 Fuß = 1 : 44527.

§ 43. Aufgabe. Man soll die Gestalt des Mondes finden.

RECHTE SEITE
Das Raumschiff Cassini lässt mit Hilfe von Fallschirmen Geräte auf den Titan fallen, einen der Monde des Saturn.

Wäre der Mond flüssig wie unser Meer, so würde sich die Kraft, mit welcher die Erde die ihr am nächsten und am entferntesten liegenden Teile jener Flüssigkeit anzöge, zu derjenigen Kraft, womit der Mond die ihm am nächsten und am fernsten liegenden Teile unseres Meeres anzieht, zusammengesetzt wie die beschleunigende Schwerkraft des Mondes gegen die Erde zur beschleunigenden Schwerkraft der letzteren gegen den ersteren und wie der Durchmesser des Mondes zu dem der Erde verhalten, d. h. wie 39,788 × 100 : 1 × 365 = 1081 : 100. Da nun die Kraft des Mondes unser Meer zu einer Höhe von 8,6 Fuß erhebt (§ 42, Zusatz 1), so würde die Flüssigkeit des Mondes durch die Kraft der Erde zu einer Höhe von 93 Fuß erhoben werden.

Aus diesem Grunde müsste die Gestalt des Mondes die eines Sphäroides sein, dessen verlängerte große Achse durch den Mittelpunkt der Erde ginge und die andere auf sie perpendikuläre Achse um 186 Fuß überträfe. Der Mond hat also diese Gestalt und muss sie von Anfang an gehabt haben.

Zusatz. Eine Folge hiervon ist, dass der Mond der Erde stets dieselbe Seite zuwendet, indem er in keiner anderen Lage sich in Ruhe befinden kann, sondern stets oszillierend zu ihr zurückkehren muss. Indessen erfolgen diese Schwingungen sehr langsam, weil die Kräfte, durch welche sie hervorgebracht werden, sehr klein sind, dergestalt, dass dieser Teil des Mondes, welcher immer gegen die Erde gerichtet sein sollte, aus dem in § 21 angeführten Grunde auf den anderen Brennpunkt der Mondbahn zurückblicken muss und nicht sogleich davon abgezogen und gegen die Erde zurückgeführt werden kann.

Albert Einstein (1879–1955)

LEBEN UND WERK

Genie wird nicht immer gleich erkannt. Obwohl Albert Einstein der größte theoretische Physiker werden sollte, der je gelebt hat, musste sich sein Vater, als Albert die Grundschule besuchte, vom Direktor sagen lassen, sein Sohn werde es nie zu etwas bringen. Anfang zwanzig hatte Einstein sein Diplom als Fachlehrer für Mathematik und Physik an der Eidgenössischen Polytechnischen Schule in Zürich, der späteren ETH, abgelegt, bewarb sich aber vergeblich um eine Assistentenstelle am Polytechnikum und an anderen Universitäten. Schließlich gab er die Hoffnung auf eine Universitätslaufbahn auf und war kurze Zeit als Hilfslehrer in Winterthur und Schaffhausen tätig. Der Vater seines Studienkollegen Conrad Habicht verhalf ihm zu einem Poeten als technischem Experten am Eidgenössischen Patentamt in Bern. Dort arbeitete er sechs Tage die Woche und verdiente umgerechnet rund sechshundert Euro im Jahr. Auf diese Weise bestritt er seinen Lebensunterhalt, während er sich auf seine Promotion in Physik an der Universität Zürich vorbereitete.

1903 heiratete Einstein seine serbische Freundin Mileva Maric und bezog mit ihr eine Einzimmerwohnung in Bern. Im Mai des folgenden Jahres bekamen sie einen Sohn, den sie Hans-Albert nannten. Die Zeit, in die die Geburt des Kindes fiel, war wohl die glücklichste in Einsteins Leben. Die Nachbarn erinnerten sich später, wie der junge Vater den Kinderwagen geistesabwesend durch die Straßen der Stadt schob. Hin und wieder griff Einstein in den Wagen, holte einen Schreibblock hervor und machte sich Notizen. Sie dürften einige der Formeln und Gleichungen enthalten haben, die zur Relativitätstheorie und, Jahrzehnte später, zur Entwicklung der Atombombe führten.

In diesen ersten Jahren am Patentamt verbrachte Einstein den größten Teil seiner Freizeit mit Untersuchungen zur theoretischen Physik. Kurz hintereinander schrieb er vier bahnbrechende

Der junge Einstein

wissenschaftliche Aufsätze, die einige der folgenreichsten Ideen für das uralte Bemühen um das Verständnis des Universums vorstellten. Auf immer veränderten sie unser Bild von Raum und Zeit. Für eine dieser Arbeiten erhielt Einstein 1921 den Nobelpreis für Physik und viel öffentliche Anerkennung.

Während Einstein über das Geschehen im Universum nachdachte, wurden ihm blitzartige Erkenntnisse zuteil, die sich in ihrer Tiefe allen Worten entzogen. »Diese Gedanken meldeten sich nicht in sprachlichen Formulierungen«, soll er einmal gesagt haben. »Ich denke kaum jemals in Worten. Mir kommt ein Gedanke, und erst hinterher versuche ich vielleicht, ihn in Worten auszudrücken.«

Fast dreißig Jahre später emigrierte Einstein in die Vereinigten Staaten, wo er sich öffentlich für Belange wie den Zionismus und später gegen den Bau der Atombombe einsetzte. Gleichzeitig aber blieb er seiner Leidenschaft für die Physik treu. Unbeirrt setzte er bis zu seinem Tod im Jahr 1955 die Suche nach einer »einheitlichen Feldtheorie« – der »Weltformel«, wie sie im Volksmund genannt wurde – fort, welche die Erscheinungen der Gravitation und des Elektromagnetismus in einem einheitlichen System von Gleichungen beschreiben sollte. Wie vorausschauend Einsteins Vision war, zeigt der Umstand, dass Physiker auch heute noch nach einer großen vereinheitlichten physikalischen Theorie suchen. Einstein revolutionierte das wissenschaftliche Denken des 20. Jahrhunderts und der Zeit danach.

Albert Einstein wurde am 14. März 1879 im württembergischen Ulm geboren und wuchs in München auf. Er war der einzige Sohn von Hermann Einstein und dessen Frau Pauline, geborene Koch. Vater und Onkel betrieben eine elektrotechnische Fabrik. In der Familie galt Albert als schwerfällig im Lernen, weil er Schwierigkeiten im sprachlichen Bereich hatte. (Heute nimmt man an, es könnte Legasthenie gewesen sein.) Es heißt, der Vater habe den Direktor von Alberts Grundschule gefragt, was wohl der geeignetste Beruf für seinen Sohn sei, woraufhin der brave Mann erwiderte, das sei egal, aus dem Knaben würde ohnehin nichts werden.

Einstein tat sich schwer in der Schule. Ihm mißfiel die strenge Disziplin, und er litt darunter, eines der wenigen jüdischen Kinder in einer katholischen Schule zu sein. Diese Außenseitererfahrung sollte sich noch oft in seinem Leben wiederholen.

Eine der ersten Leidenschaften in Einsteins Leben war die Naturwissenschaft. So erinnerte er sich sein Leben lang, wie sein Vater ihm einen Kompass zeigte, als er etwa fünf Jahre alt war, und wie wunderbar er es fand, dass die Nadel immer nach Norden zeigte, egal, wie man das Gehäuse drehte. In diesem Augenblick begriff er, so seine spätere Erinnerung: »Da musste etwas hinter den Dingen sein, das tief verborgen war.«

Zu seinen frühen Leidenschaften gehörte auch die Musik. Mit etwa sechs Jahren begann Einstein, Geige zu lernen. Er war keine Naturbegabung; doch als er nach einigen Jahren die mathematische Struktur der Musik erkannte, wurde die Geige zu einer lebenslangen Liebe – wenn auch seine Begabung nie mit seiner Begeisterung Schritt halten konnte.

Mit zehn kam Einstein auf das Luitpoldgymnasium, wo er nach Ansicht der Einstein-Experten seine Abneigung gegen

Autorität jeder Art entwickelte. Dieser Charakterzug leistete Einstein in seinem späteren Leben als Naturwissenschaftler gute Dienste. Seine gewohnheitsmäßige Skepsis erleichterte es ihm, viele lange gehegte und geschätzte wissenschaftliche Annahmen in Frage zu stellen.

1895 versuchte Einstein, den Schulabschluss zu überspringen, indem er sich einer Aufnahmeprüfung an der Eidgenössischen Polytechnischen Hochschule in Zürich unterzog, wo er ein Diplom in Elektrotechnik machen wollte. Über seine Zukunftspläne schrieb er in dieser Zeit: »Wenn ich das Glück habe, meine Prüfungen zu bestehen, werde ich an das Polytechnikum in Zürich gehen. Ich werde dort vier Jahre bleiben, um Mathematik und Physik zu studieren. Ich stelle mir vor, Lehrer in diesen Gebieten der Naturwissenschaften zu werden und dabei den theoretischen Teil dieser Wissenschaften zu wählen. Hier die Gründe, die mich zu diesem Plan geführt haben. Es ist vor allem die individuelle Veranlagung für die abstrakten und mathematischen Gedanken und der Mangel an Phantasie und praktischem Talent.«

Einstein fiel durch den sprachlich-deskriptiven Teil der Prüfung und wurde deshalb nicht zum Studium am Polytechnikum zugelassen. Stattdessen schickte seine Familie ihn auf die Aargauische Kantonsschule, wo er sich mit dem Erwerb des Mittelschulabschlusses die Zulassung zum Polytechnikum verschaffen sollte. Das gelang mit dem Erfolg, dass er im Jahr 1900 sein Diplom am Polytechnikum ablegte. Etwa zu dieser Zeit verliebte er sich in Mileva Maric, die 1901 mit ihrem ersten – außerehelichen – Kind niederkam, einer Tochter, die sie Lieserl nannten. Über Lieserl ist wenig Gesichertes bekannt, doch offenbar wurde sie entweder verkrüppelt geboren oder erlitt im Säuglingsalter eine schwere Krankheit; jedenfalls wurde sie zur Adoption freigegeben und starb mit etwa zwei Jahren. 1903 heirateten Einstein und Mileva Maric.

1905, das Geburtsjahr des ersten Sohnes, war für Einstein ein Jahr der Wunder. Irgendwie schaffte er es, die Anforderung eines Ganztagsberufs und des Vaterdaseins zu bewältigen und trotzdem noch Zeit für die Veröffentlichung von vier wegweisenden wissenschaftlichen Aufsätzen zu finden, und das alles ohne das Prestige und die Vorteile, die ihm ein Hochschulposten verschafft hätte.

Einstein mit seiner ersten Frau Mileva und dem gemeinsamen Sohn Hans Albert (1906)

Im Frühjahr dieses Jahres reichte Einstein drei Artikel bei der deutschen Zeitschrift »Annalen der Physik« ein. Alle drei erschienen in Band 17 des Fachblattes. Den ersten Aufsatz – über Lichtquanten (fundamentale Energieportionen) – bezeichnete er selbst in einem Brief an Conrad Habicht als »sehr revolutionär«. Darin untersuchte er das Phänomen der Quanteneigenschaften, das Max Planck entdeckt hatte. Einstein nutzte es zur Erklärung des so genannten Photoeffekts: Fällt Licht auf ein Metall, kann es aus diesem Elektronen herauslösen. Dabei hängt die Energie jedes emittierten Elektrons nicht von der Intensität, sondern nur von der Frequenz des Lichts ab. Das lässt sich als Quanteneffekt erklären, dem zufolge Licht gegebener Frequenz nur in »Paketen« konstanter Energie vorkommt. Einstein schlug vor, man solle das

Licht als eine Ansammlung unabhängiger Lichtteilchen betrachten, legte aber bemerkenswerterweise keine konkreten Experimentaldaten vor. Er postulierte die hypothetische Existenz dieser »Lichtquanten« aus ästhetischen Gründen.

Ursprünglich taten sich die Physiker schwer, Einsteins Theorie zu akzeptieren. Allzu weit wich sie von den herrschenden physikalischen Ansichten der Zeit ab und ging weit über das hinaus, was Planck entdeckt hatte. Es war dieser erste Aufsatz »Über einen die Erzeugung und Verwandlung des Lichtes betreffenden heuristischen Gesichtspunkt« und nicht seine Arbeit über die Relativitätstheorie, die Einstein 1921 den Nobelpreis eintrug.

In seinem zweiten Aufsatz »Eine neue Bestimmung der Moleküldimensionen« – seiner Dissertation –, und in seinem dritten »Über die von der molekularkinetischen Theorie der Wärme geforderte Bewegung von in ruhenden Flüssigkeiten suspendierten Teilchen« schlug Einstein ein Verfahren zur Bestimmung der Größe und Bewegung von Atomen vor. Außerdem erklärte er die Brownsche Bewegung, ein Phänomen, das der britische Botaniker Robert Brown an den ziellosen Bewegungen von in Flüssigkeiten schwebenden Pollen beobachtet und in einer Untersuchung beschrieben hatte. Einstein vertrat die Auffassung, diese Bewegung werde durch Stöße zwischen Atomen und Molekülen verursacht. In einer Zeit, in der sogar die Existenz von Atomen noch umstritten war, bestätigte er damit die Atomtheorie der Materie.

In dem letzten Aufsatz »Zur Elektrodynamik bewegter Körper« aus dem Jahr 1905 legte Einstein vor, was später unter der Bezeichnung spezielle Relativitätstheorie berühmt werden sollte. Der Artikel erweckt eher den Eindruck eines Essays als einer wissenschaftlichen Mitteilung. Rein theoretisch in seiner Argumentation, enthält er weder Anmerkungen noch Literaturangaben. Diese neuntausend Wörter umfassende Abhandlung, die Einstein in nur fünf Wochen schrieb, halten Wissenschaftshistoriker für ebenso umfassend und revolutionär wie Isaac Newtons »Principia«. Was Newton für unser Verständnis der Gravitation geleistet hatte, tat Einstein für unsere Vorstellung von Zeit und Raum, und dabei setzte er den Newtonschen Zeitbegriff außer Kraft. Newton hatte erklärt, die absolute, wahre und mathematische Zeit, an sich und ihrer Natur nach ohne Beziehung zu irgendetwas Äußerem, fließe gleichmäßig dahin. Einstein hielt dagegen, dass alle Beobachter den gleichen Wert für die Lichtgeschwindigkeit messen müssten, unabhängig davon, wie schnell sie sich bewegen würden. Ferner sei die Masse eines Objekts nicht unveränderlich, sondern wachse mit seiner Geschwindigkeit an. Spätere Experimente bewiesen, dass ein kleines Materieteilchen, wenn es auf 86 Prozent der Lichtgeschwindigkeit beschleunigt wird, doppelt so viel Masse besitzt wie in Ruhe.

OBEN

Einstein und seine zweite Frau Elsa, mit Charlie Chaplin (1931)

LINKE SEITE

Einstein etwa zu der Zeit, als er den Nobelpreis bekam

Eine Formulierung dieses Effekts ist die Äquivalenz von Masse und Energie, ausgedrückt in der berühmten Formel $E = mc^2$. Dieser Ausdruck – die Energie ist gleich Masse mal dem Quadrat der Lichtgeschwindigkeit – führte die Physiker zu der Erkenntnis, dass selbst winzige Materiemengen in der Lage sind, enorme Energiemengen freizusetzen. Wenn also auch nur ein Teil der Masse von wenigen Atomen vollständig in Energie umgewandelt wird, führt das zu einer kolossalen Explosion. So veranlasste Einsteins harmlos aussehende Gleichung Wissenschaftler später dazu, sich mit den Konsequenzen der Atomspaltung zu befassen und auf Drängen ihrer jeweiligen Regierungen die Atombombe zu entwickeln.

1909 wurde Einstein zum außerordentlichen Professor für theoretische Physik an die Universität Zürich berufen, und drei Jahre später konnte er sich seinen ursprünglichen Wunsch erfüllen und als ordentlicher Professor an die Eidgenössische Technische Hochschule zurückkehren. Andere ehrenvolle akademische Berufungen folgten. Die ganze Zeit über führte er die Arbeit an seiner Gravitations- und allgemeinen Relativitätstheorie fort. Doch während sich sein beruflicher Ausstieg unaufhaltsam fortsetzte, ging es mit seiner Ehe und Gesundheit bergab. 1914 zog er ohne Mileva und seine beiden Söhne nach Berlin, wo er, inzwischen Mitglied der Preußischen Akademie der Wissenschaften, zum Direktor des Forschungsinstituts für Physik der Kaiser-Wilhelm-Gesellschaft ernannt worden war. Als er krank wurde, pflegte ihn seine Cousine Elsa gesund. 1919, nach der Scheidung von Mileva, heirateten die beiden.

Die allgemeine Relativitätstheorie, die Einstein 1915 begründete, hat unsere Vorstellungen von Raum und Zeit noch radikaler verändert als die spezielle. Newtons Raum ist euklidisch, unendlich und unbegrenzt. Seine geometrische Struktur und der

Einstein unterrichtet in Princeton (1932).

Lauf der Zeit sind vollkommen unabhängig von der Materie, die sich darin befindet. Alle Körper ziehen sich gravitativ an, ohne irgendeine Wirkung auf die Struktur von Raum und Zeit auszuüben. In absolutem Gegensatz dazu postuliert Einsteins allgemeine Relativitätstheorie, dass die schwere Masse eines Körpers nicht nur auf andere Körper, sondern auch auf das Gefüge von Zeit und Raum einwirkt. Wenn ein Körper Masse besitzt, beeinflusst er die Zeit und veranlasst den Raum, sich um ihn zu kümmern. In eine solchen Region scheint das Licht abgelenkt zu werden.

1919 machte sich der britische Astronom Sir Arthur Eddington auf die Suche nach Beobachtungsdaten, mit denen sich die allgemeine Relativitätstheorie überprüfen ließ. Zwei Expeditionen der Royal Society of London organisierte Eddington, eine nach Brasilien und eine weitere nach Westafrika, mit dem Ziel, das Licht ferner Sterne zu beobachten, während es dicht an einem massereichen Körper vorbeistreicht – an der Sonne. Als Beobachtungszeitpunkt war eine totale Sonnenfinsternis am 29. März vorgesehen. Unter normalen Umständen wäre eine solche Beobachtung unmöglich, weil das schwache Licht ferner Sterne vom Tageslicht verschluckt wird, doch während der Verfinsterung ist dieses Licht kurze Zeit sichtbar.

Im September erhielt Einstein ein Telegramm von Hendrik Lorentz, einem Fachkollegen und engen Freund. Es lautete: »eddington fand sternverschiebung am sonnenrand vorlaeufige groesse zwischen neun zehntel sekunde und doppeltem = lorentz.« Eddingstons Daten entsprachen der Verschiebung, welche die allgemeine Relativitätstheorie vorhersagte. Seine Fotografien aus Brasilien zeigten das Licht bekannter Sterne während der Verfinsterung in einer anderen Position am Himmel als bei Nacht, wenn ihr Licht die Sonne nicht in unmittelbarer Nähe passierte. Damit war die allgemeine Relativitätstheorie bestätigt und aus der Physik nicht mehr wegzudenken. Jahre später, als eine Studentin Einstein fragte, wie es für ihn gewesen wäre, wenn sich die Theorie als falsch erwiesen hätte, erwiderte Einstein: »Da könnte mir halt der liebe Gott Leid tun. Die Theorie stimmt doch.«
Mit der Bestätigung der allgemeinen Relativitätstheorie kam für Einstein der Weltruhm. 1921 wurde er zum Mitglied der Royal Society gewählt. Ehrendoktorate und Auszeichnungen erwarteten ihn in jeder Stadt, die er besuchte. Seine Reisen in die Vereinigten Staaten führten 1932 zu seiner Berufung als Professor für Mathematik und theoretische Physik am Institute for Advanced Study in Princeton, New Jersey.

Ein Jahr später ließ er sich dauerhaft in Princeton nieder, nachdem das NS-Regime in Deutschland eine Hetzkampagne gegen die »jüdische Wissenschaft« begonnen hatte. Man konfiszierte Einsteins Besitz, erkannte ihm die deutsche Staatsbürgerschaft ab und erklärte alle seine Positionen an deutschen Universitäten für erloschen. Bis zu diesem Zeitpunkt hatte sich Einstein als Pazifist betrachtet. Doch als Hitler Deutschland zu einer gigantischen Militärmacht hochrüstete, gelangte Einstein zu der Überzeugung, dass die Anwendung von Gewalt gegen Deutschland gerechtfertigt sei. 1939, im Vorfeld des Zweiten Weltkrieges, befürchtete er, Deutschland könnte die Voraussetzungen zur Entwicklung einer Atombombe schaffen – einer Waffe, die er durch die eigene Forschung ermöglicht hatte und für die er sich daher verantwortlich fühlte. In einem Brief warnte er Präsident Franklin D. Roosevelt vor dieser Möglichkeit. Der Brief, aufgesetzt von seinem Freund und Kollegen Leo Szilard, wurde zum Ausgangspunkt des Manhattan Project, in dem die ersten Kernwaffen der Welt entwickelt wurden. 1944 ließ Einstein ein handschriftliches Manuskript seines Aufsatzes »Zur Elektrodynamik bewegter Körper« aus dem Jahr 1905 versteigern und stiftete den Erlös – sechs Millionen Dollar – für die alliierten Kriegsanstrengungen.

Nach dem Krieg engagierte sich Einstein auch weiterhin für Fragen und Probleme, die er für wichtig hielt. Nachdem er sich viele Jahre nachdrücklich für den Zionismus eingesetzt hatte, wurde ihm im November 1952 das Präsidentenamt des Staates Israel angetragen. Höflich lehnte er ab und erklärte, er sei für das Amt nicht geeignet. Im April 1955, nur eine Woche vor seinem Tod, schrieb Einstein einen Brief an den Philosophen Bertrand Russell, in dem er seine Bereitschaft erklärte, einen Aufruf zu unterzeichnen, in dem alle Staaten der Welt aufgefordert wurden, auf Kernwaffen zu verzichten.

Am 18. April 1955 starb Einstein an Herzversagen. Sein Leben lang war er bemüht gewesen, die Geheimnisse des Kosmos zu verstehen, wobei er sich mehr auf seine Gedanken als auf seine Sinne verließ. »Die Wahrheit einer Theorie liegt in unserem Verstand«, sagte er einmal, »nicht in unseren Augen.«

DAS RELATIVITÄTSPRINZIP

Zur Elektrodynamik bewegter Körper*

Dass die Elektrodynamik Maxwells – wie dieselbe gegenwärtig aufgefasst zu werden pflegt – in ihrer Anwendung auf bewegte Körper zu Asymmetrien führt, welche den Phänomenen nicht anzuhaften scheinen, ist bekannt. Man denke z. B. an die elektrodynamische Wechselwirkung zwischen einem Magneten und einem Leiter. Das beobachtbare Phänomen hängt hier nur ab von der Relativbewegung von Leiter und Magnet, während nach der üblichen Auffassung die beiden Fälle, dass der eine oder der andere dieser Körper der bewegte sei, streng voneinander zu trennen sind. Bewegt sich nämlich der Magnet und ruht der Leiter, so ent-

*Abgedruckt aus Annalen des Physik Bd. 17 (1905).

Einsteins Sicht des Verhaltens massiver Körper, die das Raum-Zeit-Kontinuum krümmen

steht in der Umgebung des Magneten ein elektrisches Feld von gewissem Energiewerte, welches an den Orten, wo sich Teile des Leiters befinden, einen Strom erzeugt. Ruht aber der Magnet und bewegt sich der Leiter, so entsteht in der Umgebung des Magneten kein elektrisches Feld, dagegen im Leiter eine elektromotorische Kraft, welcher an sich keine Energie entspricht, die aber – Gleichheit der Relativbewegung bei den beiden ins Auge gefassten Fällen vorausgesetzt – zu elektrischen Strömen von derselben Größe und demselben Verlaufe Veranlassung gibt, wie im ersten Falle die elektrischen Kräfte.

Beispiele ähnlicher Art, sowie die mißlungenen Versuche, eine Bewegung der Erde relativ zum »Lichtmedium« zu konstatieren, führen zu der Vermutung, dass dem Begriffe der absoluten Ruhe nicht nur in der Mechanik, sondern auch in der Elektrodynamik keine Eigenschaften der Erscheinungen entsprechen, sondern dass vielmehr für alle Koordinatensysteme, für welche die mechanischen Gleichungen gelten, auch die gleichen elektrodynamischen und optischen Gesetze gelten, wie dies für die Größen erster Ordnung bereits erwiesen ist. Wir wollen diese Vermutung (deren Inhalt im folgenden »Prinzip der Relativität« genannt werden wird) zur Voraussetzung erheben und außerdem die mit ihm nur scheinbar unverträgliche Voraussetzung einführen, dass sich das Licht im leeren Raume stets mit einer bestimmten, vom Bewegungszustande des emittierenden Körpers unabhängigen Ge-

RECHTE SEITE
Möglicherweise entspricht die Zeit nicht einer einfachen Eisenbahnlinie von A nach B, sondern einer Schleife, die zu sich selbst zurückkehrt oder radikal die Richtung ändert.

schwindigkeit V fortpflanze. Diese beiden Voraussetzungen genügen, um zu einer einfachen und widerspruchsfreien Elektrodynamik bewegter Körper zu gelangen unter Zugrundelegung der Maxwellschen Theorie für ruhende Körper. Die Einführung eines »Lichtäthers« wird sich insofern als überflüssig erweisen, als nach der zu entwickelnden Auffassung weder ein mit besonderen Eigenschaften ausgestatteter »absolut ruhender Raum« eingeführt, noch einem Punkte des leeren Raumes, in welchem elektromagnetische Prozesse stattfinden, ein Geschwindigkeitsvektor zugeordnet wird.

Die zu entwickelnde Theorie stützt sich – wie jede andere Elektrodynamik – auf die Kinematik des starren Körpers, da die Aussagen einer jeden Theorie Beziehungen zwischen starren Körpern (Koordinatensystemen), Uhren und elektromagnetischen Prozessen betreffen. Die nicht genügende Berücksichtigung dieses Umstandes ist die Wurzel der Schwierigkeiten, mit denen die Elektrodynamik bewegter Körper gegenwärtig zu kämpfen hat.

I. KINEMATISCHER TEIL

§ I. DEFINITION DER GLEICHZEITIGKEIT

Es liege ein Koordinatensystem vor, in welchem die Newtonschen mechanischen Gleichungen gelten.* Wir nennen dies Koordinatensystem zur sprachlichen Unterscheidung von später einzuführenden Koordinatensystemen und zur Präzisierung der Vorstellung das »ruhende System«.

Ruht ein materieller Punkt relativ zu diesem Koordinatensystem, so kann seine Lage relativ zu letzterem durch starre Maßstäbe unter Benutzung der Methoden der euklidischen Geometrie bestimmt und in kartesischen Koordinaten ausgedrückt werden.

Wollen wir die *Bewegung* eines materiellen Punktes beschreiben, so geben wir die Werte seiner Koordinaten in Funktion der Zeit. Es ist nun wohl im Auge zu behalten, dass eine derartige mathematische Beschreibung erst dann einen physikalischen Sinn hat, wenn man sich vorher darüber klar geworden ist, was hier unter »Zeit« verstanden wird. Wir haben zu berücksichtigen, dass

* Gemeint ist: »in erster Annäherung gelten«.

alle unsere Urteile, in welchen die Zeit eine Rolle spielt, immer Urteile über *gleichzeitige Ereignisse* sind. Wenn ich z. B. sage: »Jener Zug kommt hier um 7 Uhr an«, so heißt dies etwa: »Das Zeigen des kleinen Zeigers meiner Uhr auf 7 und das Ankommen des Zuges sind gleichzeitige Ereignisse.«*

Es könnte scheinen, dass alle die Definition der »Zeit« betreffenden Schwierigkeiten dadurch überwunden werden könnten, dass ich anstelle der »Zeit« die »Stellung des kleinen Zeigers meiner Uhr« setze. Eine solche Definition genügt in der Tat, wenn es sich darum handelt, eine Zeit zu definieren ausschließlich für den Ort, an welchem sich die Uhr eben befindet; die Definition genügt aber nicht mehr, sobald es sich darum handelt, an verschiedenen Orten stattfindende Ereignisreihen miteinander zeitlich zu verknüpfen, oder – was auf dasselbe hinausläuft – Ereignisse zeitlich zu werten, welche in von der Uhr entfernten Orten stattfinden. Wir könnten uns allerdings damit begnügen, die Ereignisse dadurch zeitlich zu werten, dass ein samt der Uhr im Koordinatenursprung befindlicher Beobachter jedem von einem zu wertenden Ereignis Zeugnis gebenden, durch den leeren Raum zu ihm gelangenden Lichtzeichen die entsprechende Uhrzeigerstellung zuordnet. Eine solche Zuordnung bringt aber den Übelstand mit sich, dass sie vom Standpunkte des mit der Uhr versehenen Beobachters nicht unabhängig ist, wie wir durch die Erfahrung wissen. Zu eine weit praktischeren Festsetzung gelangen wir durch folgende Betrachtung.

Befindet sich im Punkte A des Raumes eine Uhr, so kann ein in A befindlicher Beobachter die Ereignisse in der unmittelbaren Umgebung von A zeitlich werten durch Aufsuchen der mit diesen Ereignissen gleichzeitigen Uhrzeigerstellungen. Befindet sich auch im Punkte B des Raumes eine Uhr – wir wollen hinzufügen, »eine Uhr von genau derselben Beschaffenheit wie die in A befindliche« – so ist auch eine zeitliche Wertung der Ereignisse in der unmittelbaren Umgebung von B durch einen in B befindlichen Beobachter möglich. Es ist aber ohne weitere Festsetzung nicht möglich, ein Ereignis in A mit einem Ereignis in B zeitlich

* Die Ungenauigkeit, welche in dem Begriffe der Gleichzeitigkeit zweier Ereignisse an (annähernd) demselben Orte steckt und gleichfalls durch eine Abstraktion überbrückt werden muss, soll hier nicht erörtert werden.

zu vergleichen; wir haben bisher nur eine »*A*-Zeit« und eine »*B*-Zeit«, aber keine für *A* und *B* gemeinsame »Zeit« definiert.

Die letztere Zeit kann nun definiert werden, indem man durch Definition festsetzt, dass die »Zeit«, welche das Licht braucht, um von A nach B zu gelangen, gleich ist der »Zeit«, welche es braucht, um von B nach A zu gelangen. Es gehe nämlich ein Lichtstrahl zur »*A*-Zeit« t_A von *A* nach *B* ab, werde zur »*B*-Zeit« t_B in *B* gegen *A* zu reflektiert und gelange zur »*A*-Zeit« t_A nach *A* zurück. Die beiden Uhren laufen definitionsgemäß synchron, wenn

$$t_B - t_A = t'_A - t_B.$$

Wir nehmen an, dass diese Definition des Synchronismus in widerspruchsfreier Weise möglich ist, und zwar für beliebig viele Punkte, dass also allgemein die Beziehungen gelten:

1. Wenn die Uhr in B synchron mit der Uhr in A läuft, so läuft die Uhr in A synchron mit der Uhr in B.
2. Wenn die Uhr in A sowohl mit der Uhr in B als auch mit der Uhr in C synchron läuft, so laufen auch die Uhren in B und C synchron relativ zueinander.

Wir haben so unter Zuhilfenahme gewisser (gedachter) physikalischer Erfahrungen festgelegt, was unter synchron laufenden, an verschiedenen Orten befindlichen, ruhenden Uhren zu verstehen ist, und damit offenbar eine Definition von »gleichzeitig« und »Zeit« gewonnen. Die »Zeit« eines Ereignisses ist die mit dem Ereignis gleichzeitige Angabe einer am Orte des Ereignisses befindlichen, ruhenden Uhr, welche mit einer bestimmten, ruhenden Uhr, und zwar für alle Zeitbestimmungen mit der nämlichen Uhr, synchron läuft.

Wir setzen noch der Erfahrung gemäß fest, dass die Größe

$$\frac{2AB}{t'_A - t_A} = c$$

eine universelle Konstante (die Lichtgeschwindigkeit im leeren Raume) sei. Wesentlich ist, dass wir die Zeit mittels im ruhenden System ruhender Uhren definiert haben; wir nennen die eben definierte Zeit wegen dieser Zugehörigkeit zum ruhenden System »die Zeit des ruhenden Systems«.

§ 2. ÜBER DIE RELATIVITÄT VON LÄNGEN UND ZEITEN

Die folgenden Überlegungen stützen sich auf das Relativitätsprinzip und auf das Prinzip der Konstanz der Lichtgeschwindigkeit, welche beiden Prinzipien wir folgendermaßen definieren.
1. Die Gesetze, nach denen sich die Zustände der physikalischen Systeme ändern, sind unabhängig davon, auf welches von zwei relativ zueinander in gleichförmiger Translationsbewegung befindlichen Koordinatensysteme diese Zustandsänderungen bezogen werden.
2. Jeder Lichtstrahl bewegt sich im »ruhenden« Koordinatensystem mit der bestimmten Geschwindigkeit V, unabhängig davon, ob dieser Lichtstrahl von einem ruhenden oder bewegten Körper emittiert ist. Hierbei ist

$$\text{Geschwindigkeit} = \frac{\text{Lichtweg}}{\text{Zeitdauer}}$$

Wobei »Zeitdauer« im Sinne der Definition des § 1 aufzufassen ist.

Es sei ein ruhender starrer Stab gegeben; derselbe besitze, mit einem ebenfalls ruhenden Maßstab gemessen, die Länge l. Wir denken uns nun die Stabachse in die X-Achse des ruhenden Koordinatensystems gelegt und dem Stabe hierauf eine gleichförmige Paralleltranslationsbewegung (Geschwindigkeit v) längs der X-Achse im Sinne der wachsenden x erteilt.

Wir fragen nun nach der Länge des *bewegten* Stabes, welche wir uns durch folgende zwei Operationen ermittelt denken:
a) Der Beobachter bewegt sich samt dem vorher genannten Maßstabe mit dem auszumessenden Stabe und misst durch Anlegen des Maßstabes die Länge des Stabes ebenso, wie wenn sich auszumessender Stab, Beobachter und Maßstab in Ruhe befänden.
b) Der Beobachter ermittelt mittels im ruhenden Systeme aufgestellter, gemäß § 1 synchroner, ruhender Uhren, in welchen Punkten des ruhenden Systems sich Anfang und Ende des auszumessenden Stabes zu einer bestimmten Zeit t befinden. Die Entfernung dieser beiden Punkte, gemessen mit dem schon benutzten, in diesem Falle ruhenden Maßstabe, ist ebenfalls eine Länge, welche man als »Länge des Stabes« bezeichnen kann.

Nach dem Relativitätsprinzip muss die bei der Operation a) zu findende Länge, welche wir »die Länge des Stabes im bewegten System« nennen wollen, gleich der Länge l des ruhenden Stabes sein.

Die bei der Operation b) zu findende Länge, welche wir »die Länge des (bewegten) Stabes im ruhenden System« nennen wollen, werden wir unter Zugrundelegung unserer beiden Prinzipien bestimmen und finden, dass sie von l verschieden ist.

Die allgemein gebrauchte Kinematik nimmt stillschweigend an, dass die durch die beiden erwähnten Operationen bestimmten Längen einander genau gleich seien, oder mit anderen Worten, dass ein bewegter starrer Körper in der Zeitepoche t in geometrischer Beziehung vollständig durch *denselben* Körper, wenn er in bestimmter Lage *ruht*, ersetzbar sei.

Wir denken uns ferner an den beiden Stabenden A und B Uhren angebracht, welche mit den Uhren des ruhenden Systems synchron sind, d. h. deren Angaben jeweils der »Zeit des ruhenden Systems« an den Orten, an welchen sie sich gerade befinden, entsprechen; diese Uhren sind also »synchron im ruhenden System«.

Wir denken uns ferner, dass sich bei jeder Uhr ein mit ihr bewegter Beobachter befinde und dass diese Beobachter auf die beiden Uhren das im § 1 aufgestellte Kriterium für den synchronen Gang zweier Uhren anwenden. Zur Zeit 1 t_A gehe ein Lichtstrahl von A aus, werde zur Zeit t_B in B reflektiert und gelange zur Zeit t_A nach A zurück. Unter Berücksichtigung des Prinzipes von der Konstanz der Lichtgeschwindigkeit finden wir:

$$t_B - t_A = \frac{r_{\mathrm{AB}}}{c - v} \quad \text{und} \quad t'_A - t_B = \frac{r_{\mathrm{AB}}}{c + v}$$

wobei r_{AB} die Länge des bewegten Stabes – im ruhenden System gemessen – bedeutet. Mit dem bewegten Stabe bewegte Beobachter würden also die beiden Uhren nicht synchron gehend finden, während im ruhenden System befindliche Beobachter die Uhren als synchron laufend erklären würden.

Wir sehen also, dass wir dem Begriffe der Gleichzeitigkeit keine *absolute* Bedeutung beimessen dürfen, sondern dass zwei Ereignisse, welche, von einem Koordinatensystem aus betrachtet, gleichzeitig sind, von einem relativ zu diesem System bewegten System aus betrachtet, nicht mehr als gleichzeitige Ereignisse aufzufassen sind.

Die berühmteste Gleichung aller Zeiten in Einsteins großartiger eigener Handschrift

Über den Einfluss der Schwerkraft auf die Ausbreitung des Lichts*

Die Frage, ob die Ausbreitung des Lichtes durch die Schwere beeinflusst wird, habe ich schon an eine vor vier Jahren erschienen Abhandlung zu beantworten gesucht.** Ich komme auf dies Thema wieder zurück, weil mich meine damalige Darstellung des Gegenstandes nicht befriedigt, noch mehr aber, weil ich nun nachträglich einsehe, dass eine der wichtigsten Konsequenzen jener Betrachtung der experimentellen Prüfung zugänglich ist. Es ergibt sich nämlich, dass Lichtstrahlen, die in der Nähe der Sonne vorbeigehen, durch das Gravitationsfeld derselben nach der vorzubringenden Theorie eine Ablenkung erfahren, so dass eine scheinbare Vergrößerung des Winkelabstandes eines nahe an der Sonne erscheinenden Fixsternes von dieser im Betrage von fast einer Bogensekunde eintritt.

* Abgedruckt aus Annalen der Physik 35 (1911).
** A. Einstein, Jahrbuch für Radioaktivität und Elektronik 4 (1907).

Es haben sich bei der Durchführung der Überlegungen auch noch weitere Resultate ergeben, die sich auf die Gravitation beziehen.

Da aber die Darlegung der ganzen Betrachtung ziemlich unübersichtlich würde, sollen im Folgenden nur einige ganz elementare Überlegungen gegeben werden, aus denen man sich bequem über die Voraussetzungen und den Gedankengang der Theorie orientieren kann. Die hier abgeleiteten Beziehungen sind, auch wenn die theoretische Grundlage zutrifft, nur in erster Näherung gültig.

§ I. HYPOTHESE ÜBER DIE PHYSIKALISCHE NATUR DES GRAVITATIONSFELDES

In einem homogenen Schwerefeld (Schwerebeschleunigung γ) befinde sich ein ruhendes Koordinatensystem K, das so orientiert sei, dass die Kraftlinien des Schwerefeldes in Richtung der negativen z-Achse verlaufen. In einem von Gravitationsfeldern freien Raum befinde sich ein zweites Koordinatensystem K', das in Richtung einer positiven z-Achse eine gleichförmig beschleunigte Bewegung (Beschleunigung γ) ausführe. Um die Betrachtung nicht unnütz zu komplizieren, sehen wir dabei von der Relativitätstheorie vorläufig ab, betrachten also beide Systeme nach der gewohnten Kinematik und in denselben stattfindende Bewegungen nach der gewöhnlichen Mechanik.

Relativ zu K, sowie relativ zu K', bewegen sich materielle Punkte, die der Einwirkung anderer materieller Punkte nicht unterliegen, nach den Gleichungen:

$$\frac{d^2x}{dt^2} = 0, \frac{d^2y}{dt^2} = 0, \frac{d^2z}{dt^2} = -\gamma .$$

Dies folgt für das beschleunigte System K' direkt aus dem Galileischen Prinzip, für das in einem homogenen Gravitationsfeld ruhende System K aber aus der Erfahrung, dass in einem solchen Felde alle Körper gleich stark und gleichmäßig beschleunigt werden. Diese Erfahrung vom gleichen Fallen aller Körper im Gravitationsfelde ist eine der allgemeinsten, welche die Naturbeobachtung uns geliefert hat; trotzdem hat dieses Gesetz in den Fundamenten unseres physikalischen Weltbildes keinen Platz erhalten. Wir gelangen aber zu einer sehr befriedigenden Interpre-

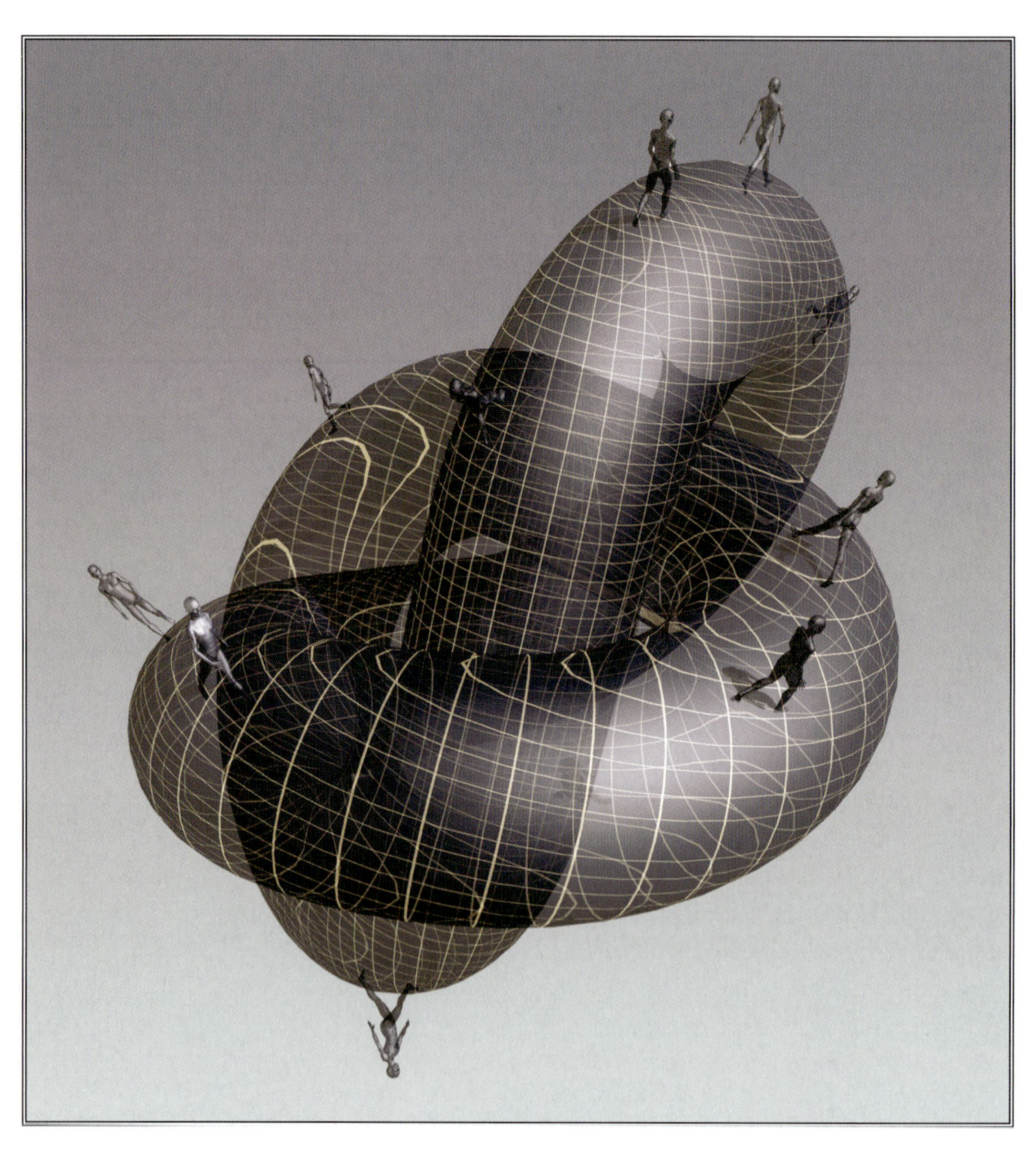

tation des Erfahrungssatzes, wenn wir annehmen, dass die Systeme *K* und *K'* physikalisch genau gleichwertig sind, d. h. wenn wir annehmen, man könne das System *K* ebenfalls als in einem von einem Schwerefeld freien Raume befindlich annehmen; dafür müssen wir *K* dann aber als gleichförmig beschleunigt betrachten. Man kann bei dieser Auffassung ebenso wenig von der *absoluten Beschleunigung* des Bezugssystems sprechen, wie man nach einer gewöhnlichen Relativitätstheorie von der *absoluten Geschwindigkeit* eines Systems reden kann.* Bei dieser Auffassung ist das gleiche Fallen aller Körper in einem Gravitationsfelde selbstverständlich.

Solange wir uns auf rein mechanische Vorgänge aus dem Gültigkeitsbereich von Newtons Mechanik beschränken, sind wir der Gleichwertigkeit der Systeme *K* und *K'* sicher. Unsere Auffassung wird jedoch nur dann tiefere Bedeutung haben, wenn die Systeme *K* und *K'* in Bezug auf alle physikalischen Vorgänge gleichwertig sind, d. h. wenn die Naturgesetze in bezug auf *K* mit denen in bezug auf *K'* vollkommen übereinstimmen. Indem wir dies annehmen, erhalten wir ein Prinzip, das, falls es wirklich zutrifft, eine große heuristische Bedeutung besitzt. Denn wir erhalten durch die theoretische Betrachtung der Vorgänge, die sich relativ zu einem gleichförmig beschleunigten Bezugssystem abspielen, Aufschluss über den Verlauf der Vorgänge in einem homogenen Gravitationsfelde. Im Folgenden soll zunächst gezeigt werden, inwiefern unsere Hypothese vom Standpunkte der gewöhnlichen Relativitätstheorie aus eine beträchtliche Wahrscheinlichkeit zukommt.

§ 2. ÜBER DIE SCHWERE DER ENERGIE

Die Relativitätstheorie hat ergeben, dass die träge Masse eines Körpers mit dem Energieinhalt desselben wächst; beträgt der Energiezuwachs E, so ist der Zuwachs an träger Masse gleich E/c^2, wenn c die Lichtgeschwindigkeit bedeutet. Entspricht nun aber diesem Zuwachs an träger Masse auch ein Zuwachs an gravitierender Masse? Wenn nicht, so fiele ein Körper in demselben Schwerefeld mit verschiedener Beschleunigung je nach dem Energieinhalte des Körpers. Das so befriedigende Resultat der Relativitätstheorie, nach welchem der Satz von der Erhaltung der Masse in dem Satze von der Erhaltung der Energie aufgeht, wäre nicht aufrecht zu erhalten; denn so wäre der Satz von der Erhaltung der Masse zwar für die *träge* Masse in der alten Fassung aufzugeben, für die gravitierende Masse aber aufrecht zu erhalten.

Dies muss als sehr unwahrscheinlich betrachtet werden. Andererseits liefert uns die gewöhnliche Relativitätstheorie kein Ar-

LINKE SEITE

Einsteins theoretisches Modell zeigt, dass Zeit und Raum untrennbar miteinander verbunden sind. Während Newton Zeit und Raum getrennt voneinander betrachtete, als handele es sich bei der Zeit um eine Eisenbahnstrecke, die sich in beide Richtungen in die Unendlichkeit erstreckt, besagt Einstein Sicht, dass, begründet durch seine Relativitätstheorie, Zeit und Raum zusammengehören. Man kann den Raum nicht krümmen, ohne auch die Zeit mit zu beeinflussen. Zeit besitzt also eine Form. Trotzdem scheint sie, wie die Zeichnung zeigt, eine Richtung zu haben.

* Natürlich kann man ein beliebiges Schwerefeld nicht durch einen Bewegungszustand des Systems ohne Gravitationsfeld ersetzen, ebenso wenig, als man durch eine Relativitätstransformation alle Punkte eines beliebig bewegten Mediums auf Ruhe transformieren kann.

gument, aus dem wir folgern könnten, dass das Gewicht eines Körpers von dessen Energieinhalt abhängt. Wir werden aber zeigen, dass unsere Hypothese von der Äquivalenz der Systeme *K* und *K'* die Schwere der Energie als notwendige Konsequenz liefert.

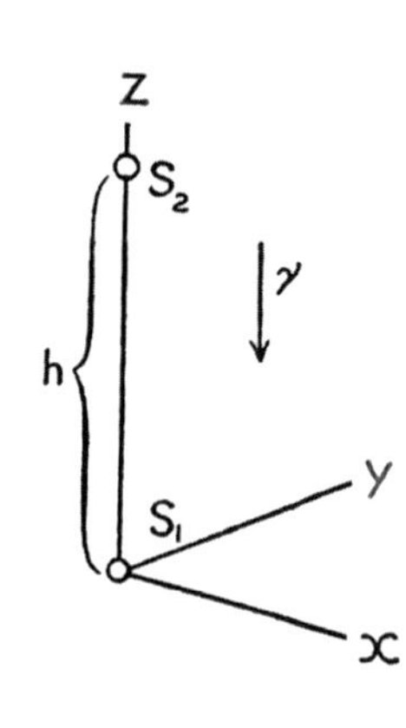

Es mögen sich die beiden mit Messinstrumenten versehenen körperlichen Systeme S_1 und S_2 in der Entfernung *h* voneinander auf der *z*-Achse von *K* befinden*, derart, dass das Gravitationspotenzial in S_2 um $\gamma \times$ h größer ist als das in S_1. Es werde von S_2 gegen S_1 eine bestimmte Energiemenge E in Form von Strahlung gesendet. Die Energiemengen mögen dabei in S_1 und S_2 mit Vorrichtungen gemessen werden, die – an *einen* Ort des Systems *z* gebracht und dort miteinander verglichen – vollkommen gleich seien. Über den Vorgang dieser Energieübertragung durch Strahlung lässt sich a priori nichts aussagen, weil wir den Einfluss des Schwerefeldes auf die Strahlung und die Messinstrumente in S_1 und S_2 nicht kennen.

Nach unserer Voraussetzung von der Äquivalenz von *K* und *K'* können wir aber anstelle des im homogenen Schwerefeld befindlichen Systems *K* das schwerefreie, im Sinne der positiven *z* gleichförmig beschleunigt bewegte System *K'* setzen, mit dessen *z*-Achse die körperlichen Systeme S_1 und S_2 fest verbunden sind.

Den Vorgang der Energieübertragung durch Strahlung von S_2 auf S_1 beurteilen wir von einem System K_0 aus, das beschleunigungsfrei sei. In Bezug auf K_0 besitze *K'* in dem Augenblicke die Geschwindigkeit Null, in welchem die Strahlungsenergie E_2 von S_2 gegen S_1 abgesendet wird. Die Strahlung wird in S_1 ankommen, wenn die Zeit h/c verstrichen ist (in erster Annäherung). In diesem Momente besitzt aber S_1 in bezug auf K_0 die Geschwindigkeit $\gamma \times h/c = v$. Deshalb besitzt nach der gewöhnlichen Relativitätstheorie die in S_1 ankommende Strahlung nicht die Energie E_2, sondern eine größere Energie E_1, welche mit E_2 in erster Annäherung durch die Gleichung verknüpft ist**.

$$\mathrm{E}_1 = \mathrm{E}_2\left(1 + \frac{v}{c}\right) = \mathrm{E}_2\left(1 + \gamma\,\frac{h}{c^2}\right) \tag{1}$$

* S_1 und S_2 werden als gegenüber *h* unendlich klein betrachtet.

** A. Einstein, Annalen der Physik 17 (1905), 913–914; dieser Band, 989–991.

Nach unserer Annahme gilt genau die gleiche Beziehung, falls derselbe Vorgang in dem nicht beschleunigten, aber mit Gravitationsfeld versehenen System *K* stattfindet. In diesem Falle können wir γh ersetzen durch das Potenzial $\boldsymbol{\Phi}$ des Gravitationsvektors in S_2, wenn die willkürliche Konstante von $\boldsymbol{\Phi}$ in S_1, gleich Null gesetzt wird. Es gilt also die Gleichung:

$$E_1 = E_2 + \frac{E_2}{c^2}\Phi \qquad (1a)$$

Diese Gleichung spricht den Energiesatz für den ins Auge gefassten Vorgang aus. Die in S_1 ankommende Energie E_1, ist größer als die mit gleichen Mitteln gemessene Energie E_2, welche in S_2 emittiert wurde, und zwar um die potenzielle Energie der Masse E_2/c^2 im Schwerefelde. Es zeigt sich also, dass man, damit das Energieprinzip erfüllt sei, der Energie *E* vor ihrer Aussendung in S_2 eine potenzielle Energie der Schwere zuschreiben muss, die der (schweren) Masse E/c^2 entspricht. Unsere Annahme der Äquivalenz von *K* und *K'* hebt also die am Anfang dieses Paragraphen dargelegte Schwierigkeit, welche die gewöhnliche Relativitätstheorie übrig lässt.

Besonders deutlich zeigt sich der Sinn dieses Resultates bei Betrachtung des folgenden Kreisprozesses:

1. Man sendet die Energie *E* (in S_2 gemessen) in Form von Strahlung in S_2 ab nach S_1, wo nach dem soeben erlangten Resultat die Energie $E\,(1 + \gamma h/c^2)$ aufgenommen wird (in S_1 gemessen).
2. Man senkt einen Körper *W* von der Masse *M* von S_2 nach S_1, wobei die Arbeit $M\gamma h$ nach außen abgegeben wird.
3. Man überträgt die Energie *E* von S_1 auf den Körper *W*, während sich *W* in S_1 befindet. Dadurch ändere sich die schwere Masse *M*, sodass sie den Wert *M'* erhält.
4. Man hebe *W* wieder nach S_2, wobei die Arbeit $M'\gamma h$ aufzuwenden ist.
5. Man übertrage *E* von *W* wieder auf S_2.

Der Effekt dieses Kreisprozesses besteht einzig darin, dass S_1, den Energiezuwachs $E\,(\gamma h/c^2)$ erlitten hat, und dass dem System die Energiemenge

$$E\gamma \frac{h}{c^2} = M'\gamma h - M\gamma h,$$

in Form von mechanischer Arbeit zugeführt wurde. Nach dem Energieprinzip muss also

$$M' - M = E/c^2 \tag{1b}$$

sein. Der Zuwachs an *schwerer* Masse ist also gleich E/c^2, also gleich dem aus der Relativitätstheorie sich ergebenden Zuwachs an *träger* Masse.

Noch unmittelbarer ergibt sich das Resultat aus der Äquivalenz der Systeme K und K', nach welcher die *schwere* Masse in Bezug auf K der *trägen* Masse in bezug auf K' vollkommen gleich ist; es muss deshalb die Energie eine *schwere* Masse besitzen, die ihrer *trägen* Masse gleich ist. Hängt man im System K' eine Masse M_0 an einer Federwaage auf, so wird letztere wegen der Trägheit von M_0 das scheinbare Gewicht $M_0\gamma$ anzeigen. Überträgt man die Energiemenge E auf M_0, so wird die Federwaage nach dem Satz von der Trägheit der Energie $(M_0 + E/c^2)\,\gamma$ anzeigen. Nach unserer Grundannahme muss ganz dasselbe eintreten bei Wiederholung des Versuches im System K, d. h. im Gravitationsfelde.

§ 3. ZEIT UND LICHTGESCHWINDIGKEIT IM SCHWEREFELD

Wenn die im gleichförmig beschleunigten System K' in S_2 gegen S_1, emittierte Strahlung mit Bezug auf die in S_2 befindliche Uhr die Frequenz ν_2 besaß, so besitzt sie in Bezug auf S_1 bei ihrer Ankunft in S_1 in Bezug auf die in S_1 befindliche gleich beschaffene Uhr nicht mehr die Frequenz ν_2, sondern eine größere Frequenz ν_1, derart, dass in erster Annäherung

$$\nu_1 = \nu_2\left(1 + \gamma\frac{h}{c^2}\right). \tag{2}$$

Führt man nämlich wieder das beschleunigungsfreie Bezugssystem K_0 ein, relativ zu welchem K' zur Zeit der Lichtaussendung keine Geschwindigkeit besitzt, so hat S_1 in Bezug auf K_0 zur Zeit der Ankunft der Strahlung in S_1 die Geschwindigkeit $\gamma(h/c)$, woraus sich die angegebene Beziehung vermögen des Dopplerschen Prinzipes unmittelbar ergibt.

Nach unserer Voraussetzung von der Äquivalenz der Systeme K' und K gilt diese Gleichung auch für das ruhende, mit einem gleichförmigen Schwerefeld versehene Koordinatensystem K, falls in diesem die geschilderte Strahlungsübertragung stattfindet.

Ist Zeit reversibel? Es scheint, als gäbe es ein paar Argumente dafür und eine ganze Welt, die dagegen spricht.

Es ergibt also, dass ein bei bestimmtem Schwerepotenzial in S_2 emittierter Lichtstrahl, der bei seiner Emission – mit einer in S_2 befindlichen Uhr verglichen – die Frequenz ν_2 besitzt, bei seiner Ankunft in S_1 eine andere Frequenz ν_1 besitzt, falls letztere mittels einer in S_1befindlichen gleich beschaffenen Uhr gemessen wird.

Wir ersetzen γh durch das Schwerepotenzial $\boldsymbol{\Phi}$ von S_2 in Bezug auf S_1 als Nullpunkt und nehmen an, dass unsere für das *homogene* Gravitationsfeld abgeleitete Beziehung auch für anders gestalteten Felder gelte; es ist dann

$$\nu_1 = \nu_2\left(1 + \frac{\Phi}{c^2}\right) \tag{2a}$$

Dies (nach unserer Ableitung in erster Näherung gültige) Resultat gestattet zunächst folgende Anwendung. Es sei ν_0 die Schwin-

RECHTE SEITE
Ein Raumschiff fliegt von links nach rechts mit vier Fünfteln der Lichtgeschwindigkeit an einem Astronauten vorbei. Ein Lichtstrahl wird von der Mannschaft des Raumschiffs ausgesandt, er wird reflektiert. Das Licht wird sowohl von dem Astronauten als auch von den Personen im Raumschiff gesehen. Die unterschiedlichen Beobachter werden aber über die Entfernung uneinig sein, die das Licht zurücklegt. Nach Einstein ist die Lichtgeschwindigkeit für alle sich frei bewegenden Beobachter gleich, obwohl jeder das Licht mit unterschiedlicher Geschwindigkeit sehen wird.

gungszahl eines elementaren Lichterzeugers, gemessen mit einer an demselben Orte gemessenen Uhr *U*. Diese Schwingungszahl ist dann unabhängig davon, wo der Lichterzeuger samt der Uhr aufgestellt wird. Wir wollen uns beide etwa an der Sonnenoberfläche angeordnet denken (dort befindet sich unser S_2). Von dem dort emittierten Lichte gelangt ein Teil zur Erde (S_1), wo wir mit einer Uhr *U* von genau gleicher Beschaffenheit als der soeben genannten die Frequenz ν des ankommenden Lichtes messen. Dann ist nach (2)

$$\nu = \nu_0\left(1 + \frac{\Phi}{c^2}\right),$$

wobei Φ die (negative) Gravitationspotenzialdifferenz zwischen Sonnenoberfläche und Erde bedeutet. Nach unserer Auffassung müssen also die Spektrallinien des Sonnenlichtes gegenüber den entsprechenden Spektrallinien irdischer Lichtquellen etwas nach dem Rot verschoben sein, und zwar um den relativen Betrag

$$\frac{\nu_0 - \nu}{\nu_0} = -\frac{\Phi}{c^2} = 2.10^{-6}$$

Wenn die Bedingungen, unter welchen die Sonnenlinien entstehen, genau bekannt wären, wäre diese Verschiebung noch der Messung zugänglich. Da aber anderseitige Einflüsse (Druck, Temperatur) die Lage des Schwerpunktes der Spektrallinien beeinflussen, ist es schwer zu konstatieren, ob der hier abgeleitete Einfluss des Gravitationspotenzials wirklich existiert.*

Bei oberflächlicher Betrachtung scheint Gleichung (2) bzw. (2a) eine Absurdität auszusagen. Wie kann bei beständiger Lichtübertragung von S_2 nach S_1 in S_1 eine andere Anzahl von Perioden pro Sekunde ankommen, als in S_2 emittiert wird? Die Antwort ist aber einfach. Wir können ν_2 bzw. ν_1 nicht als Frequenzen schlechthin (als Anzahl Perioden pro Sekunde) ansehen, da wir eine Zeit im System *K* noch nicht festgelegt haben. ν_2 bedeutet die Anzahl Perioden, bezogen auf die Zeiteinheit der Uhr *U* in

* I. F. Jewell (Journ. De phys. 6 (1897) und insbesondere Ch. Fabry u. H. Boisson (Compt. Rend. 148, 1909, 688–690) haben derartige Verschiebungen feiner Spektrallinien nach dem roten Ende des Spektrums von der hier berechneten Größenordnung tatsächlich konstatiert, aber eine Wirkung des Druckes in der absorbierenden Schicht zugeschrieben.

S_2, ν_1 die Anzahl Perioden, bezogen auf die Zeiteinheiten der gleich beschaffenen Uhr *U* in S_1. Nichts zwingt uns zu der Annahme, dass die in verschiedenen Gravitationspotenzialen befindlichen Uhren *U* als gleich rasch gehende aufgefasst werden müssen. Dagegen müssen wir die Zeit in *K* sicher so definieren, dass die Anzahl der Wellenberge und Wellentäler, die sich zwischen S_2 und S_1 befinden, von dem Absolutwerte der Zeit unabhängig ist; denn der ins Auge gefasste Prozess ist seiner Natur nach ein stationärer. Würden wir diese Bedingung nicht erfüllen, so kämen wir zu einer Zeitdefinition, bei deren Anwendung die Zeit explicite in die Naturgesetze einginge, was sicher unnatürlich und unzweckmäßig wäre. Die Uhren in S_1 und S_2 geben also nicht beide

RECHTE SEITE
Das Gravitationsfeld eines massiven Körpers wie der Sonne krümmt den Weg des Lichts von einem weit entfernten Stern.

die »Zeit« richtig an. Messen wir die Zeit in S_1 mit der Uhr *U, so müssen wir die Zeit in* S_2 *mit einer Uhr messen, die* $1+\Phi/c^2$*-mal langsamer läuft als die Uhr U, falls sie mit der Uhr U an derselben Stelle verglichen wird.* Denn mit eine solchen Uhr gemessen ist die Frequenz des oben betrachteten Lichtstrahles bei seiner Aussendung in S_2

$$\nu_2\left(1+\frac{\Phi}{c^2}\right)$$

also nach (2a) gleich der Frequenz ν_1, desselben Lichtstrahles bei dessen Ankunft in S_1.

Hieraus ergibt sich eine Konsequenz von für diese Theorie fundamentaler Bedeutung. Misst man nämlich in dem beschleunigten, gravitationsfeldfreien System *K'* an verschiedenen Orten die Lichtgeschwindigkeit unter Benutzung gleich beschaffener Uhren *U*, so erhält man überall dieselbe Größe. Dasselbe gilt nach unserer Grundannahme auch für das System *K*. Nach dem soeben Gesagten müssen wir aber an Stellen verschiedenen Gravitationspotenzials uns verschieden beschaffener Uhren zur Zeitmessung bedienen. Wir müssen zur Zeitmessung an einem Orte, der relativ zum Koordinatenursprung das Gravitationspotenzial Φ besitzt, eine Uhr verwenden, die – an den Koordinatenursprung versetzt – $(1 + \Phi/c^2)$mal langsamer läuft als jene Uhr, mit welcher am Koordinatenursprung die Zeit gemessen wird. Nennen wir c_0 die Lichtgeschwindigkeit im Koordinatenanfangspunkt, so wird daher die Lichtgeschwindigkeit c in einem Orte vom Gravitationspotenzial Φ durch die Beziehung

$$c = c_0\left(1+\frac{\Phi}{c^2}\right) \tag{3}$$

gegeben sein. Das Prinzip von der Konstanz der Lichtgeschwindigkeit gilt nach dieser Theorie nicht in derjenigen Fassung, wie es der gewöhnlichen Relativitätstheorie zugrunde gelegt zu werden pflegt.

§ 4. KRÜMMUNG DER LICHTSTRAHLEN IM GRAVITATIONSFELD

Aus dem soeben bewiesenen Satze, dass die Lichtgeschwindigkeit im Schwerefelde eine Funktion des Ortes ist, lässt sich leicht mittels des Huygensschen Prinzipes schließen, dass quer zu einem Schwerefeld sich fortpflanzende Lichtstrahlen eine Krümmung

erfahren müssen. Sei nämlich ε eine Ebene gleicher Phase einer ebenen

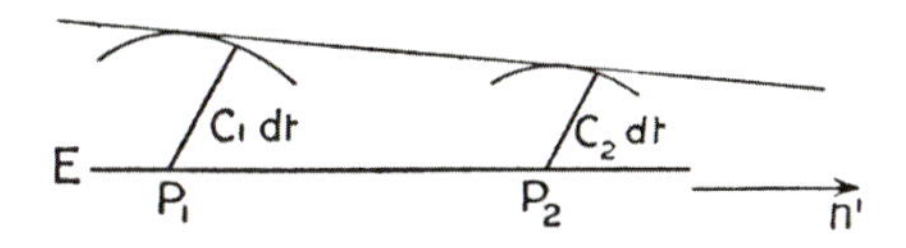

Lichtwelle zur Zeit t, P_1 und P_2, zwei Punkte in ihr, welche den Abstand 1 besitzen. P_1 und P_2 liegen in der Papierebene, die so gewählt ist, dass der in der Richtung ihrer Normale genommene Differentialquotient von Φ, also auch von c verschwindet.

Die entsprechende Ebene gleicher Phase bzw. deren Schnitt mit der Papierebene, zur Zeit $t + dt$ erhalten wir, indem wir um die Punkte P_1 und P_2 mit den Radien $c_1\,dt$ bzw. $c_2\,dt$ Kreise und an diese die Tangente legen, wobei c_1 bzw. c_2 die Lichtgeschwindigkeit in den Punkten P_1 bzw. P_2 bedeutet. Der Krümmungswinkel des Lichtstrahles auf dem Wege $c\,dt$ ist also

RECHTE SEITE
Das Standardmodell vom Leben und Sterben unseres Universums. Ohne Einsteins theoretische Arbeit wäre dieses Modell mathematisch nicht möglich. Von links nach rechts in dieser Illustration: Billiardstelsekunden nach dem Urknall wächst das Universum von einer Größe unterhalb eines Atoms und einer Masse etwa vergleichbar einer Packung Zucker zu einer Galaxie an. Das Universum dehnt sich weiterhin aus, wobei die Galaxien, Sterne, Atome und Teilchen sich immer weiter voneinander entfernen, bis das Universum einer leeren, unfruchtbaren Wüste gleicht. Ein zweites Modell schlägt vor, dass das Wachstum irgendwann aufhört und das Universum unter den eigenen Gravitationskräften zusammenbricht zu einem riesigen schwarzen Loch.

$$(c_1 - c_2)dt = -\frac{\partial c}{\partial n'}dt,$$

falls wir den Krümmungswinkel positiv rechnen, wenn der Lichtstrahl nach der Seite der wachsenden n_1 hin gekrümmt wird. Der Krümmungswinkel pro Wegeinheit des Lichtstrahles ist also

$$-\frac{1}{c}\frac{\partial c}{\partial n'} \quad \text{oder nach (3) gleich} \quad -\frac{1}{c^2}\frac{\partial \Phi}{\partial n'}$$

Endlich erhalten wir für die Ablenkung a, welche ein Lichtstrahl auf einem beliebigen Wege *(s)* nach der Seite n_1 erleidet, den Ausdruck

$$a = -\frac{1}{c^2}\int\frac{\partial \Phi}{\partial n'}ds$$

Dasselbe Resultat hätten wir erhalten können durch unmittelbare Betrachtung der Fortpflanzung eines Lichtstrahles in dem gleichförmig beschleunigten System K' und Übertragung des Resultates auf das System K und von hier auf den Fall, dass das Gravitationsfeld beliebig gestaltet ist.

Nach Gleichung (4) erleidet ein an einem Himmelskörper vorbeigehender Lichtstrahl eine Ablenkung nach der Seite sinkenden Gravitationspotenzials, also nach der dem Himmelskörper zugewandten Seite von der Größe

$$a = \frac{1}{c^2}\int_{\theta=-\frac{1}{2}\pi}^{\theta=\frac{1}{2}\pi}\frac{kM}{r^2}\cos\theta ds = 2\frac{kM}{c^2\Delta}$$

wobei k die Gravitationskonstante, M die Masse des Himmelskörpers, Δ den Abstand des Lichtstrahles vom Mittelpunkt des Himmelskörpers bedeutet. *Ein an der Sonne vorbeigehender Lichtstrahl erlitte demnach eine Ablenkung vom Betrage*

$$4 \times 10^{-6} = 0{,}83$$

Bogensekunden. Um diesen Betrag erscheint die Winkeldistanz des Sternes vom Sonnenmittelpunkt durch die Krümmung des Strahles vergrößert. Da die Fixsterne der der Sonne zugewandten Himmelspartien bei totalen Sonnenfinsternissen sichtbar werden, ist diese Konsequenz der Theorie mit der Erfahrung vergleich-

bar. Beim Planeten Jupiter erreicht die zu erwartende Verschiebung etwa 1/100 des angegebenen Betrages. Es wäre dringend zu wünschen, dass sich Astronomen der hier aufgerollten Frage annähmen, auch wenn die im Vorigen gegebenen Überlegungen ungenügend fundiert oder gar abenteuerlich erscheinen sollten. Denn abgesehen von jeder Theorie muss man sich fragen, ob mit den heutigen Mitteln ein Einfluss der Gravitationsfelder auf die Ausbreitung des Lichtes sich konstatieren lässt.

Prag, Juni 1911.

Theoretische Geschichten des Universums: Die flache Membran ganz links deutet auf die Notwendigkeit hin, Grenzen zu definieren, wie es der Fall war, als man die Erde für eine flache Scheibe hielt.

DIE GRUNDLAGE DER ALLGEMEINEN RELATIVITÄTSTHEORIE

A. Prinzipielle Erwägungen zum Postulat der Relativität

§ 1. BEMERKUNGEN ZU DER SPEZIELLEN RELATIVITÄTSTHEORIE

Der speziellen Relativitätstheorie liegt folgendes Postulat zugrunde, welchem auch durch die Galilei-Newtonsche Mechanik Genüge geleistet wird: Wird ein Koordinatensystem *K* so gewählt, dass in Bezug auf dieselbe die physikalischen Gesetze in ihrer einfachsten Form gelten, so gelten *dieselben* Gesetze auch in bezug auf jedes andere Koordinatensystem *K'*, das relativ zu *K* in gleichförmiger Translationsbewegung begriffen ist. Dieses Postulat nennen wir »spezielles Relativitätsprinzip«. Durch das Wort »speziell« soll angedeutet werden, dass das Prinzip auf den Fall beschränkt ist, dass *K'* eine *gleichförmige Translationsbewegung* gegen *K* ausführt, dass sich aber die Gleichwertigkeit von *K'* und *K'* nicht auf den Fall *ungleichförmiger* Bewegung von *K'* gegen *K* erstreckt.

Die spezielle Relativitätstheorie weicht also von der klassischen Mechanik nicht durch das Relativitätspostulat ab, sondern allein durch das Postulat von der Konstanz der Vakuum-Lichtgeschwindigkeit, aus welchem im Verein mit dem speziellen Relativitätsprinzip der Relativität der Gleichzeitigkeit sowie die Lorentztransformation und die mit dieser verknüpften Gesetze über das Verhalten bewegter starrer Körper und Uhren in bekannter Weise folgen.

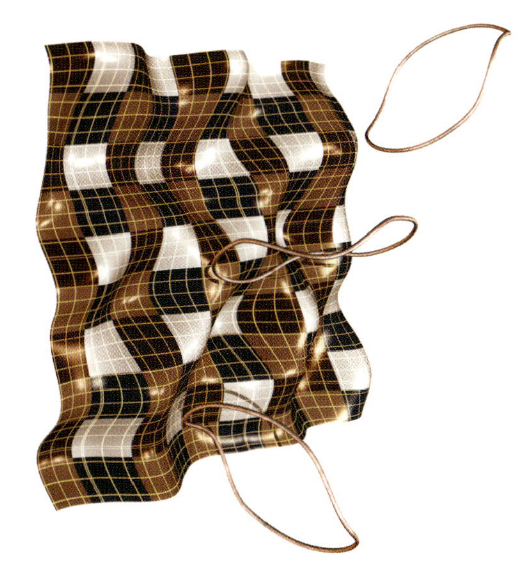

Die Modifikation, welche die Theorie von Raum und Zeit durch die spezielle Relativitätstheorie erfahren hat, ist zwar eine tiefgehende; aber *ein* wichtiger Punkt blieb unangetastet. Auch gemäß der speziellen Relativitätstheorie sind nämlich die Sätze der Geometrie unmittelbar als die Gesetze über die möglichen relativen Lagen (ruhender) Körper zu deuten, allgemeiner die Sätze der Kinematik als Sätze, welche das Verhalten von Messkörpern und Uhren beschreiben. Zwei hervorgehobenen materiellen Punkten eines ruhenden (starren) Körpers entspricht hierbei stets eine Strecke von ganz bestimmter Länge, unabhängig von Ort und Orientierung des Körpers sowie von der Zeit; zwei hervorgehobenen Zeigerstellungen eine relativ zum (berechtigten) Bezugssystem ruhenden Uhr entspricht stets eine Zeitstrecke von bestimmter Länge, unabhängig von Ort und Zeit. Es wird sich bald zeigen, dass die allgemeine Relativitätstheorie an dieser einfachen physikalischen Deutung von Raum und Zeit nicht festhalten kann.

Wenn das Universum sich ins Unendliche ausdehnt und dabei die Form eines Sattels hat (zweite Darstellung von rechts), stellt sich wieder das Problem, die Grenzbedingungen in der Unendlichkeit zu definieren. Wenn alle Geschichten des Universums in imaginärer Zeit geschlossene Oberflächen zeigen, wie es bei der Erde der Fall ist, muss man gar keine Grenzen definieren. Nach Einstein und mit Hilfe moderner Theorien (ganz rechts) gehen wir heute von einem mehrdimensionalen Universum innerhalb einer membranförmigen Welt aus.

§ 2. ÜBER DIE GRÜNDE, WELCHE EINE ERWEITERUNG DES RELATIVITÄTSPOSTULATES NAHE LEGEN

Der klassischen Mechanik und nicht minder der speziellen Relativitätstheorie haftet ein erkenntnistheoretischer Mangel an, der vielleicht zum ersten Male von *E. Mach* klar hervorgehoben wurde. Wir erläutern ihn am folgenden Beispiel. Zwei flüssige Körper von gleicher Größe und Art schweben frei im Raume in so großer Entfernung voneinander (und von allen übrigen Massen), dass nur diejenigen Gravitationskräfte berücksichtigt werden müssen, welche die Teile *eines* dieser Körper aufeinander ausüben. Die Entfernung der Körper voneinander sei unveränderlich. Relative Bewegungen der Teile eines der Körper gegeneinander sollen nicht auftreten. Aber jede Masse soll – von einem relativ zu der anderen Masse ruhenden Beobachter aus beurteilt – um die Verbindungslinie der Massen mit konstanter Winkelgeschwindigkeit rotieren (es ist dies eine konstatierbare Relativbewegung beider Massen). Nun denken wir uns die Oberflächen beider Körper (S_1 und S_2) mit Hilfe (relativ ruhender) Maßstäbe ausgemessen; es ergebe sich, dass die Oberfläche von S_1 eine Kugel, die von S_2 ein Rotationsellipsoid sei.

Wir fragen nun: Aus welchem Grunde verhalten sich die Körper S_1 und S_2 verschieden? Eine Antwort auf diese Frage kann nur dann als erkenntnistheoretisch befriedigend* anerkannt werden, wenn die als Grund angegebene Sache eine *beobachtbare Erfahrungstatsache* ist; denn das Kausalitätsgesetz hat nur dann den Sinn einer Aussage über die Erfahrungswelt, wenn als Ursachen und Wirkungen letzten Endes nur *beobachtbare Tatsachen* auftreten.

Die Newtonsche Mechanik gibt auf diese Frage keine befriedigende Antwort. Sie sagt nämlich Folgendes: Die Gesetze der Mechanik gelten wohl für einen Raum R_1, gegen welchen der Körper S_1 in Ruhe ist, nicht aber gegenüber einem Raume R_2, gegen welchen S_2 in Ruhe ist. Der berechtigte Galileische Raum R_1, der hierbei eingeführt wird (bzw. die Relativbewegung zu ihm), ist aber eine *bloß fingierte* Ursache, keine beobachtbare Sache. Es ist also klar, dass die Newtonsche Mechanik der Forderung der Kausalität in dem betrachteten Falle nicht wirklich, sondern nur scheinbar Genüge leistet, indem sie die bloß fingierte Ursache R_1 für das beobachtbare verschiedene Verhalten der Körper S_1 und S_2 verantwortlich macht.

Eine befriedigende Antwort auf die oben aufgeworfene Frage kann nur so lauten: Das aus S_1 und S_2 bestehende physikalische System zeigt für sich alleine keine denkbare Ursache, auf welche das verschiedene Verhalten von S_1 und S_2 zurückgeführt werden

* Eine derartige erkenntnistheoretisch befriedigende Antwort kann natürlich immer noch *physikalisch* unzutreffend sein, falls sie mit anderen Erfahrungen im Widerspruch ist.

könnte. Die Ursache muss also *außerhalb* dieses Systems liegen. Man gelangt zu der Auffassung, dass die allgemeinen Bewegungsgesetze, welche im Speziellen die Gestalten von S_1 und S_2 bestimmen, derart sein müssen, dass das mechanische Verhalten von S_1 und S_2 ganz wesentlich durch ferne Massen mit bedingt werden muss, welche wir nicht zu dem betrachteten System gerechnet hatten. Diese fernen Massen (und ihre Relativbewegungen gegen die betrachteten Körper) sind dann als Träger prinzipiell beobachtbarer Ursachen für das verschiedene Verhalten unserer betrachteten Körper anzusehen; sie übernehmen die Rolle der fingierten Ursache R_1. Von allen denkbaren, relativ zueinander beliebig bewegten Räumen R_1, R_2 usw. darf a priori keine als bevorzugt angesehen werden, wenn nicht der dargelegte erkenntnistheoretische Einwand wieder aufleben soll. *Die Gesetze der Physik müssen so beschaffen sein, dass sie in Bezug auf beliebig bewegte Bezugssysteme gelten.* Wir gelangen also auf diesem Wege zu einer Erweiterung des Relativitätspostulates.

Außer diesem schwer wiegenden erkenntnistheoretischen Argument spricht aber auch eine wohlbekannte physikalische Tatsache für eine Erweiterung der Relativitätstheorie. Es sei *K* ein Galileisches Bezugssystem, d.h. ein solches, relativ zu welchem (mindestens in dem betrachteten vierdimensionalen Gebiete) eine von anderen hinlänglich entfernte Masse sich geradlinig und gleichförmig bewegt. Es sei *K'* ein zweites Koordinatensystem, welches relativ zu *K* in *gleichförmig beschleunigter* Translationsbewegung sei. Relativ zu *K'* führte dann eine von anderen hinreichend getrennte Masse eine beschleunigte Bewegung aus, derart, dass deren Beschleunigung und Beschleunigungsrichtung von ihrer stofflichen Zusammensetzung und ihrem physikalischen Zustande unabhängig ist.

Kann ein relativ zu *K'* ruhender Beobachter hieraus den Schluss ziehen, dass er sich auf einem »wirklich« beschleunigten Bezugssystem befindet? Diese Frage ist zu verneinen; denn das vorhin genannte Verhalten frei beweglicher Massen relativ zu *K'* kann ebenso gut auf folgende Weise gedeutet werden. Das Bezugssystem *K'* ist unbeschleunigt; in dem betrachteten zeiträumlichen Gebiete herrscht aber ein Gravitationsfeld, welches die beschleunigte Bewegung der Körper relativ zu *K'* erzeugt. Diese Auffassung wird dadurch ermöglicht, dass uns die Erfahrung die

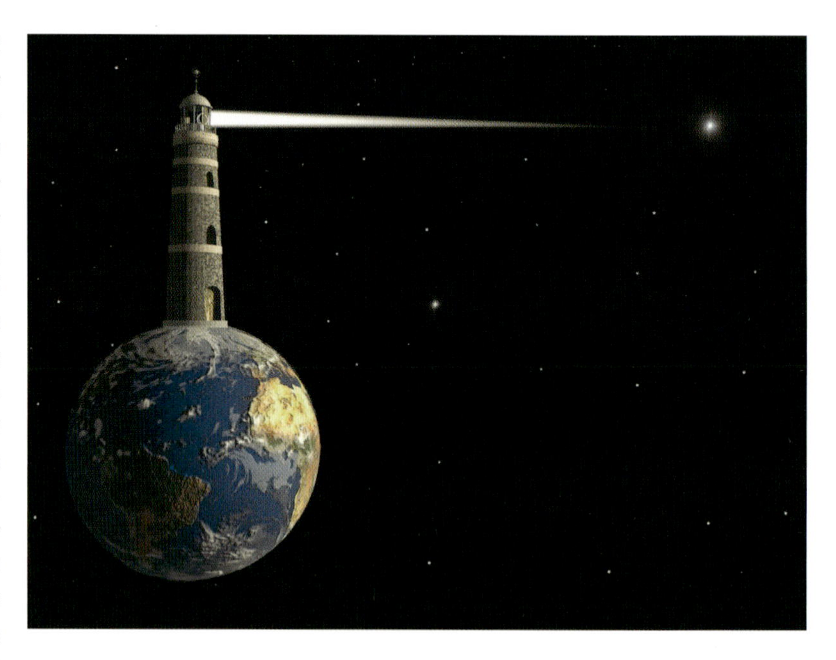

Die Relativität ist abhängig von der Konstante der Lichtgeschwindigkeit (300 000 Kilometer pro Sekunde). Pro Jahr legt das Licht eine Strecke von 9,4605 Billionen Kilometern zurück; diese Strecke nennt man ein Lichtjahr. Es entspricht 63 240 astronomischen Einheiten (der Entfernung der Erde von der Sonne). Pluto, der am weitesten entfernte Planet in unserem Sonnensystem, ist 49,3 astronomische Einheiten entfernt, während der nächste Stern (oder die nächste Sonne), Alpha Centauri, 4,3 Lichtjahre von uns entfernt ist. Der Rand der Milchstraße, unserer eigenen Galaxie, ist 50 000 Lichtjahre entfernt, die nächste Galaxie, Andromeda, 2,3 Millionen Lichtjahre. Die meisten Sterne, die wir mit bloßem Auge sehen können, sind nicht mehr als 1000 Lichtjahre von uns entfernt.

Existenz eines Kraftfeldes (nämlich des Gravitationsfeldes) gelehrt hat, welches die merkwürdige Eigenschaft hat, allen Körpern dieselbe Beschleunigung zu erteilen.* Das mechanische Verhalten der Körper relativ zu *K'* ist dasselbe, wie es gegenüber Systemen sich der Erfahrung darbietet, die wir als »ruhende« bzw. als »berechtigte« Systeme anzusehen gewohnt sind; deshalb liegt es auch vom physikalischen Standpunkt nahe, anzunehmen, dass die Systeme *K* und *K'* beide mit demselben Recht als »ruhend« angesehen werden können, bzw. dass sie als Bezugssysteme für die physikalische Beschreibung der Vorgänge gleichberechtigt seien.

Aus diesen Erwägungen sieht man, dass die Durchführung der allgemeinen Relativitätstheorie zugleich zu einer Theorie der Gravitation führen muss; denn man kann ein Gravitationsfeld durch bloße Änderung des Koordinatensystems »erzeugen«. Ebenso sieht man unmittelbar, dass das Prinzip von der Konstanz der Vakuum-Lichtgeschwindigkeit eine Modifikation erfahren muss. Denn man erkennt leicht, dass die Bahn eines Lichtstrahles in Bezug auf *K'* im allgemeinen eine krumme sein muss, wenn sich das Licht in Bezug auf *K* geradlinig und mit bestimmter, konstanter Geschwindigkeit fortpflanzt.

* Dass das Gravitationsfeld diese Eigenschaft mit großer Genauigkeit besitzt, hat Eötvös experimentell bewiesen.

§ 3. DAS RAUM-ZEIT-KONTINUUM. FORDERUNG EINER ALLGEMEINEN KOVARIANZ FÜR DIE DIE ALLGEMEINEN NATURGESETZE AUSDRÜCKENDEN GLEICHUNGEN

In der klassischen Mechanik sowie in der speziellen Relativitätstheorie haben die Koordinaten des Raumes und der Zeit eine unmittelbare physikalische Bedeutung. Ein Punktereignis hat die X_1-Koordinate x_1 bedeutet: Die nach den Regeln der Euklidischen Geometrie mittels starrer Stäbe ermittelte Projektion des Punktereignisses auf die X_1-Achse wird erhalten, indem man einen bestimmten Stab, den Einheitsmaßstab, x_1-mal vom Anfangspunkt des Koordinatenkörpers auf der (positiven) X_1-Achse abträgt. Ein Punkt hat die $X4$-Koordinate $x4 = t$, bedeutet: Eine relativ zum Koordinatensystem ruhend angeordnete, mit dem Punktereignis räumlich (praktisch) zusammenfallende Einheitsuhr, welche nach bestimmten Vorschriften gerichtet ist, hat $x4 = t$ Perioden zurückgelegt beim Eintreten des Punktereignisses.*

Diese Auffassung von Raum und Zeit schwebte den Physikern stets, wenn auch meist unbewusst, vor, wie aus der Rolle klar erkennbar ist, welche diese Begriffe in der messenden Physik spielen; diese Auffassung musste der Leser auch der zweiten Betrachtung des letzten Paragraphen zugrunde legen, um mit diesen Ausführungen einen Sinn verbinden zu können. Aber wir wollen nun zeigen, dass man sie fallen lassen und durch eine allgemeinere ersetzen muss, um das Postulat der allgemeinen Relativität durchführen zu können, falls die spezielle Relativitätstheorie für den Grenzfall des Fehlens eines Gravitationsfeldes zutrifft.

Wir führen in einem Raume, der frei sei von Gravitationsfeldern, ein Galileisches Bezugssystem $K (x, y, z, t)$ ein, und außerdem ein relativ zu K gleichförmig rotierendes Koordinatensystem $K' (x', y', z', t')$. Die Anfangspunkte beider Systeme sowie deren Z-Achsen mögen dauernd zusammenfallen. Wir wollen zeigen, dass für eine Raum-Zeitmessung im System K' die obige Festsetzung für die physikalische Bedeutung von Längen und Zeiten nicht aufrecht erhalten werden kann. Aus Symmetriegründen ist klar, dass ein Kreis um den Anfangspunkt in der X-Y-Ebene von

* Die Konstatierbarkeit der »Gleichzeitigkeit« für räumlich unmittelbar benachbarte Ereignisse, oder – präziser gesagt – für das raumzeitliche unmittelbare Benachbartsein (Koinzidenz) nehmen wir an, ohne für diesen fundamentalen Begriff eine Definition zu geben.

RECHTE SEITE
Drei Modelle des Universums, seiner Ausdehnung und Zusammenziehung

OBEN
Ein Universum, dass sich plötzlich ausdehnt, dann aber auf sich selbst zurückfällt und ein riesiges Schwarzes Loch bildet

MITTE
Ein Universum, dass dem unseren gleicht. Hier gibt es eine zweite, beschleunigte Ausdehnung, die sich fortsetzt, bis das Universum einer leblosen, leeren Wüste oder dem oberen Ende eines schwarzen Loches gleicht.

UNTEN
Ein Universum, dass sich am Beginn seiner Lebensspanne ausdehnt und damit fortfährt, ohne dass Milchstraßensysteme oder größere Sterne entstehen. Der orangefarbene Kreis in jeder Illustration zeigt den Punkt, an dem die Ausdehnung am schnellsten vor sich geht.

K zugleich als Kreis in der X-Y-Ebene von K' aufgefasst werden kann. Wir denken uns nun Umfang und Durchmesser dieses Kreises mit einem (relativ zum Radius unendlich kleinen) Einheitsmaßstabe ausgemessen und den Quotienten beider Meßresultate gebildet. Würde man dieses Experiment mit einem relativ zum Galileischen System K ruhenden Maßstabe ausführen, so würde man als Quotienten die Zahl π erhalten. Das Resultat der mit einem relativ zu K' ruhenden Maßstabe ausgeführten Bestimmung würde eine Zahl sein, die größer ist als π. Man erkennt dies leicht, wenn man den ganzen Messprozess vom »ruhenden« System K aus beurteilt und berücksichtigt, dass der peripherisch angelegte Maßstab eine Lorentzverkürzung erleidet, der radial angelegte Maßstab aber nicht. Es gilt daher in Bezug auf K' nicht die Euklidische Geometrie; der oben festgelegte Koordinatenbegriff, welcher die Gültigkeit der Euklidischen Geometrie voraussetzt, versagt also mit Bezug auf das System K'. Ebenso wenig kann man in K' eine den physikalischen Bedürfnissen entsprechende Zeit einführen, welche durch relativ zu K' ruhende, gleich beschaffene Uhren angezeigt wird. Um dies einzusehen, denke man sich im Koordinatenursprung und an der Peripherie des Kreises je eine von zwei gleich beschaffenen Uhren angeordnet und vom »ruhenden« System K aus betrachtet. Nach einem bekannten Resultat der speziellen Relativitätstheorie geht – von K aus beurteilt – die auf der Kreisperipherie angeordnete Uhr langsamer als die im Anfangspunkt angeordnete Uhr, weil erstere Uhr bewegt ist, letztere aber nicht. Ein im gemeinsamen Koordinatenursprung befindlicher Beobachter, welcher auch die an der Peripherie befindliche Uhr mittels des Lichtes zu beobachten fähig wäre, würde also die an der Peripherie angeordnete Uhr langsamer gehen sehen als die neben ihm angeordnete Uhr. Da er sich nicht dazu entschließen wird, die Lichtgeschwindigkeit auf dem in Betracht kommenden Weg explicite von der Zeit abhängen zu lassen, wird er seine Beobachtung dahin interpretieren, dass die Uhr an der Peripherie »wirklich« langsamer gehe als die im Ursprung angeordnete. Er wird also nicht umhin können, die Zeit so zu definieren, dass die Ganggeschwindigkeit einer Uhr vom Orte abhängt.

Wir gelangen also zu dem Ergebnis: In der allgemeinen Relativitätstheorie können Raum- und Zeitgrößen nicht so definiert

RECHTE SEITE

Wurmlöcher, die Verbindungen zwischen Raum und Zeit herstellen. Theoretisch besteht die Gefahr, dass sie nur kurze Zeit offen bleiben, um die Brücke dann wieder abzubrechen.

werden, dass räumliche Koordinatendifferenzen unmittelbar mit dem Einheitsmaßstab, zeitliche mit eine Normaluhr gemessen werden könnten.

Das bisherige Mittel, in das zeiträumliche Kontinuum in bestimmter Weise Koordinaten zu legen, versagt also, und es scheint sich auch kein anderer Weg darzubieten, der gestatten würde, der vierdimensionalen Welt Koordinatensystem so anzupassen, dass bei ihrer Verwendung eine besonders einfache Formulierung der Naturgesetze zu erwarten wäre. Es bleibt daher nichts anderes übrig, als alle denkbaren* Koordinatensysteme als für die Naturbeschreibung prinzipiell gleichberechtigt anzusehen. Dies kommt auf die Forderung hinaus:

Die allgemeinen Naturgesetze sind durch Gleichungen auszudrücken, die für alle Koordinatensysteme gelten, d. h. die beliebigen Substitutionen gegenüber kovariant (allgemein kovariant) sind.

Es ist klar, dass eine Physik, welche diesem Postulat genügt, dem allgemeinen Relativitätspostulat gerecht wird. Denn in *allen* Substitutionen sind jedenfalls auch diejenigen enthalten, welche allen Relativbewegungen der (dreidimensionalen) Koordinatensysteme entsprechen. Dass diese Forderung der allgemeinen Kovarianz, welche dem Raum und der Zeit den letzten Rest physikalischer Gegenständlichkeit nehmen, eine natürliche Forderung ist, geht aus folgender Überlegung hervor. Alle unsere zeiträumlichen Konstatierungen laufen stets auf die Bestimmung zeiträumlicher Koinzidenzen hinaus. Bestände beispielsweise das Geschehen nur in der Bewegung materieller Punkte, so wäre letzten Endes nichts beobachtbar als die Begegnungen zweier oder mehrerer dieser Punkte. Auch die Ergebnisse unserer Messungen sind nichts anderes als die Konstatierungen derartiger Bewegungen materieller Punkte unserer Maßstäbe mit anderen materiellen Punkten bzw. Koinzidenzen zwischen Uhrzeigern, Zifferblattpunkten und ins Auge gefassten, am gleichen Orte und zur gleichen Zeit stattfindenden Punkteereignissen.

Die Einführung eines Bezugssystems dient zu nichts anderem als zur leichteren Beschreibung der Gesamtheit solcher Koinzidenzen. Man ordnet der Welt vier zeiträumliche Variable x_1, x_2,

* Von gewissen Beschränkungen, welche der Forderung der eindeutigen Zuordnung und derjenigen der Stetigkeit entsprechen, wollen wir hier nicht sprechen.

x_3, x_4 zu, derart, dass jedem Punktereignis ein Wertesystem der Variablen $x_1 \dots x_4$ entspricht. Zwei koinzidierenden Punktereignissen entspricht dasselbe Wertesystem der Variablen $x_1 \dots x_4$; d.h. die Koinzidenz ist durch die Übereinstimmung der Koordinaten charakterisiert. Führt man statt der Variablen $x_1 \dots x_4$ beliebige Funktionen derselben x_1', x_2', x_3', x_4' als neues Koordinatensystem ein, so dass die Wertesysteme einander eindeutig zugeordnet sind, so ist die Gleichheit aller vier Koordinaten auch im neuen System der Ausdruck für die raumzeitliche Koinzidenz zweier Punktereignisse. Da sich alle unsere physikalischen Erfahrungen letzten Endes auf solche Koinzidenzen zurückführen lassen, ist zunächst kein Grund vorhanden, gewisse Koordinatensysteme vor anderen zu bevorzugen, d.h. wir gelangen zu der Forderung der allgemeinen Kovarianz.

Kosmologische Betrachtungen zur Allgemeinen Relativitätstheorie*

Es ist wohlbekannt, dass die Poissonsche Differentialgleichung

$$\nabla^2\phi = 4\pi K\rho \tag{1}$$

in Verbindung mit der Bewegungsgleichung des materiellen Punktes die Newtonsche Fernwirkungstheorie noch nicht vollständig ersetzt. Es muss noch die Bedingung hinzutreten, dass im räumlich Unendlichen das Potenzial φ einem festen Grenzwerte zustrebt. Analog verhält es sich bei der Gravitationstheorie der allgemeinen Relativität; auch hier müssen zu den Differentialgleichungen Grenzbedingungen hinzutreten für das räumlich Unendliche, falls man die Welt wirklich als räumlich unendlich ausgedehnt anzusehen hat.

* Abgedruckt aus den Sitzungsberichten der Preußischen Akademie der Wissenschaften 1917.

Das Paradox der Wurmlöcher lässt den Eindruck entstehen, dass wir, wenn wir in der Zeit zurückreisen würden, die Macht haben könnten, die Vergangenheit zu verändern – und damit auch die Zukunft. Was würde geschehen, wenn ich in die Vergangenheit reisen könnte und dort meinen Großvater umbringen würde – und zwar vor der Zeugung meines Vaters und meiner Mutter?

Bei der Behandlung des Planetenproblems habe ich diese Grenzbedingungen in Gestalt folgender Annahme gewählt: Es ist möglich, ein Bezugssystem so zu wählen, dass sämtliche Gravitationspotenziale $g_{\mu\nu}$ im räumlich Unendlichen konstant werden. Es ist aber a priori durchaus nicht evident, dass man dieselben Grenzbedingungen ansetzen darf, wenn man größere Partien der Körperwelt ins Auge fassen will. Im folgenden sollen die Überlegungen angegeben werden, welche ich bisher über diese prinzipiell wichtige Frage angestellt habe.

§ 1. DIE NEWTONSCHE THEORIE

Es ist wohlbekannt, dass die Newtonsche Grenzbedingung des konstanten Limes für φ im räumlich Unendlichen zu der Auffassung hinführt, dass die Dichte der Materie im Unendlichen zu null wird. Wir denken uns nämlich, es lasse sich ein Ort im Weltraum finden, um den herum das Gravitationsfeld der Materie, im Großen betrachtet, Kugelsymmetrie besitzt (Mittelpunkt). Dann folgt aus der Poissonschen Gleichung, dass die mittlere Dichte ρ rascher als $1/r^2$ mit wachsender Entfernung r vom Mittelpunkt zu null herabsinken muss, damit φ im Unendlichen einem Limes zustrebe.*

In diesem Sinne ist also die Welt nach Newton endlich, wenn sie auch unendlich große Gesamtmasse besitzen kann.

Hieraus folgt zunächst, dass die von den Himmelskörpern emittierte Strahlung das Newtonsche Weltsystem auf dem Wege radial nach außen zum Teil verlassen wird, um sich dann wirkungslos im Unendlichen zu verlieren. Kann es nicht ganzen Himmelskörpern ebenso ergehen? Es ist kaum möglich, diese Frage zu verneinen. Denn aus der Voraussetzung eines endlichen Limes für φ im räumlich Unendlichen folgt, dass ein mit endlicher kinetischer Energie begabter Himmelskörper das räumlich Unendliche unter Überwindung der Newtonschen Anziehungskräfte erreichen kann.

Dieser Fall muss nach der statistischen Mechanik solange immer wieder eintreten, als die gesamte Energie des Sternsystems genügend groß ist, um – auf einen einzigen Himmelskörper übertragen – diesem die Reise ins Unendliche zu gestatten, von welcher er nie wieder zurückkehren kann.

Man könnte dieser eigentümlichen Schwierigkeit durch die Annahme zu entrinnen versuchen, dass jenes Grenzpotenzial im Unendlichen einen sehr hohen Wert habe. Dies wäre ein gangbarer Weg, wenn nicht der Verlauf des Gravitationspotenzials durch die Himmelskörper selbst bedingt sein müsste. In Wahrheit werden wir mit Notwendigkeit zu der Auffassung gedrängt, dass das Auftreten bedeutender Potenzialdifferenzen des Gravitationsfeldes mit den Tatsachen im Widerspruch ist. Dieselben müssen vielmehr von so geringer Größenordnung sein, dass die durch sie erzeugbaren Sterngeschwindigkeiten die tatsächlich beobachteten nicht übersteigen.

Wendet man das Boltzmannsche Verteilungsgesetz für Gasmoleküle auf die Sterne an, indem man das Sternsystem mit einem Gase von stationärer Wärmebewegung vergleicht, so folgt, dass das Newtonsche Sternsystem überhaupt nicht existieren könne.

* ρ ist die mittlere Dichte der Materie, gebildet für einen Raum, der groß ist gegenüber der Distanz benachbarter Fixsterne, aber klein gegenüber den Abmessungen des ganzen Sternsystems.

Denn der endlichen Potenzialdifferenz zwischen dem Mittelpunkt und dem räumlich Unendlichen entspricht ein endliches Verhältnis der Dichten. Ein Verschwinden der Dichte im Unendlichen zieht also ein Verschwinden der Dichte im Mittelpunkt nach sich.

Diese Schwierigkeiten lassen sich auf dem Boden der Newtonschen Theorie wohl kaum überwinden. Man kann sich die Frage vorlegen, ob sich dieselben durch eine Modifikation der Newtonschen Theorie beseitigen lassen.

Wir geben hierfür zunächst einen Weg an, der an sich nicht beansprucht, ernst genommen zu werden; er dient nur dazu, das Folgende besser hervortreten zu lassen. An die Stelle der Poissonschen Gleichung setzen wir

$$\nabla^2\phi - \lambda\phi = 4\pi\kappa\rho \qquad (2)$$

wobei λ eine universelle Konstante bedeutet. Ist ρ_0 die (gleichmäßige) Dichte einer Massenverteilung, so ist

$$\phi = -\frac{4\pi\kappa}{\lambda}\rho_0 \qquad (3)$$

eine Lösung der Gleichung (2). Diese Lösung entspräche dem Falle, dass die Materie der Fixsterne gleichmäßig über den Raum verteilt wäre, wobei die Dichte ρ_0 gleich der tatsächlichen mittleren Dichte der Materie des Weltraumes sein möge. Die Lösung entspricht einer unendlichen Ausdehnung des im Mittel gleichmäßig mit Materie erfüllten Raumes.

Denkt man sich, ohne an der mittleren Verteilungsdichte etwas zu ändern, die Materie örtlich ungleichmäßig verteilt, so wird sich über den konstanten φ-Wert der Gleichung (3) ein zusätzliches φ überlagern, welches in der Nähe dichterer Massen einem Newtonschen Felde um so ähnlicher ist, je kleiner $\lambda\varphi$ gegenüber $4\pi K\rho$ ist.

Eine so beschaffene Welt hätte bezüglich des Gravitationsfeldes keinen Mittelpunkt. Ein Abnehmen der Dichte im räumlichen Unendlichen müsste nicht angenommen werden, sondern es wäre sowohl das mittlere Potenzial als auch die mittlere Dichte bis ins Unendliche konstant. Der bei der Newtonschen Theorie konstatierte Konflikt mit der statistischen Mechanik ist hier nicht

Ein Stern in einem stabilen Zustand; Licht wird von seiner Oberfläche abgestrahlt.

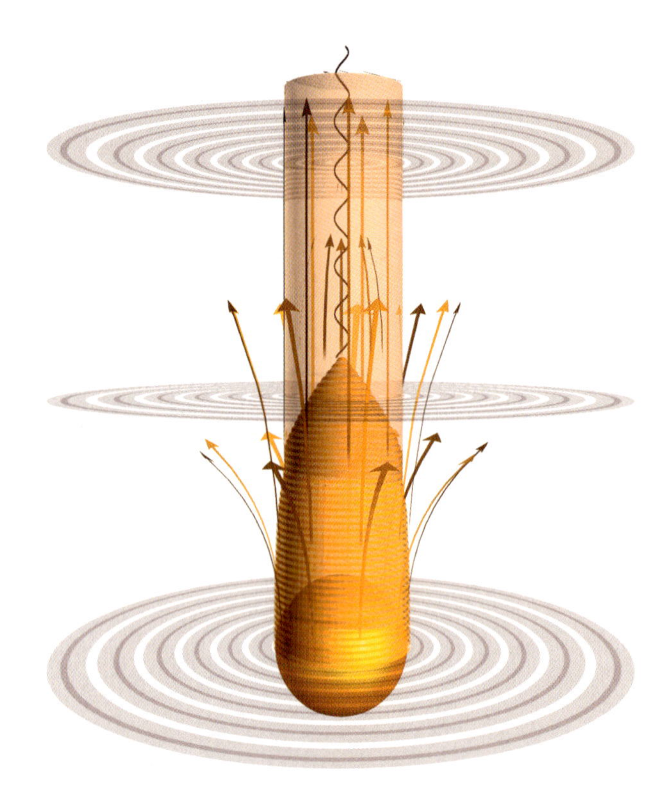

Ein Stern beginnt zusammenzubrechen (mittleres Stadium), und das Licht wird auf die Oberfläche zurückgezogen, bis ein Punkt erreicht ist, an dem kein Licht mehr von ihm ausgeht. Damit wird der Stern zu einer Singularität.

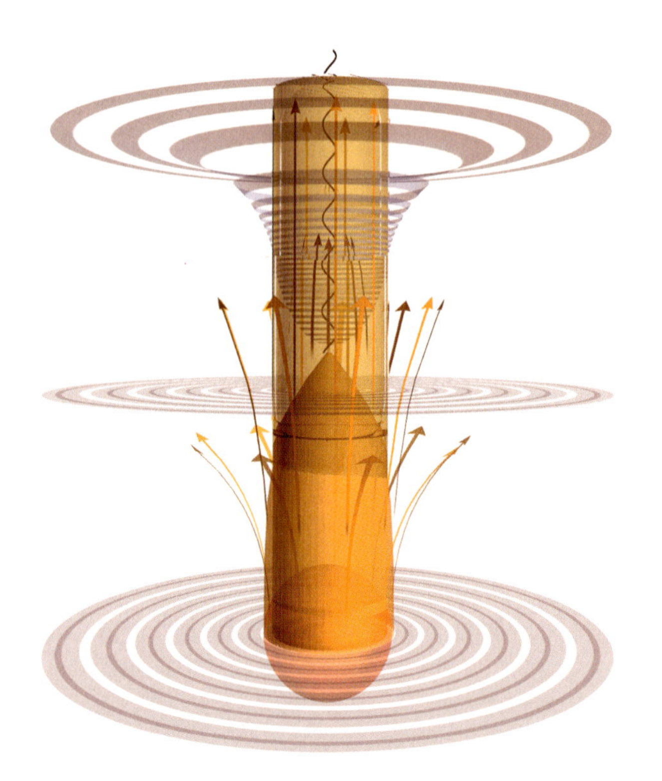

vorhanden. Die Materie ist bei einer bestimmten (äußerst kleinen) Dichte im Gleichgewicht, ohne dass für dieses Gleichgewicht innere Kräfte der Materie (Druck) nötig wären.

§ 2. DIE GRENZBEDINGUNGEN GEMÄSS DER ALLGEMEINEN RELATIVITÄTSTHEORIE

Im Folgenden führe ich den Leser auf dem von mir selbst zurückgelegten, etwas indirekten und holperigen Wege, weil ich nur so hoffen kann, dass er dem Endergebnis Interesse entgegenbringe. Ich komme nämlich zu der Meinung, dass die von mir bisher vertretenen Feldgleichungen der Gravitation noch einer kleinen Modifikation bedürfen, um auf der Basis der allgemeinen Relativitätstheorie jene prinzipiellen Schwierigkeiten zu vermeiden, die wir im vorigen Paragraphen für die Newtonsche Theorie dargelegt haben. Diese Modifikation entspricht vollkommen dem Übergang von der Poissonschen Gleichung (1) zur Gleichung (2) des vorigen Paragraphen. Es ergibt sich dann schließlich, dass Grenzbedingungen im räumlich Unendlichen überhaupt entfallen, da das Weltkontinuum bezüglich seiner räumlichen Erstreckungen als ein in sich geschlossenes von endlichem, räumlichem (dreidimensionalem) Volumen aufzufassen ist.

Meine bis vor kurzem gehegte Meinung über die im räumlich Unendlichen zu setzenden Grenzbedingungen fußte auf folgenden Überlegungen.

In einer konsequenten Relativitätstheorie kann es keine Trägheit *gegenüber dem »Raume«* geben, sondern nur eine Trägheit der Massen *gegeneinander.*

Wenn ich daher eine Masse von allen anderen Massen der Welt räumlich genügend entferne, so muss ihre Trägheit zu Null herabsinken. Wir suchen diese Bedingung mathematisch zu formulieren.

Nach der allgemeinen Relativitätstheorie ist der (negative) Impuls durch die drei ersten Komponenten, die Energie durch die letzte Komponente des mit $\sqrt{-g}$ multiplizierten kovarianten Tensors

$$m\sqrt{-g}\, g_{\mu\alpha} \frac{dx_\alpha}{ds} \qquad (4)$$

gegeben,

wobei wie stets

$$ds^2 = g_{\mu\nu} dx_\mu dx_\nu \tag{5}$$

gesetzt ist.
In dem besonders übersichtlichen Falle, dass das Koordinatensystem so gewählt werden kann, dass das Gravitationsfeld in jedem Punkte räumlich isotrop ist, hat man einfacher

$$ds^2 = -A\left(dx_1^2 + dx_2^2 + dx_3^2\right) + B dx_4^2$$

Ist gleichzeitig noch

$$\sqrt{-g} = 1 = \sqrt{A^3 B}$$

so erhält man für kleine Geschwindigkeiten in erster Näherung aus (4) für die Impulskomponenten

$$m\frac{A}{\sqrt{B}}\frac{dx_1}{dx_4}, m\frac{A}{\sqrt{B}}\frac{dx_2}{dx_4}, m\frac{A}{\sqrt{B}}\frac{dx_3}{dx_4}$$

und für die Energie (im Falle der Ruhe)

$$m\sqrt{B}.$$

Aus den Ausdrücken des Impulses folgt, dass $m\frac{A}{\sqrt{B}}$ die Rolle der trägen Masse spielt. Da m eine dem Massenpunkt unabhängig von seiner Lage eigentümliche Konstante ist, so kann dieser Ausdruck unter Wahrung der Determinantenbedingung $\sqrt{g -} = 1$ im räumlich Unendlichen nur dann verschwinden, wenn A zu Null herabsinkt, während B ins Unendliche anwächst. Ein solches Ausarten der Koeffizienten $g_{\mu\nu}$ scheint also durch das Postulat von der Relativität aller Trägheit gefordert zu werden. Diese Forderung bringt es auch mit sich, dass die potenzielle Energie $m\sqrt{B}$ des Punktes im Unendlichen unendlich groß wird. Es kann also ein Massenpunkt niemals das System verlassen; eine eingehendere Untersuchung zeigt, dass gleiches auch von den Lichtstrahlen gelten würde. Ein Weltsystem mit solchem Verhalten der Gravitationspotenziale im Unendlichen wäre also nicht der Gefahr der Verödung ausgesetzt, wie sie vorhin für die Newtonsche Theorie besprochen wurde.

Ich bemerke, dass die vereinfachenden Annahmen über die Gravitationspotenziale, welche wir dieser Betrachtung zugrunde legten, nur der Übersichtlichkeit wegen eingeführt sind. Man kann allgemeine Formulierungen für das Verhalten der $g_{\mu\nu}$ im Unendlichen finden, die das Wesentliche der Sache ohne weitere beschränkende Annahmen ausdrücken. Nun untersuchte ich mit der freundlichen Hilfe des Mathematikers J. Grommer zentrisch symmetrische, statische Gravitationsfelder, welche im Unendlichen in der angedeuteten Weise degenerierten. Die Gravitationspotenziale $g_{\mu\nu}$ wurden angesetzt und aus denselben auf Grund der Feldgleichungen der Gravitation der Energietensor $T_{\mu\nu}$ der Materie berechnet. Dabei zeigte sich aber, dass für das Fixsternsystem derartige Grenzbedingungen durchaus nicht in Betracht kommen können, wie neulich auch mit Recht von dem Astronomen de Sitter hervorgehoben wurde. Der kontravariante Energietensor $T^{\mu\nu}$ der ponderablen Materie ist nämlich gegeben durch

$$T^{\mu\nu} = \rho \frac{dx_\mu}{ds} \frac{dx_\nu}{ds},$$

wobei ρ die natürlich gemessene Dichte der Materie bedeutet. Bei geeignet gewähltem Koordinatensystem sind die Sterngeschwindigkeiten sehr klein gegenüber der Lichtgeschwindigkeit. Man kann daher ds durch $\sqrt{g_{44}}\,dx_4$ ersetzen. Daran erkennt man, dass alle Komponenten von $T^{\mu\nu}$ gegenüber der letzten Komponente T^{44} sehr klein sein müssen. Diese Bedingung aber ließ sich mit den gewählten Grenzbedingungen durchaus nicht vereinigen. Nachträglich erscheint dies Resultat nicht verwunderlich. Die Tatsache der geringen Sterngeschwindigkeiten lässt den Schluss zu, dass nirgends, wo es Fixsterne gibt, das Gravitationspotenzial (in unserem Falle $\sqrt{B}$) erheblich größer sein kann als bei uns; es folgt dies aus statistischen Überlegungen, genau wie im Falle der Newtonschen Theorie. Jedenfalls haben mich unsere Rechnungen zu der Überzeugung geführt, dass derartige Degenerationsbedingungen für die $g_{\mu\nu}$ im Räumlich-Unendlichen nicht postuliert werden dürfen.

Nach dem Fehlschlagen dieses Versuches bieten sich zunächst zwei Möglichkeiten dar.

a) Man fordert, wie beim Planetenproblem, dass im räumlich Unendlichen die $g_{\mu\nu}$ sich bei passend gewähltem Bezugssystem den Werten nähern:

Die String-Theorie – im Wesentlichen nach Einsteins Tod entstanden – hat neue Überlegungen über die Anfänge unseres Universums ins Leben gerufen.

Darstellung eines kürzlich entstandenen Modells vom Beginn unseres Universums: Während zwei erschöpfte multidimensionale Gestalten sich einander annähern, überwinden sie mehrere Dimensionen, um einen oder mehrere neue Urknall-Ereignisse entstehen zu lassen. Der wilde Kontakt lässt sie wieder auseinander driften, aber indem er das tut, werden die schlummernden Energien regeneriert.

$$\begin{matrix} -1 & 0 & 0 & 0 \\ 0 & -1 & 0 & 0 \\ 0 & 0 & -1 & 0 \\ 0 & 0 & 0 & 1 \end{matrix}$$

b) Man stellt überhaupt keine allgemeine Gültigkeit beanspruchenden Grenzbedingungen auf für das räumlich Unendliche; man hat die $g_{\mu\nu}$ an der räumlichen Begrenzung des betrachteten Gebietes in jedem einzelnen Falle besonders zu geben, wie man bisher die zeitlichen Anfangsbedingungen besonders zu geben gewohnt war. Die Möglichkeit b) entspricht keiner Lösung des Problems, sondern dem Verzicht auf die Lösung derselben. Dies

Neuere Theorien sehen im Ende eines Universums den Beginn eines neuen, das sich wieder entfaltet: Aus dem endgültigen Zusammenbruch entsteht ein neuer Urknall.

ist ein unanfechtbarer Standpunkt, der gegenwärtig von de Sitter eingenommen wird.*

Ich muss aber gestehen, dass es mir schwer fällt, so weit zu resignieren in dieser prinzipiellen Angelegenheit. Dazu würde ich mich erst entschließen, wenn alle Mühe, zur befriedigenden Auffassung vorzudringen, sich als nutzlos erweisen würde.

Die Möglichkeit a) ist in mehrfacher Beziehung unbefriedigend. Erstens setzen diese Grenzbedingungen eine bestimmte Wahl des Bezugssystems voraus, was dem Geiste des Relativitäts-

* de Sitter, Akad. van Wetensch. te Amsterdam, 8. November 1916.

prinzips widerstrebt. Zweitens verzichtet man bei dieser Auffassung darauf, der Forderung von der Realität der Trägheit gerecht zu werden. Die Trägheit eines Massenpunktes von der natürlich gemessenen Masse m ist nämlich von den $g_{\mu\nu}$ abhängig; diese aber unterscheiden sich nur wenig von den angegebenen postulierten Werten für das räumlich Unendliche. Somit würde die Trägheit durch die (im Endlichen vorhandene) Materie zwar *beeinflusst*, aber nicht *bedingt*. Wenn nur ein einziger Massenpunkt vorhanden wäre, so besäße er nach dieser Auffassungsweise Trägheit, und zwar eine beinahe gleich große wie in dem Falle, dass er von den übrigen Massen unserer tatsächlichen Welt umgeben ist. Endlich sind gegen diese Auffassung jene statistischen Bedenken geltend zu machen, welche oben für die Newtonsche Theorie angegeben worden sind.

Es geht aus dem bisher Gesagten hervor, dass mir das Aufstellen von Grenzbedingungen für das räumlich Unendliche nicht gelungen ist. Trotzdem existiert noch eine Möglichkeit, ohne den unter b) angegebenen Verzicht auszukommen. Wenn es nämlich möglich wäre, die Welt als ein *nach seinen räumlichen Erstreckungen geschlossenes* Kontinuum anzusehen, dann hätte man überhaupt keine derartigen Grenzbedingungen nötig. Im Folgenden wird sich zeigen, dass sowohl die allgemeine Relativitätsforderung als auch die Tatsache der geringen Sterngeschwindigkeiten mit der Hypothese von der räumlichen Geschlossenheit des Weltganzen vereinbar ist; allerdings bedarf es für die Durchführung dieses Gedankens einer verallgemeinernden Modifikation der Feldgleichungen der Gravitation.

§ 3. DIE RÄUMLICH GESCHLOSSENE WELT MIT GLEICHMÄSSIG VERTEILTER MATERIE

Der metrische Charakter (Krümmung) des vierdimensionalen raumzeitlichen Kontinuums wird nach der allgemeinen Relativitätstheorie in jedem Punkte durch die daselbst befindliche Materie und deren Zustand bestimmt. Die metrische Struktur dieses Kontinuums muss daher wegen der Ungleichmäßigkeit der Verteilung der Materie notwendig eine äußerst verwickelte sein. Wenn es uns aber nur auf die Struktur im Großen ankommt, dürfen wir uns die Materie als über ungeheure Räume gleichmäßig ausgebreitet vorstellen, so dass deren Verteilungsdichte eine ungeheuer langsam veränderliche Funktion wird. Wir gehen damit ähnlich vor wie etwa die Geodäten, welche die im Kleinen äußerst kompliziert gestaltete Erdoberfläche durch ein Ellipsoid approximieren.

Das Wichtigste, was wir über die Verteilung der Materie aus der Erfahrung wissen, ist dies, dass die Relativgeschwindigkeiten der Sterne sehr klein sind gegenüber der Lichtgeschwindigkeit. Ich glaube deshalb, dass wir fürs Erste folgende approximierende Annahme unserer Betrachtung zugrunde legen dürfen: Es gibt ein Koordinatensystem, relativ zu welchem die Materie als dauernd ruhend angesehen werden darf. Relativ zu diesem ist also der kontravariante Energietensor $T^{\mu\nu}$ der Materie gemäß (5) von der einfachen Form:

$$\begin{matrix} 0 & 0 & 0 & 0 \\ 0 & 0 & 0 & 0 \\ 0 & 0 & 0 & 0 \\ 0 & 0 & 0 & \rho \end{matrix}$$

Der Skalar ρ der mittleren Verteilungsdichte kann a priori eine Funktion der räumlichen Koordinaten sein.

Wenn wir aber die Welt als räumlich in sich geschlossen annehmen, so liegt die Hypothese nahe, dass ρ unabhängig vom Orte sei; diese legen wir dem Folgenden zugrunde.

Was das Gravitationsfeld anlangt, so folgt aus der Bewegungsgleichung des materiellen Punktes

$$\frac{d^2 x_\nu}{ds^2} + \left\{\alpha\beta, \nu\right\} \frac{dx_\alpha}{ds} \frac{dx_\beta}{ds} = 0$$

dass ein materieller Punkt in einem statischen Gravitationsfelde nur dann in Ruhe verharren kann, wenn g_{44} vom Orte unabhängig ist. Da wir ferner Unabhängigkeit von der Zeitkoordinate x_4 für alle Größen voraussetzen, so können wir für die gesuchte Lösung verlangen, dass für alle x_ν

$$g_{44} = 1 \qquad (7)$$

sei. Wie stets bei statischen Problemen wird ferner

$$g_{14} = g_{24} = g_{34} = 0 \qquad (8)$$

zu setzen sein.

Es handelt sich nun noch um die Festlegung derjenigen Komponenten des Gravitationspotenzials, welche das rein räumlich-geometrische Verhalten unseres Kontinuums bestimmen ($g_{11}, g_{12}, \ldots, g_{33}$). Aus unserer Annahme über die Gleichmäßigkeit der Verteilung der das Feld erzeugenden Massen folgt, dass auch die Krümmung des gesuchten Meßraumes eine konstante sein muss. Für diese Massenverteilung wird also das gesuchte geschlossene Kontinuum der x_1, x_2, x_3 bei konstantem x_4 ein sphärischer Raum sein.

Zu einem solchen gelangen wir z. B. in folgender Weise. Wir gehen aus von einem Euklidischen Raume der ξ_1, ξ_2, ξ_3, ξ_4 von vier Dimensionen mit dem Linienelement $d\sigma$; es sei also

$$d\sigma^2 = d\xi_1^2 + d\xi_2^2 + d\xi_3^2 + d\xi_4^2 \tag{9}$$

In diesem Raume betrachten wir die Hyperfläche

$$R^2 = \xi_1^2 + \xi_2^2 + \xi_3^2 + \xi_4^2, \tag{10}$$

wobei R eine Konstante bedeutet. Diese Punkte dieser Hyperfläche bilden ein dreidimensionales Kontinuum, einen sphärischen Raum vom Krümmungsradius R.

Der vierdimensionale Euklidische Raum, von dem wir ausgingen, dient nur zur bequemen Definition unserer Hyperfläche. Uns interessieren nur die Punkte der letzteren, deren metrische Eigenschaften mit denen des physikalischen Raumes bei gleichmäßiger Verteilung der Materie übereinstimmen sollen.

Für die Beschreibung dieses dreidimensionalen Kontinuums können wir uns der Koordination ξ_1, ξ_2, ξ_3 bedienen (Projektion auf die Hyperebene $\xi_4 = 0$), da sich vermöge (10) ξ_4 durch ξ_1, ξ_2, ξ_3 ausdrücken lässt. Eliminiert man ξ_4 aus (9), so erhält man für das Linienelement des sphärischen Raumes den Ausdruck

$$\left.\begin{aligned} d\sigma^2 &= \gamma_{\mu\nu} d\xi_\mu d\xi_\nu \\ \gamma_{\mu\nu} &= \delta_{\mu\nu} + \frac{\xi_\mu \xi_\nu}{R^2 - \rho^2} \end{aligned}\right\} \tag{11}$$

wobei $\delta_{\mu\nu} = 1$, wenn $\mu = \nu$, $\delta_{\mu\nu} = 0$, wenn $\mu \neq \nu$, und

$$\rho^2 = \xi_1^2 + \xi_2^2 + \xi_3^2$$

gesetzt wird. Die gewählten Koordinaten sind bequem, wenn es sich um die Untersuchung der Umgebung eines der beiden Punkte

$$\xi_1 = \xi_2 = \xi_3 = 0$$

handelt.

Nun ist uns auch das Linienelement der gesuchten raum-zeitlichen vierdimensionalen Welt gegeben. Wir haben offenbar für die Potenziale $g_{\mu\nu}$, deren beide Indizes von 4 abweichen, zu setzen

$$g_{\mu\nu} = -\left(\delta_{\mu\nu} + \frac{x_\mu x_\nu}{R^2 - (x_1^2 + x_2^2 + x_3^2)}\right) \tag{12}$$

welche Gleichung in Verbindung mit (7) und (8) das Verhalten von Maßstäben, Uhren und Lichtstrahlen in der betrachteten vierdimensionalen Welt vollständig bestimmt.

§ 4. SCHLUSSBEMERKUNGEN

Die vorstehenden Überlegungen zeigen die Möglichkeit einer theoretischen Konstruktion der Materie aus Gravitationsfeld und elektromagnetischem Felde allein ohne Einführung hypothetischer Zusatzglieder im Sinne der Mieschen Theorie. Besonders aussichtsvoll erscheint die ins Auge gefasste Möglichkeit insofern, als sie uns von der Notwendigkeit der Einführung eine besonderen Konstante λ für die Lösung des kosmologischen Problems befreit. Anderseits besteht aber eine eigentümliche Schwierigkeit. Spezialisiert man nämlich (1) auf den kugelsymmetrischen, statischen Fall, so erhält man eine Gleichung zuwenig zur Bestimmung der $g_{\mu\nu}$ und $\varphi_{\mu\nu}$, derart, dass jede *kugelsymmetrische Verteilung* der Elektrizität im Gleichgewicht verharren zu können scheint. Das Problem der Konstitution der Elementarquanta lässt sich also auf Grund der angegebenen Feldgleichungen noch nicht ohne Weiteres lösen.

Stephen Hawking

Stephen Hawking gilt als der brillanteste Denker im Bereich der theoretischen Physik seit Albert Einstein. Er hat auch viel dazu beigetragen, die Naturwissenschaft zu popularisieren. Sein Buch *Eine kleine Geschichte der Zeit* wurde in mehr als vierzig Sprachen übersetzt und erreichte eine Gesamtauflage von mehr als zehn Millionen, ein Erfolg, der in der Geschichte der Naturwissenschaft praktisch unerreicht ist. Seine Folgetitel *Das Universum in der Nussschale* und *Die Zukunft der Raumzeit* (gemeinsam mit Kip S. Thorne und anderen) waren ebenfalls große Erfolge.

Stephen Hawking wurde am 8. Januar 1942 in Oxford, England, geboren, auf den Tag dreihundert Jahre nach dem Tod von Galileo. Er studierte Physik am University College, Oxford, promovierte in Cambridge zum Ph. D. in Kosmologie und ist seit 1979 Lukasischer Professor der Mathematik. Sein Lehrstuhl wurde 1663 mit dem Geld aus dem Testament des Reverend Henry Lucas gegründet, der als Vertreter der Universität im Parlament gesessen hatte. Der erste Inhaber dieses Lehrstuhls war Isaac Barrow; Isaac Newton wurde sein Nachfolger. Der Lehrstuhl ist reserviert für die besten Denker ihrer Zeit.

Professor Hawking arbeitet an den grundlegenden Gesetzen, die das Universum regieren. Gemeinsam mit Roger Penrose hat er gezeigt, dass Einsteins Allgemeine Relativitätstheorie bedeutet, dass Raum und Zeit mit dem Urknall begonnen haben und in schwarzen Löchern enden. Diese Forschungsergebnisse wiesen auf die Notwendigkeit hin, die Allgemeine Relativitätstheorie mit der Quantentheorie zu vereinen, der zweiten großen naturwissenschaftlichen Entwicklung in der ersten Hälfte des zwanzigsten Jahrhunderts. Eine Konsequenz dieser Vereinigung war die Entdeckung, dass schwarze Löcher nicht vollkommen schwarz sind, sondern Strahlung aussenden und irgendwann verschwinden. Ein anderer Schluss ist, dass das Universum in der imaginären Zeit keinen Rand und keine Grenze hat.

Stephen Hawking ist zwölffacher Ehrendoktor und wurde vielfach mit Ehrungen, Medaillen und Preisen ausgezeichnet. Er ist Fellow der Royal Society und Mitglied der U. S. National Academy of Sciences.

Originaltitel: The Illustrated On The Shoulders Of Giants
Originalverlag: Running Press Book Publishers, Philadelphia/London

Weltbild Buchverlag –Originalausgaben–

Steinerne Furt 67, 86167 Augsburg

Genehmigte Lizenzausgabe für Verlagsgruppe Weltbild, Augsburg

Projektleitung Weltbild: Dr. Ulrike Strerath-Bolz
Redaktion: Dr. Thomas Rosky, Claudia Krader
Umschlaggestaltung: Hauptmann & Kompanie GmbH, Zürich
Satz: Avak Publikationsdesign, München
Druck und Bindung: Offizin Andersen Nexö Leipzig GmbH,
Spengleralle 26–30, 04442 Zwenkau

Gedruckt auf chlorfrei gebleichtem Papier
Printed in Germany
ISBN 3-89897-180-5

ANMERKUNGEN

1) Seite 124

An dieser Stelle eine allgemeine Anmerkung zu Keplers Schreibweise, Proportionen betreffend: Es wird nicht zwischen Wert und Kehrwert unterschieden, die Proportionen 1:2 und 2:1 sind gleichwertig. Eine Proportion heißt um so größer, je weiter sie von 1 abweicht. Als Bruch mag 1/2 kleiner sein als 4/5; für Proportionen ist in dieser Behandlungsweise 1:2 größer als 4:5.

2) Seite 134

Denn ich habe in meinem Marswerk, Kap. 48, Seite 232, bewiesen, dass dieses arithmetische Mittel entweder geradezu gleich dem Durchmesser des Kreises, der der Länge nach gleich der Bahnellipse ist, oder aber ein ganz klein wenig kleiner.

BILDNACHWEIS

Die Ziffern entsprechen den Seitenzahlen des Buches.

Umschlagfoto: Moonrunner Design; 2: Moonrunner Design; 4 oben: Portrait Nikolaus Kopernikus von Detlev van Ravenswaay, Science Photo Library; 4 Mitte: Galileo im Alter von etwa 46 Jahren, SCALA, Florenz; 4 unten: Portrait Johannes Kepler, Sternwarte Kremsmünster (Österreich); 5 oben: Isaac Newton, Getty Images; 5 Mitte: Albert Einstein 1920, Einstein Archives, New York; 5 unten: Stephen Hawking im Jahr 2001, Stewart Cohen; 6: Moonrunner Design; 10: Portrait Nikolaus Kopernikus von Detlev van Ravenswaay, Science Photo Library; 12: Das geozentrische Modell des Ptolemäus, Kupferstich von Doppelmair, 1742; 13: Das kopernikanische System, aus: Nikolaus Kopernikus, De Revolutionibus Orbium Coelestium, Libri VI, Nürnberg 1543; 14: NASA, Johnson Space Center – Earth Sciences and Image Analysis; 15: Portrait des Ptolemäus, aus: Manuskript, 15. Jahrhundert, Biblioteca Marciana, Florenz; 16: Diskussion zwischen Theologen und Astronomen, aus: Petrus de Alliaco, Concordantia Astronomiae cum Theologia, Augsburg 1490; 17: Radierung von Jan Luyken, Moravska Galerie, Bryno; 18: Nikolaus Kopernikus mit dem heliozentrischen System, Kupferstich, aus: Pierre Gassendis Biografie des Kopernikus, Paris 1654; 19: Christlicher Philosoph, aus: George Hartgill, Central Calendars, London 1594; 20, 23, 24: Moonrunner Design; 26: Beweis für eine sphärische Erde, aus: Peter Apian, Cosmographicus Liber, Antwerpen 1533; 28: NASA, Glen Research Center; 29: NASA, Johnson Space Center; 32: John Fields, PC Graphics Report; 34: Atlas trägt das Universum, von William Cunningham, aus: William Cunningham, The Cosmographical Glasse, London 1559; 35: NASA, Goddard Space Flight Center; 36/37: Flämischer Sphärenglobus von 1562, Adler Planetarium, Chicago; 40/41: Spanischer Einhand-Stechzirkel von 1585, Dudley Barnes Collection, Paris; 44: NASA, Glen Research Center; 48: Galileo im Alter von etwa 46 Jahren, SCALA, Florenz; 50: Galileo, aus: History of Science Collections, University of Oklahoma Libraries; 51: Galileos Prozess, Bridgeman Art Library, London; 52: Florenz, von Giorgio Vasari, SCALA, Florenz; 53: Die Universität von Padua, SCALA, Florenz;

55: NASA Jet Propulsion Laboratory; 57: Titelseite, aus: Dialogo di Galileo Galilei sopra i due Massimi Sistemi del Mondo Tolemaico e Copernicano, Florenz 1632, History of Science Collections, University of Oklahoma Libraries; 59, 61, 63, 65: Moonrunner Design; 66/67: Von Galileo entworfene und gebaute Teleskope, beide aufbewahrt in Venedig, The Mansell Collction, London; 68: Moonrunner Design; 72: Taxi, Getty Images; 76/77: Science Photo Library; 78: Steve Allen, Science Photo Library; 84: NASA Johnson Space Center – Earth Sciences and Image Analysis; 88: Galileo führt sein Teleskop dem Dogen von Venedig vor, Museum für Wissenschaftsgeschichte, Florenz; 90/91: Der Mond in ersten Viertel, Zeichnung von Galileo Galilei, History of Sciences Collections, University of Oklahoma Libraries; 93: Phasen des Mondes, Aquarell von Galileo Galilei, History of Sciences Collections, University of Oklahoma Libraries; 97: Moonrunner Design; 98: Portrait Johannes Kepler, Sternwarte Kremsmünster (Österreich); 100: Der dänische Astronom Tycho Brahe; Det Koneglige Bibliotek, Kopenhagen; 101: Weilderstadt, Landesbildstelle Baden-Württemberg, Stuttgart; 102: Die Tübinger Universität, New York Public Library, New York; 103: Graz, New York Public Library, New York; 104: Johannes Keplers Diagramm geometrischer Beziehungen, aus: Johannes Kepler, Mysterium Cosmographicum, 1596; 106: Keplers erste Frau, Museum der russischen Akademie der Wissenschaften, St. Petersburg; 107: Johannes Kepler, Dr. Dow Smith in association with ITEC Corporation, Seattle/Tokio; 108: Tycho Brahe und Johannes Kepler, aus: Atlas Coelestis, Radierung von Doppelmair, Nürnberg 1742; 110: Johannes Kepler, The Library of Congress, Washington D. C.; 111: Großer Globus, Prämonstratenserkloster Strahov, Prag; 112/113: Moonrunner Design; 115: Tycho Brahes Quadrant, aus: Levin Hulsi, Astronomiae Instauratae Mechanica, Nürnberg 1598; 116/117, 120/121: Moonrunner Design; 124/125: Modelle von Ptolemäus, Kopernikus und Tycho Brahe, aus: Johannes Zahn, Specula Physico-Mathematico-Historica Notabilium ac Mirabilum Scientiarium; in qua Mundi Mirabilis Oeconomia, Nürnberg 1696; 127: Zeichnung des Kopernikanischen Systems, von Thomas Digges, 1576; 128: John Fields, PC Graphics Report; 131: Das Weltsystem, bestimmt durch die Geometrie der regelmäßigen Körper, aus: Johannes Kepler, Harmonices Mundi Libri, Linz

1619; 135: Tycho Brahes Observatorium in Uraniborg; aus: Levin Hulsi, Astronomiae Instauratae Mechanica, Nürnberg 1598; 136/137: Das Weltsystem von Tycho Brahe, aus: Tycho Brahe, De Mundi Aethere: Recentioribus Phaenomicum, Uraniborg 1599; 139: NASA, Jet Propulsion Laboratory; 140: Moonrunner Design; 142: Das Universum als Monochord, aus: Robert Fludd, Utriusque Cosmi Historia, 3 Bd., Oppenheim 1617–1619; 143: Deckblatt, aus: Franchino Gafori, Practica Musicae, Mailand 1496; 144/145: Das Universum als harmonisches Arrangement, basierend auf der Zahl 9, aus: Athanasius Kircher S.J., Musurgia Universalis sive Ars Magna Consoni et Dissoni, 2 Bd., Rom 1650; 146: Isaac Newton, Getty Images; 149: Deckblatt, aus: Giovanni-Battista Riccioli S.J., Almagestum Novum Astronomiam Veterum Novamque Complectens, 2 Bd., Bologna 1671; 150: Der 12-jährige Isaac Newton, Lincolnshire County Council; 151: Wie der Apfel auf Newtons Kopf fällt, Mikki Rain, Science Photo Library; 152: Newton im Trinity College, The Mansell Collection, London; 154: Newton im Alter von 77 Jahren, Zeichnung, von William Stukeley; 155: Isaac Newton, Farbdruck, von William Blake, 1795, Tate Gallery, London; 156/157: Newtons »Principia«, Foto von Tessa Musgrave, National Trust Photographic Library; 158: Cartoon aus dem 18. Jahrhundert über Newtons Theorie der Schwerkraft, British Library, London; 161: Sir Isaac Newton, National Portrait Gallery, London; 162: Moonrunner Design; 166: Diagramm des ersten reflektierenden Teleskops von Isaac Newton; Dr. Dow Smith in associaion with ITEC Corporation, Seattle/Tokio; 171, 174: Moonrunner Design; 176/177: Englisches Teleskop aus dem 18. Jahrhundert, Privatbesitz; 179, 182, 186–188, 191, 193: Moonrunner Design; 194: Albert Einstein 1920, Einstein Archives, New York; 196: Der junge Albert Einstein, Einstein Archives, New York; 199: Einstein mit seiner Familie, Einstein Archives, New York; 200: Albert Einstein in Berlin, Schweizerische Landesbibliothek, Bern; 201: Albert Einstein mit Charlie Chaplin bei der Premiere von »Lichter der Großstadt«, Ullstein Bilderdienst; 202: Albert Einstein, Jüdische National- und Universitätsbibliothek, Jerusalem; 205, 207, 212, 214, 219, 221, 223–227, 229–230, 233, 235–237, 240, 242–245: Moonrunner Design; 250: Stephen Hawking im Jahr 2001, Stewart Cohen